普通高等教育"十三五"规划教材

有色金属冶金新工艺与新技术

俞娟 王斌 方钊 崔雅茹 袁艳 编著

北 京

冶金工业出版社

2019

内 容 提 要

本书共 7 章，主要介绍了目前国内外有色金属冶金新工艺、新技术及新方法。第 1 章介绍了铜冶金新技术及铜精矿伴生有价金属的增值冶金；第 2~3 章介绍了镍、铅冶金新技术；第 4 章介绍了湿法炼锌新技术及新进展；第 5 章在传统铝电解工艺弊端的基础上介绍了惰性阳极及惰性可润湿阴极的研究进展；第 6 章介绍了高纯五氧化二钒、钒铁、氮化钒及钒铁等产品的制备进展；第 7 章介绍了海绵钛、致密钛、钛铁的生产新技术及进展等内容。

本书可作为高等学校相关专业的教学用书及职业技术培训教材，也可供从事冶金行业的工程技术人员阅读和参考。

图书在版编目（CIP）数据

有色金属冶金新工艺与新技术/俞娟等编著. —北京：
冶金工业出版社，2019.9
普通高等教育"十三五"规划教材
ISBN 978-7-5024-8187-2

Ⅰ.①有⋯　Ⅱ.①俞⋯　Ⅲ.①有色金属冶金—高等
学校—教材　Ⅳ.①TF8

中国版本图书馆 CIP 数据核字（2019）第 176544 号

出 版 人　谭学余
地　　址　北京市东城区嵩祝院北巷 39 号　邮编　100009　电话　（010）64027926
网　　址　www.cnmip.com.cn　电子信箱　yjcbs@cnmip.com.cn
责任编辑　张熙莹　王　双　美术编辑　彭子赫　版式设计　禹　蕊
责任校对　郑　娟　责任印制　李玉山
ISBN 978-7-5024-8187-2
冶金工业出版社出版发行；各地新华书店经销；三河市双峰印刷装订有限公司印刷
2019 年 9 月第 1 版，2019 年 9 月第 1 次印刷
787mm×1092mm　1/16；15.5 印张；371 千字；236 页
56.00 元
冶金工业出版社　投稿电话　（010）64027932　投稿信箱　tougao@cnmip.com.cn
冶金工业出版社营销中心　电话　（010）64044283　传真　（010）64027893
冶金工业出版社天猫旗舰店　yjgycbs.tmall.com
（本书如有印装质量问题，本社营销中心负责退换）

前　言

有色金属是国民经济、国防工业、科学技术发展和人民日常生活必不可少的基础材料和重要的战略物资。工业现代化、农业现代化、国防和科学技术现代化都离不开有色金属。为了强化有色金属冶金过程，国内外产业界和学术界发展了一系列新理论、新技术和新方法，如富氧底吹连续炼铜技术、闪速炉短流程一步炼铜技术、常压富氧直浸技术、基夫赛特直接炼铅技术、铝电解惰性阳极技术、电解法制备金属钛、氮化钒的非真空制备技术等，极大地丰富了冶金学的理论和工艺，推动了有色金属冶金工业的发展和变革。

本书系统归纳和总结了常用的有色金属冶金新技术与新方法，全书共分为7章。第1章介绍了铜火法冶金新技术、铜湿法冶金新技术、铜电解精炼技术进展及铜精矿伴生有价金属的增值冶金；第2~3章介绍了镍、铅火法冶金新技术及湿法提取新技术；第4章介绍了湿法炼锌新技术及新进展；第5章在传统铝电解工艺弊端的基础上介绍了惰性阳极及惰性可润湿阴极的研究进展；第6章介绍了高纯五氧化二钒、钒铁、氮化钒及钒铁等产品的制备进展；第7章介绍了海绵钛、致密钛、钛铁的生产新技术及进展。本书是一本内容比较全面充实的教材。

本书各章分别由俞娟、王斌、方钊、崔雅茹、袁艳编写，研究生黄文龙、孟必成参与文字整理及校对工作。俞娟、王斌主编。

本书的编写得到西安建筑科技大学教材项目的支持，在此表示衷心的感谢。

由于编者水平有限，书中不足之处，敬请读者批评指正。

编　者
2019 年 6 月

目　　录

1

铜冶金新技术

1.1 铜冶金概述

1.1.1 铜矿物资源

铜在地壳中的丰度为 $7.0 \times 10^{-5} g/t$，已发现铜矿物 250 多种，有工业开采价值的仅 10 余种。自然界中的铜矿物有自然铜、硫化铜矿物和氧化铜矿物。其中，硫化铜矿物是最主要的含铜矿物，世界上 90% 的铜均产自硫化铜矿物。自然界中主要的硫化铜矿物有辉铜矿（Cu_2S）、黄铜矿（$CuFeS_2$）、铜蓝（CuS）和斑铜矿（Cu_5FeS_4）。

据 USGS 统计全球已探明铜金属储量约 7.2 亿吨，图 1-1 所示为全球已探明的铜资源分布情况，主要分布于南美洲、北美洲，所占比例约 62%。其中智利和秘鲁为全球前二的铜矿生产国。

表 1-1 为截至 2017 年全球产能前二十的铜矿山，其中排名第一的为智利的 Escondida 矿山，2016 年产能达 127 万吨金属量。相比海外的矿山，我国的铜矿山单体储量较小，品位较低，多以共伴生矿为主，开采成本较高。表 1-2 为截至 2017 年国内主要的铜矿山，排名第一的是中铝位于西藏阿里地区的多龙矿。

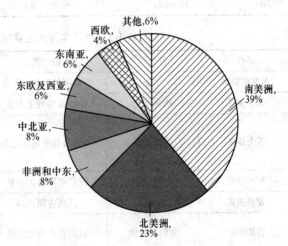

图 1-1 全球已探明铜资源分布

表 1-1 2017 年世界主要铜矿山及其产能

排名	矿 山	国家（地区）	设计产能（金属量）/kt	储量品位/%
1	Escondida	智利	1270	0.57
2	Grasberg	印度尼西亚	750	0.82
3	Morenci	美国	520	0.27
4	Bucaavista Cobre	墨西哥	510	0.34
5	Cerro Verde Ⅱ	秘鲁	500	0.39
6	Collahuasi	智利	454	0.80
7	Antamina	秘鲁	450	0.84

排名	矿　　山	国家（地区）	设计产能（金属量）/kt	储量品位/%
8	Las Bambas	秘鲁	450	0.62
9	Polar Division	俄罗斯	450	1.11
10	El Teniente	智利	432	0.56
11	Los Bronces	智利	410	0.44
12	Los Pelambres	智利	400	0.51
13	Chuquicamata	智利	350	0.48
14	Radomiro Tomic	智利	330	0.36
15	Sentinel	赞比亚	300	0.72
16	Bingham Canyon	美国	280	0.52
17	Kan san shi	赞比亚	270	0.78
18	Toromocho	秘鲁	250	0.45
19	Olympic Dam	澳大利亚	225	0.79
20	Mutanda	刚果（金）	225	1.47

表 1-2　2017 年国内主要铜矿山及产能情况

名称	母公司	位　置	储量（金属量）/万吨	产　能
多龙矿集区	中铝	西藏阿里地区改则县	>2000	未开采
驱龙铜矿	西熏巨龙	拉萨市墨竹工卡县	1036	每天 10 万吨矿石
玉龙铜矿	西部矿业	西藏昌都地区江达县	650	一期年产 3 万吨金属，二期年产 5 万~10 万吨金属
甲玛铜矿	中国美金	拉萨市墨竹工卡县	613.8	年产 180 万吨矿石
德兴铜矿	江铜	江西省德兴市	578.77	每天 13 万吨矿石
普朗铜矿	中铝、云铜	云南省香格里拉县	480	年产 1250 万吨矿石
雄村铜矿	金川	西藏日喀则谢通门县	393.2	年产 1200 万吨矿石
乌奴格吐山铜铝矿	中国黄金	内蒙古新巴尔虎右旗	267	年产 6.97 万吨金属
多宝山铜矿	紫金	黑龙江黑河市嫩江县	179	每天 2.5 万吨矿石
尼水县厅官铜矿	紫金、金川	西藏尼水县	137.35	不详
冬瓜山铜矿	铜陵有色	安徽省铜陵市	105	每天 1.3 万吨矿石

1.1.2　铜的冶炼方法

1.1.2.1　火法炼铜

火法炼铜是将铜矿（或焙砂、烧结块等）和熔剂一起在高温下熔化，直接炼成粗铜，或先炼成铜锍（铜、铁、硫为主的熔体）然后再炼成粗铜。其原则工艺流程为造锍熔炼—锍的吹炼—粗铜火法精炼—阳极铜电解精炼。

传统火法炼铜工艺是将含铜 20%~30% 的铜精矿在密闭鼓风炉、反射炉、矿热电炉或者白银炉中进行造锍熔炼，然后将熔融铜锍转入到转炉进行吹炼产出粗铜，再经反射炉氧化精炼浇注成阳极板，最后进行电解精炼产出含铜 99.95% 电铜。传统火法炼铜工艺具有工艺成熟简短、适应性强、铜回收率高的特点。但存在热效率低、能耗高、环保差、自动化程度低、生产效率低、二氧化硫废气回收率低、污染大的问题。此工艺属于典型高能耗高污染工艺。

随着环保要求的日趋严格，以闪速熔炼、艾萨熔炼、奥斯麦特熔炼、三菱熔炼及富氧底吹熔池熔炼为代表的现代火法炼铜新工艺具有短流程连续炼铜、高富氧、连续化与自动化、高效节能和清洁环保等优点，因此，越来越受到关注。

1.1.2.2 湿法炼铜

湿法炼铜是在常温、常压或高压下用溶剂将铜从矿石中浸出，然后从浸出液中除去各种杂质，再将铜从浸出液中沉淀出来。

湿法炼铜工艺根据铜矿石的矿物形态、铜品位、脉石成分的不同，主要分以下三种：

（1）适于处理硫化铜精矿的焙烧—浸出—净化—电积法，此法是将硫化铜矿石焙烧变成氧化铜后再进行湿法溶浸提铜。

（2）适于处理氧化矿、尾矿、含铜废石、复合矿的硫酸浸出—萃取—电积法。

（3）适于处理高钙、镁氧化铜矿或硫化矿的氧化砂氨浸—萃取—电积法。

1.2 铜火法冶炼新技术

1.2.1 现代铜火法熔炼工艺的特点

反射炉、鼓风炉、电炉等传统工艺熔炼存在着生产效率低、熔炼强度低、送风氧浓度低、铜锍品位低、能耗高、成本高、环境污染严重、自动化程度低等问题。为此，各国纷纷开展铜强化熔炼工艺研究。

近年开发的先进炼铜技术如闪速炼铜法、诺兰达法、艾萨法和奥斯麦特法、三菱法以及富氧底吹熔池熔炼等，其主体工艺流程为：铜精矿熔炼—铜锍吹炼—粗铜火法精炼—阳极铜电解精炼—阴极铜（见图 1-2）。

如今的铜火法熔炼工艺已逐渐采用新技术，向短流程连续炼铜、高富氧、连续化与自动化、高效节能和清洁环保方向发展。其主要特点概括如下：

（1）一般铜精矿 80% 粒度小于 $74\mu m$（200 目），通过工业氧可以实现强化熔炼，产能大，一般单套系统最大铜产能超过 40 万吨/年。

（2）先进炼铜熔炼过程采用富氧操作，送风氧浓度高，如 Inco 闪速熔炼氧浓度可达到 90%，ISA 炉、三菱法以及诺兰达熔炼的富氧浓度分别达到 60%、55% 和 45%（见表 1-3）。

（3）先进炼铜新技术能够有效利用硫化矿物燃烧所产生的热量，精矿中的 S 和 Fe 与氧反应，大量放热，过程可以实现自热或半自热熔炼，无需过多添加额外燃料。

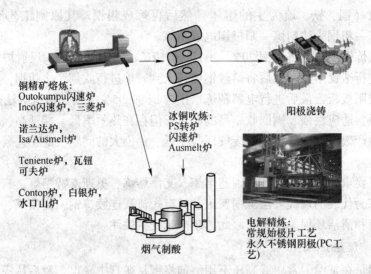

铜精矿熔炼:
Outokumpu闪速炉
Inco闪速炉,三菱炉

诺兰达炉,
Isa/Ausmelt炉

Teniente炉,瓦钮
可夫炉

Contop炉,白银炉,
水口山炉

冰铜吹炼:
PS转炉
闪速炉
Ausmelt炉

阳极浇铸

电解精炼:
常规始极片工艺
永久不锈钢阴极(PC工
艺)

烟气制酸

图1-2　现代火法熔炼工艺流程示意图

表1-3　现代火法炼铜强化熔炼工艺比较

方法	类型	研发者	原料	产物	送氧方式/浓度/%
闪速熔炼法	奥托昆普闪速炉	芬兰奥托昆普公司	铜精矿	铜锍	顶送风/21~70
	Inco闪速炉	加拿大国际镍公司	铜精矿	铜锍	顶送风/60~90
	旋涡顶吹熔炼炉	澳大利亚的奥林匹克坝和波兰的格沃古夫	铜锍/白铜锍	粗铜	顶送风/50~95
熔池熔炼法	艾萨熔炼法	澳洲芒特·艾萨矿物	铜精矿	铜锍	顶吹/40~60
	奥斯麦特熔炼法	澳大利亚奥斯麦特	铜精矿	铜锍	顶吹/40~50
	诺兰达法	加拿大诺兰达公司	铜精矿	铜锍	侧吹/约45
	三菱法	日本三菱公司	铜精矿	铜锍	顶吹/45~55
	特尼恩特炼铜法	智利特尼恩特公司	铜精矿	铜锍	侧吹/约35
	瓦钮柯夫炼铜法	苏联诺里尔斯克公司	铜精矿	铜锍	侧吹/50~80
	水口山炼铜法	中国水口山	铜精矿	铜锍	底吹/70~75
	顶吹旋转转炉法	加拿大铜崖冶炼厂	镍锍	镍锍	顶吹/80~100
	富氧底吹熔炼法	中国东营	铜精矿	铜锍	底吹/70~75

（4）造锍熔炼获得的铜锍的品位较高，一般超过50%~60%，最高可以高达75%。

（5）熔炼强度高，如闪速熔炼单炉铜精矿处理量首先突破100万吨/年以上；ISA炉单炉铜精矿处理量达到130万吨/年；三菱炉精矿处理量将超过100万吨/年（温山）。

（6）先进铜熔炼新技术在熔炼过程中硫的捕集率高，超过95%，环保效应好。如闪速熔炼和三菱熔炼法硫的利用率都超过99%，吨铜硫排放量不到2kg，是最清洁的铜冶炼工艺。

（7）现代先进炼铜技术的自动化控制程度高，如闪速炉实现计算机在线控制。

（8）铜精矿中的金、银、铂、钯等稀贵金属在铜冶炼中随铜有效富集，回收率可以达到98%。

1.2.2 现代铜冶炼厂的特征

国家统计局数据显示，2016 年全国精炼铜产量为 843.7 万吨，12 家上市的铜冶炼厂的 2016 年产量共 532.30 万吨，占全国电解铜产量的 63.09%，铜冶炼的集中度在上升。现代铜火法冶炼厂正向着大规模、连续化、自动化、技术密集型方向发展，其特征体现为：

（1）企业生产规模大、成本低、能耗低、无公害、技术经济指标先进。

（2）现代铜冶炼厂是技术密集型企业，普遍采用标准化管理、计算机在线控制，并拥有高素质的技术和管理团队队伍。例如贵溪冶炼厂，先后选派近 700 人到国外进行培训，近 2000 人国外专家来厂进行技术指导。

（3）现代化铜冶炼厂必须实行国际化的经营。

我国各种规模的铜冶炼厂（包括处理精铜矿和废杂铜）近 80 家，近几年我国的铜冶炼工厂起步建设规模开始增大，比较典型的是山东阳谷祥光铜冶炼厂、金川广西防城港铜冶炼项目，起步规模均达 40 万吨/年电解铜产品。目前，江西铜业集团、安徽铜陵有色金属集团股份有限公司、云南铜业（集团）有限公司、山东祥光铜业有限公司、金川有色金属集团公司等年产量都超过了 40 万吨，并实现了无公害生产。

1.2.3 我国铜冶金技术发展现状

近 30 年来我国铜冶金技术发展迅速，已集中了世界上几乎所有的现代铜熔炼、吹炼、铜电解和再生铜的冶炼技术和装备，荣获"世界铜冶金技术的博物馆"称号。先进的熔炼设备如闪速熔炼炉、艾萨法、奥斯麦特法及三菱法等在国内得到广泛应用。业内认可的先进熔炼工艺主要有 Outokumpu 型闪速熔炼、浸没喷枪式熔炼（ISA/Ausmelt）以及三菱熔炼技术，可以实现短流程连续炼铜、高富氧、连续化与自动化、高效节能和清洁环保。

国内先进铜冶炼工艺工厂应用实例见表 1-4。

近年来我国引进的先进火法炼铜技术主要包括：

（1）江西铜业、贵溪冶炼厂及安徽金隆铜业公司的闪速炉熔炼技术；山东阳光祥光铜业、金川有色冶金集团广西防城港项目以及铜陵有色金冠铜业分公司的闪速熔炼+闪速吹炼"双闪"技术。

（2）采用氧气顶吹熔炼技术（包括 ISA 和 Ausmelt）有 4 家，还有 5 家正在建设，氧气顶吹炉最大处理能力达每年 30 万吨精矿；安徽铜陵集团金昌冶炼厂、湖北大冶的奥斯麦特熔炼及山西中条山公司侯马冶炼厂的奥斯麦特熔炼+奥斯麦特吹炼"双奥"技术。

（3）金川有色金属集团公司的顶吹旋转转炉法（卡尔多炉）。

自主研发的技术主要包括：山东方圆集团的富氧底吹熔炼技术、水口山炼铜法、白银炼铜法以及金川"合成炉"等。

近年来，江西铜业集团每年的产量均在 100 万吨以上；铜陵有色金属集团控股有限公司铜产量（含金隆铜业有限公司）也在 100 万吨以上（产能 120 万吨）；山东阳谷祥光铜业有限公司产量 40 万吨；云南铜业股份有限公司产量 45 万吨；金川集团股份有限公司（含防城港项目）产能 60 万吨，实际 40 万吨左右，广西金川项目正逐步达产；大冶有色金属集团产量 40 万吨以上，白银有色铜产量 13 万吨左右，这些大型规模企业铜产量已占全国 90% 以上。国内大型企业的改扩建及产业升级情况可归纳如下。

表1-4　国内先进铜冶炼工艺应用工厂实例

公司	原料种类	年产能/万吨	阴极铜板	技术类型	先进铜冶炼工艺技术				评价
					熔炼吹氧方式	吹炼	火法精炼	电解精炼	
贵溪冶炼厂	硫化铜精矿	100	大极板高纯铜	3项引进	闪速熔炼/顶吹	—	回转式阳极炉（国产）+自动定量浇铸（芬兰）	永久不锈钢阴极电解法（艾萨法，澳大利亚）	国际先进
金隆铜业	硫化铜精矿	40	大极板高纯铜	2项引进	闪速熔炼/顶吹	—	回转式阳极炉（国产）+自动定量浇铸（芬兰）	永久不锈钢阴极电解法（OK法，芬兰）	国际先进
铜陵金昌冶炼厂	硫化铜精矿	20	中极板高纯铜	1项引进	奥斯麦特熔炼/顶吹	—	—	—	国内先进
云南铜业	硫化铜精矿	60	大极板高纯铜	2项引进	艾萨熔炼/顶吹	—	回转式阳极炉（国产）+自动定量浇铸（国产）	—	国际先进
湖北大冶	硫化铜精矿	40	大极板高纯铜	2项引进	诺兰达熔炼/侧吹奥斯麦特熔炼/顶吹	—	回转式阳极炉（国产）+自动定量浇铸（国产）	—	国际先进
侯马冶炼厂	硫化铜精矿	20	中极板高纯铜	2项引进	奥斯麦特熔炼/顶吹	奥斯麦特吹炼炉（澳大利亚）	—	—	国际先进
山东祥光铜业	硫化铜精矿	40	中极板高纯铜	4项引进	闪速炉熔炼/顶吹	闪速炉吹炼（美国）	回转式阳极炉（国产）+自动定量浇铸（国产）	—	国际先进
东营方圆集团	硫化铜精矿，金银精矿等	40	中极板高纯铜	1项自主研发	富氧底吹熔炼/底吹	底吹	底吹精炼/底吹	永久不锈钢阴极电解KIDD法（加拿大引进）	国际领先
金川有色金属集团	铜镍精矿	20	大极板高纯铜	1项引进	顶吹旋转转炉法（卡尔多炉）/顶吹	—	—	—	国内先进
金川防城港	铜镍精矿	40	大极板高纯铜	1项引进	闪速熔炼/顶吹	闪速吹炼/顶吹	回转式阳极炉+自动定量浇铸	永久不锈钢阴极电解法	国际领先
水口山	硫化铜精矿	20	中极板高纯铜	1项自主研发	水口山炼铜法/富氧底吹	—	—	—	国内领先

（1）产量规模最大最典型的江西铜业公司贵溪冶炼厂先后通过 5 次改扩建，历时 30 年，年产能达到了 100 万吨阴极铜。

（2）安徽铜陵有色金属集团股份有限公司 2013 年"铜冶炼工艺技术升级改造项目"采用当今世界最先进的闪速熔炼—闪速吹炼工艺技术，总投资 80 亿元 40 万吨阴极铜项目。项目达产后铜陵有色阴极铜的产能达到每年 120 万吨左右，目前，公司铜冶炼产能 135 万吨/年，成为全国阴极铜产能最大的铜冶炼加工企业。

（3）金隆铜业有限公司（由铜陵有色金属集团股份有限公司、住友金属矿山株式会社、住友商事株式会社、平果铝业公司共同组建的中外合资企业）通过 4 次改扩建，历时 13 年，年产能达 45 万吨阴极铜。

进入 2017 年，铜陵新增产量达 29.16 万吨，江铜铜业的江铜富冶和鼎新增 10 万吨，中金黄金拟扩产的 15 万吨和西部矿业的青海铜业 10 万吨也计划于 2017 年 7 月投产。然而实际上于 2017 年新投产的铜冶炼厂还包括山东祥辉 10 万吨、葫芦岛宏跃 15 万吨、广西南国 15 万吨和瑞昌西矿铜业 20 万吨，合计 60 万吨。

1.2.4 火法炼铜发展趋势

根据我国《有色金属工业中长期科技发展规划（2006～2020 年)》和有色金属工业"十二五""十三五"科技发展规划相关内容和精神，我国铜精矿火法冶金发展的前沿技术主要包括以下四点：

（1）短流程连续炼铜清洁冶金技术。缩短铜冶炼工艺流程是解决冶炼低空污染和节能的重要途径。由于铜冶炼工艺流程长、不连续，熔炼和吹炼两个阶段需在两个独立的炉子中进行，造成铜冶炼工艺流程长、能耗高、投资大等一系列问题。流程工业重大节能减排效果的取得，必须在流程上有重大创新。

国外在铜连续冶炼方面获得成功的有三菱法连续炼铜工艺和"双闪"工艺。但上述两种连续炼铜工艺虽解决了吹炼作业的环保问题，但也存在如投资较高或运行成本高或不能处理粗铜冷料等问题。同时，引进这两种国外的技术工艺不仅费用高，而且技术上受制于人。目前，国内除了山西侯马冶炼厂采用 Ausmelt 吹炼和山东阳谷祥光铜业和金川有色冶金集团广西防城港项目采用"双闪"工艺之外，其他炼厂几乎都是采用 PS 转炉吹炼，或者已被国家列为淘汰的鼓风炉+连吹炉工艺。因 PS 转炉间断操作，存在烟气量波动大、炉口漏风率高、二氧化硫烟气泄漏等问题。采用连续炼铜技术，缩短冶炼工艺流程或取消 PS 转炉吹炼，是未来解决冶炼低空污染的重要途径。

为解决该技术难题，国内目前已经实施及在建的有两种新型工艺技术路线，一是氧气底吹炉连续炼铜技术；二是闪速炉短流程一步炼铜技术。

1）氧气底吹连续炼铜工艺技术。氧气底吹铜熔炼技术在国内已经成熟，借鉴氧气底吹熔炼和其他连续吹炼的成功经验，开发底吹连续炼铜技术已经具备工业化试验基础。氧气底吹连续炼铜技术开发的核心是铜锍连续吹炼。工业化试验开发的内容主要包括：连续炼铜工艺技术，工艺条件、工艺参数和过程控制等；包括喷枪、炉体在内的连续吹炼炉规格和结构的选择开发；熔炼炉与连吹炉相配套的成套装置的研究开发。

2012 年，中国恩菲工程技术有限公司（以下简称"中国恩菲"）牵头完成研发、结题并利用该成果，在河南豫光及山东东营方圆氧气底吹熔炼多金属捕集技术"项目二期工程分别设计年产电铜 10 万吨和 20 万吨的两家底吹连续炼铜产业化示范工厂。富氧底吹熔炼设备示意图如图 1-3 所示，豫光底吹连续炼铜示范工程于 2014 年、东营方圆于 2015 年相继建成投产。

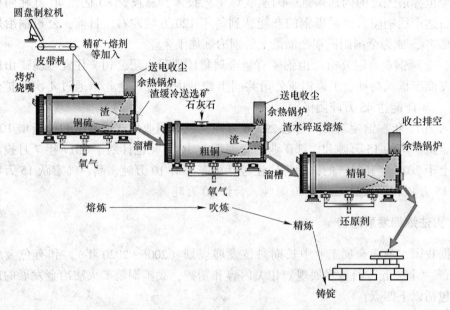

图 1-3　铜精矿富氧底吹熔炼设备示意图

　　2）闪速炉短流程一步炼铜工艺技术。中国恩菲设计并采用技术集成及优化方法，将白银炉、闪速炉及粗铜连吹炉进行工程性结合，将"闪速炉短流程一步炼铜"新技术在甘肃百银有色集团股份有限公司进行产业化示范。达到取消节能排放瓶颈——PS 转炉吹炼工序，实现在一个冶金炉装置中完成铜精矿到粗铜产出的整个冶炼过程，创造出一种具有我国自主知识产权的"连续炼铜"短流程新工艺，可实现重大的节能效果，提升我国铜铅冶炼工业整体技术装备水平和竞争力。技术指标：铜锍品位 70%，粗铜品位 98%，每吨粗铜综合能耗 260kg 标煤，硫控制率 99.7%，初期产业化规模 10 万~20 万吨/年粗铜。新型闪速炉短流程一步炼铜工艺设备示意图如图 1-4 所示。

　　（2）实现无碳底吹连续炼铜清洁生产。国内第一家底吹炼铜厂建于山东东营，以铜锍捕集黄金为主，是山东东营方圆铜业集团和金属中国恩菲联合开发的。第一期工程 2008 年底投产，实际产能规模已提高到每小时 85t 炉料，实现全自热熔炼，每吨粗铜能耗小于 200kg 标煤，处理含铜 20% 左右的精矿，回收率：铜 97.98%、金 98%、银 97%、硫 96%。

　　东营方圆集团第二期工程是年产 20 万吨粗铜、100 万吨多金属铜精矿的冶炼，于 2012 年建设投产。方圆利用两台底吹吹炼炉同时工作，交替作业，吹炼炉将铜锍吹成粗铜后继续在吹炼炉中完成应在阳极炉中进行的氧化、还原精炼工序，直接生产阳极铜，取消了阳极炉，将传统的四步炼铜法简化为：熔炼—吹炼加精炼—电解精炼三步炼铜（方圆不算电解将其称为两步炼铜）。经过近 4 年的生产实践，已实现产业化运行，并积累了操作经验，可供新建工厂选择。

　　无论双底吹还是三底吹（四步或三步）连续炼铜，不用吊包装铜锍在车间内倒运，

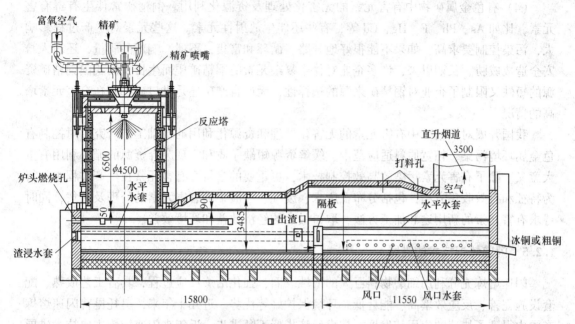

图 1-4　新型闪速炉短流程一步炼铜工艺设备示意图

采用液流的办法，彻底消除二氧化硫污染和低空烟害的逸散，均克服了转炉吹炼造成的 SO_2 的低空污染，较传统炼铜工艺在环保领域前进了一大步。但底吹吹炼有其固有缺点，并非最经济的吹炼方案。因为底吹喷枪的送风压力需要大于 6000kPa，如果直接吹炼热铜锍，送风氧浓一般较低，送风量大，动力消耗高于其他吹炼工艺，即吹炼成本较高。只有在搭配处理大量高品位冷铜料的条件下，送风氧浓提高，才能体现底吹吹炼的优越性。

拥有国内自主知识产权的"氧气底吹无碳熔炼多金属捕集新工艺"与"氧气底吹无碳连续炼铜的清洁生产新工艺"，及国产化的核心设备"氧气底吹熔池熔炼炉"，经过全国百余家企业和资深炼铜的专家院士组鉴定，已向世界宣告，无碳铜熔炼氧气底吹新工艺在山东东营方圆铜业集团试验成功并推广应用，具有运行可靠、投资省、生产成本低等优点，主要技术经济指标处世界领先水平。方圆集团铜冶炼工率先成为无碳连续炼铜的清洁生产榜样，提前跨入世界先进行列，引领中国铜冶金行业走出一条低碳经济发展的新路子。

（3）难冶炼复杂铜资源复合型冶炼新工艺与成套装置。我国自 20 世纪末开始陆续引进了芬兰奥托昆普闪速熔炼技术、澳大利亚奥斯麦特/艾萨炼铜技术、加拿大诺兰达炼铜法等先进技术。闪速熔炼和奥斯麦特熔炼在原料适应性方面各有长处和短处，针对全球铜资源不断向难冶炼与复杂性方向发展，依托国内科研实力，通过消化吸收与自主创新，开发具有自主知识产权的复合型铜冶炼新工艺与成套装置，实现难冶炼复杂矿的高效、节能、环保冶金具有重大意义。

我国主要开展了低品位难冶炼铜原料闪速熔炼工艺技术与装置，复杂铜原料奥斯麦特熔炼工艺技术与装置，复杂铜资源伴生元素的污染控制与资源化，复杂铜资源粗铜质量控制和"闪速熔炼—闪速吹炼"技术创新研究。在原料铜品位 15%～35% 条件下，每吨粗铜综合能耗 300kg 标煤，硫捕集率 99.7%。

（4）有色金属矿物中有害元素的无害化处理及资源化利用。铜精矿常伴生有毒有害元素，比如 As、Pb、F、Hg、Cd 等，有些还伴生放射性元素。这些元素对生产过程影响大，污染控制要求高，如果不能很好地开路、循环和富集，不但影响产品质量，还对人身安全造成威胁。长期以来，许多企业对伴生复杂元素的铜精矿望而生畏，而我国铜精矿资源的短缺又限制了企业对铜精矿来源的选择性，无论自产矿还是进口矿都存在有害元素增高的情况。

我国开展对铜精矿中有害元素的无害化处理和资源化利用的基础工艺研究，对控制有色金属环境污染、拓宽原料适应范围、缓解资源短缺矛盾和实现废弃资源的循环利用有重大意义。除了有害元素污染的高效控制技术，更重要的是研究有害元素在生产过程中的行为特征和有效收集方法，包括分布在废水、废气、废渣中的有害元素的处理及收集，同时寻求有害元素的新用途和加工方法，取得最大的经济效益和环境效益。

1.2.5　闪速炼铜技术的进展

闪速熔炼充分利用细磨物料巨大的活性表面，强化冶炼反应过程，具有工艺成熟、配套设施完善、反应效率高、能耗低、环境保护好等优势。近几十年来，奥托昆普闪速熔炼在国内得到了快速的应用和发展，技术经济指标不断进步。近年来闪速熔炼主要技术进展见表1-5。

表 1-5　奥托昆普闪速炉炼铜经济技术指标实例

项　　目	山东祥光铜业	金川合成炉	日本东予冶炼厂	贵溪冶炼厂
生产规模/t·a^{-1}	200000	200000	140000	250000
处理量/t·d^{-1}	2500	1965	1300	3200
精矿品位（铜质量分数）/%	26~32	28	28~32	25~28
铜锍品位（铜质量分数）/%	68~71	58~60	50~55	54~58
炉渣含铜（铜质量分数）/%	1.2	0.6~0.8	0.8~1.5	0.7~1.1
热风温度/℃	—	200	430~450	—
富氧含 O_2/%	80	65~70	36~37	70
烟气含 SO_2/%	14~18	20	12~14	12~15
烟尘率/%	8	6~7.5	9~10	9~11

1.2.5.1　高富氧浓度的工艺风富氧熔炼

奥托昆普闪速熔炼过程中，通过控制氧料比，可任意改变产出铜锍的品位，这是其他很多传统熔炼技术所不能及的，但同时渣含铜较高。

20 世纪 80 年代，国外的闪速炉炼铜技术中富氧浓度一般都是 21%~30%。随着富氧技术在冶金中广泛推广和应用，目前，闪速炉炼铜都是采用富氧强化熔炼工艺达到高铜锍品位、高投料量、高热强度，进而提高闪速炉的生产能力。在铜精矿的富氧强化熔炼过程中，在确定的配料情况下，工艺风的富氧浓度一般控制在 40%~70%，以达到所希望的目标铜锍品位。铜锍品位则是通过调节工艺风中的 O_2 量、精矿投入量这个比值来实现的。其比值大，则铜精矿中的 Fe 和 S 在闪速炉内得到充分氧化，从而产生高品位铜锍；如比值小，则情况相反。由此看来富氧浓度的波动会直接影响到铜锍品位的稳定。因此，富氧浓度的控制在铜精矿的富氧强化熔炼过程中是相当重要的。如山东祥光铜业一期设计氧浓度为64%，随着投料量的加大，氧浓度已提高到90%以上。单台闪速熔炼炉投料量已达260t/h以上，日处理量在6000t以上。

1.2.5.2 喷嘴结构的技术进步

闪速炉炼铜在反应塔顶部设置了下喷型精矿（铜锍）喷嘴。干燥的铜精矿和熔剂与富氧空气或热风高速喷入反应塔内，在塔内呈悬浮状态。物料在向下运动过程中，与气流中的氧发生氧化反应，放出大量的热，使反应塔中的温度维持在1673K以上。在高温下物料迅速反应（2~3s），产生的熔体沉降到沉淀池内，完成造铜锍和造渣反应，并进行澄清分离。喷嘴是闪速炉核心的设备，但该设备专利长期被国外垄断，虽然近年来国内不少企业对喷嘴做了不少改进并取得了一定的效果，但始终没有摆脱奥图泰技术专利的范围，我国企业需花费大量外汇购买技术许可证和关键设备喷嘴。

A 中央扩散型精矿喷嘴的使用

近年来很多厂家都对闪速熔炼喷嘴结构进行了改进，用单个喷嘴取代原有4个喷嘴。现在的喷嘴结构普遍采用中央扩散型精矿喷嘴取代原有的文氏管型喷嘴，中央扩散型喷嘴由芬兰奥托昆普公司研制，不是文氏管型而是倒锥型，由壳体、料管、风管、混合室等组成。

炉料从中央料管流入混合室，富氧空气则从空气管喷入混合室内，与精矿在此处进行充分的混合。混合室呈圆筒型，其底部在喷嘴最下端与闪速炉顶相接。在精矿喷嘴中心安装一根小管，其端部设有锥形喷头，喷头周围分布有许多直径3.5mm小孔。压缩空气由中间小管通入，而后从小孔沿水平方向喷出，将精矿粉迅速吹散到整个反应塔内。国内如贵溪冶炼厂、金隆铜业等的奥托昆普闪速炼铜炉均采用的是中央扩散型精矿喷嘴。

贵溪冶炼厂改造的中央喷嘴，设计精矿处理能力160t/h，常温，送风氧浓度44%~47.5%。采用富氧空气及723~1273K热风作为氧化气体，喷嘴结构连续改进，用单个喷嘴取代原有4个喷嘴，炉体结构进行了连续改进和冷却强化，生产能力逐步提高。

B 旋浮喷嘴的开发

近年来祥光铜业通过自主创新开发出旋浮喷嘴，适用于闪速熔炼、闪速吹炼，并取得了巨大的成功。

a 旋浮喷嘴的技术特点

(1) 采用粒子碰撞反应机理，确保反应充分完全。空间冶炼过程中，由于原料性质和工艺条件不同，反应速度不一样，会出现粒子过氧化和欠氧化现象。闪速熔炼反应机理主要是反应塔上部氧气和原料粒子的反应，若初始反应不好，产生的过氧化粒子和欠氧化粒子下落过程中没有再反应机会，所以整体反应不完全。旋浮熔炼反应机理分为两部分，第一部分同闪速熔炼一样，主要是反应塔上部氧气和粒子反应，第二部分主要是反应塔下部过氧化粒子和欠氧化粒子间的碰撞再反应。旋浮熔炼的粒子碰撞反应机理确保了整个空间冶炼过程反应充分完全，为实现超强化冶炼奠定了理论基础。

以熔炼为例，旋浮熔炼反应机理涉及的主要反应如下。

第一部分（反应塔上部）氧气和精矿粒子间反应机理涉及的反应：

$$2CuFeS_2 + O_2 \longrightarrow 2FeS + Cu_2S + SO_2$$
$$2FeS + 3O_2 \longrightarrow 2FeO + 2SO_2$$
$$6FeO + O_2 \longrightarrow 2Fe_3O_4(过氧化)$$
$$2Cu_2S + 3O_2 \longrightarrow 2Cu_2O(过氧化) + 2SO_2$$

第二部分（反应塔下部）粒子和粒子间碰撞反应机理涉及的反应：

$$3Fe_3O_4(过氧化) + FeS(欠氧化) \longrightarrow 10FeO + SO_2$$
$$Cu_2O(过氧化) + FeS(欠氧化) \longrightarrow FeO + Cu_2S$$

（2）采用龙卷风形式分散物料，强化气粒混合和粒子碰撞。龙卷风是自然界中具有极强扩散卷吸能力的高速旋流体，在自然界形成后破坏力巨大，但用在物料分散上则有利于风料的完全混合。

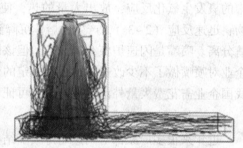

旋浮熔炼正是借鉴龙卷风的形式来分散物料，粒子呈旋流状态分布在反应塔中央。优点：一是气粒混合好；二是粒子碰撞反应机会；三是高温粒子集中在反应塔中央，对塔壁冲刷少，热损失少，可以自热冶炼，如图1-5所示。

图1-5　旋浮喷嘴物料分散模拟图

（3）采用中央脉动氧气，强化粒子脉动碰撞反应，中间氧通过脉冲阀连续脉冲式通入，在旋流脉动力学效应下，精矿粒子在下降的喷射流中产生自旋转、脉动、碰撞、聚合等现象，这种效应强化了闪速炉内的气-固及固-固间的多相反应，大大有利于熔炼过程的进行和完成。

（4）采用风内料外供料方式，强化传质传热与中央扩散型精矿喷嘴风包料（中间是精矿，外围是工艺空气）的进料方式不同，旋浮熔炼采用料包风的进料方式，在炉内依靠中间的旋流反应空气卷吸和扩张的特性使物料粒子较小的空间内处于旋浮状态，同时以脉动气流影响粒子的运动。这种供料方式的优点是原料粒子和工艺风接触的面积大，着火反应快。

b　旋浮喷嘴在闪速炉中的应用

自旋浮喷嘴在祥光熔炼、吹炼炉成功投用后，表现出其优点为：

（1）生产能力大，实现了超强化冶炼。投料量达350t/h，目前闪速熔炼的投料量约为120~200t/h。祥光的熔炼炉投料量长期稳定在260t/h，尤其是2014年以来，月平均作业率均在95%以上，最高达到了98%，月处理精矿量在130kt以上。

（2）反应效率高，指标良好。反应完全，没有下生料现象，作业率高达98%，烟尘率4%，熔炼渣含铜1.2%，热负荷最高达3000MJ/($m^3 \cdot h$)。

（3）实现了自热熔炼，节约能源。正常生产时，不需要添加燃料，不仅可以自热熔炼，而且由于投料量大，热量过剩，还可以处理占总精矿量10%左右的氧化矿。吹炼炉也是如此。

（4）原料适应性强，可处理高杂质矿。通常认为闪速熔炼工艺只能处理干净铜精矿，旋浮熔炼因碰撞反应效率高，脱杂能力强，适应处理各种高杂质矿，克服了常规闪速熔炼的缺陷，祥光每年可以处理占总精矿量20%的高杂质矿。

1.2.5.3　精矿干燥以及干精矿浓相输送新技术

随着闪速炼铜技术的发展，精矿干燥以及精矿加料系统也在不断进步。传统闪速熔炼工艺中精矿干燥一般采用回转窑干燥和气流干燥。回转窑干燥和气流干燥的热源都来自于燃烧重油或天然气的热风炉，干燥效果比较好。但由于一般冶炼厂会有多余蒸汽，随着能源紧张，广泛用于化工领域的蒸汽干燥设备逐步被应用于精矿干燥。现在，闪速熔炼已经实现用节能、低耗的大型蒸汽干燥机代替原有能耗高、排放超标的气流干燥和小型蒸汽干燥机。除了金川公司采用的国产直管式干燥机外，祥光二期采用了盘管式国产干燥机，能力也达到了200t/h。

在年产规模20万吨左右的闪速炼铜工程中，根据精矿含铜的不同，需要输送的铜精矿量大都在150~200t/h，属于大容量输送，典型参数有：输送温度95~120℃、含水率小于0.3%、粒度小于0.074mm的大于80%、真密度316~410t/m^3、堆密度116~210t/m^3、水平输送距离0~200m、垂直输送距离40~50m。用负压输送很难在一套装置内达到这个输送能力，因此需要用正压浓相输送才能满足要求。干燥后的干精矿进入精矿中间仓暂存，然后加入到输送罐中，在压缩空气的作用下，直接输送到炉顶干矿仓或者先送到精矿目标仓后再自流进炉顶干矿仓。

铜精矿的正压浓相输送在国外应用得比较早，在国内现有铜冶炼厂中，江西铜业集团贵溪冶炼厂和金隆铜业有限公司在扩产改造中选用了该技术来输送铜精矿，且单台最大设计能力达180t/h；另外祥光铜业有限公司也采用了220t/h蒸汽干燥机进行铜精矿干矿正压浓相输送。

1.2.5.4　强化冶炼炉体的技术进步

放眼当今的闪速炼铜领域，高投料量、高铜锍品位、高富氧浓度、高热负荷等"四高"技术是闪速熔炼技术发展的总趋势。

伴随着高投料量和高富氧浓度，反应塔热负荷也急剧增加。祥光熔炼炉设计在40万吨/年产能时，反应塔热负荷为2100MJ/(h·m^3)，而目前单台闪速熔炼炉投料量已达260t/h以上，日处理量在6000t以上，热负荷实际超过了2600MJ/(m^3·h)。

A　反应塔顶的改造

山东祥光铜业反应塔顶起初是由37.5mm厚的吊挂砖组成的吊挂平顶，然而，随着投料量的提升，热负荷的增大，携尘高温烟气的冲刷，反应塔顶耐火砖消耗极快，不能适应高负荷的生产；2012年，利用年度大修，祥光铜业都将反应塔顶更换为由吊挂铜水套组成的吊挂平顶，金隆公司也进行了同样的改造。山东祥光铜业吊挂水套拼成的反应塔顶示意图如图1-6所示。

B　沉淀池侧墙的改造

位于反应塔正下方的烟气区侧墙，可以看做是反应塔的延伸，承受着较高的热负荷，由反应塔垂直向下运动的高温烟气在此改向并形成涡旋，而且此时的烟气中携带的高温熔体量很大，形成特殊恶劣的工况。在这一部位的耐火材料很容易被消耗，与反应塔所采取的措施相同，各冶炼厂纷纷加强此部位的冷却而削减耐火砖的厚度，改用耐火砖的外侧预埋带翅片的水冷铜管，后逐步改为耐火砖中插入水平铜水套，在后来的改进中，与反应塔一样，逐步摈弃了预埋铜管的做法，也采用了"三明治"式。如祥光铜业采用了三层水

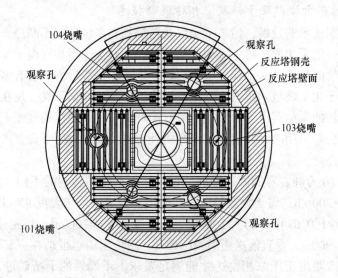

图 1-6　祥光铜业吊挂水套拼成的反应塔顶示意图

平水套，勒比希开威设了七层水平水套，而巴亚马雷则改为垂直水套。烟气区的其他部位虽然工况较好，但发展和改进也同步进行，如祥光铜业和肯尼科特烟气区都是三层水平水套（见图 1-7）。

C　沉淀池顶的改造

沉淀池顶的三角区与反应塔裙部和沉淀池侧墙连接，工况恶劣，由圆形的反应塔裙部插入长方形的沉淀池顶，把沉淀池顶分成近似的三角而得名。初期由 4 根带冷却水的"H"钢梁组成的方框（称为矩形 H 梁），在矩形 H 梁的 4 个角内再焊接 4 根弧形水冷 H 梁，再在空隙中吊挂耐火砖组成，这种结构有很多冶炼厂一直使用至今。而肯尼科特和祥光铜业以及新建的闪速熔炼炉都摒弃了这种结构，采用吊挂砖组成平顶，只是在反应塔的同心圆上插入了一个圆形的吊挂水套。在随后的高强化冶炼生产中由于烟气冲刷该区域吊挂砖损耗很快，和反应塔顶一样，祥光铜业在 2012 年大修中将此区域改为吊挂水套结构，如图 1-8 所示。

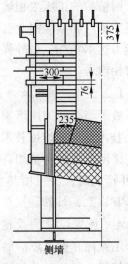

图 1-7　祥光铜业沉淀池侧墙

D　闪速熔炼供风系统的改进

闪速熔炼供风系统有时采用 473~1273K 的热风送风。设计的热风温度为 200℃ 时称为低温热风，可以利用温度约 260℃ 的饱和蒸汽直接加热空气，不需设置蒸汽过热炉。设计的热风温度为 450℃ 时称为中温热风，采用压力约 4.5MPa，用温度约 540℃ 的过热蒸汽或燃油加热器加热空气。设计的热风温度 1000℃ 左右时称为高温送风，采用燃气或燃油的考贝式热风炉加热空气，优点是热风带进热量多、闪速炉燃料用量少，因此烟气量小，处理精矿能力大。日本佐贺关、日立等厂采用。

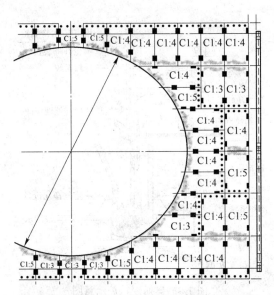

图 1-8　祥光铜业沉淀池顶部吊挂水套结构示意

1.2.6　富氧顶吹炼铜工艺进展

澳大利亚的奥斯麦特熔炼（Ausmelt）和芒特艾萨熔炼（ISA）都是氧气顶吹技术，也称为浸没喷吹熔炼技术。氧气顶吹炼铜技术的优点是原料预处理比较简单，不需要深度干燥，对入炉物料的要求不太高，投资较低。其主要熔炼特点可概括如下：

（1）原料的适应性很强。对于铜、铅、镍、锡精矿及铜、铅废杂料等再生冶炼，精矿成分和性质要求比闪速炉宽松。

（2）备料简单。可以处理湿料、块料、垃圾等，不需要特别的备料，湿料、块料可以直接入炉。

（3）多种操作方式。通过控制炉内不同的气氛和温度，可以自由地进行氧化、还原、烟化（挥发分离特定的元素）。

（4）可以进行熔炼，也可以进行吹炼，直接生产粗金属。

（5）熔炼强度高，床能力高，最新的 ISA 炉设计精矿处理量达到了 130 万吨。

（6）环境指标、自动化水平、作业率、炉寿命等不如闪速熔炼。

1.2.6.1　奥斯麦特熔炼工艺进展

奥斯麦特炉在负压下操作，由炼前处理、配料、奥斯麦特炉本体、余热发电、收尘与烟气治理、冷却水循环、粉煤供应和供风系统等 8 个部分组成（见图 1-9）。奥斯麦特炉是一个高的圆柱形设备，用耐火材料作衬里，依据具体情况可单独采用喷淋冷却、绝热冷却或联合使用强制水冷或蒸发冷却铜面板以延长耐火材料的寿命。采用整体冷却板的铜系统时，其耐火材料消耗低于吨渣 0.3kg 的工业平均耐火材料消耗水平。

在熔炼过程中，经润湿混捏的物料从炉顶进料口加入熔池，燃料（粉煤）和燃烧空气以及未燃烧过剩的含 CO、C 等的二次燃烧风均通过插入熔池的喷枪喷入。当更换喷枪或因其他事故需要提起喷枪时，则从备用烧嘴口插入。备用烧嘴以柴油为燃料。喷枪是奥斯麦特技术的核心，它由特殊设计的三层同心套管组成，中心是粉煤通道，中间是燃烧空

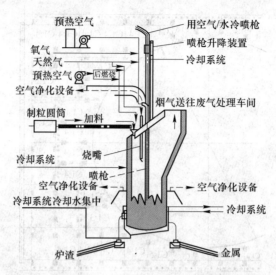

预热空气
用空气/水冷喷枪
喷枪升降装置
冷却系统
氧气
天然气
预热空气　后燃烧
空气净化设备
烟气送往废气处理车间
制粒圆筒　加料
冷却系统
烧嘴
喷枪
空气净化设备　　空气净化设备
冷却系统冷却水集中
冷却系统
炉渣　　　金属

图 1-9　奥斯麦特炉示意图

气和氧气，最外层是套筒风。喷枪被固定在可上下运行的喷枪架上，工作时随炉况的变化由 DCS 系统或手动控制上下移动。

奥斯麦特熔炼工艺的核心是一个垂直悬吊的喷枪，它浸没在熔融的渣池中，渣被喷入的燃烧气体空气和氧充分混合，因此，炉内反应速度很快。喷枪内可控制的燃烧空气涡流，给喷枪外表面渣层的固化提供了充分的冷却。固体渣层保护了喷枪不被高侵蚀性环境所侵害。

富氧空气和燃料通过喷枪喷入并在喷枪尖端燃烧，给炉子提供热量。可通过调整供给喷枪的燃料和氧的比例以及加入的还原剂煤与物料的比例来控制氧化和还原的程度。原料、熔剂和还原剂煤通过炉顶的一个加料口加入，然后进入熔池中，粉状物料可以制团或直接喷入熔池中，从而使得被上升废气夹带的烟尘损失降到最低。对奥斯麦特炉进行低成本改造，可使更昂贵的外围设备如原料和废气处理设备的规模和复杂性降到最低。采用奥斯麦特铜精矿炼铜工艺一般由熔炼、沉淀和吹炼三个基本过程组成。熔炼中炉内发生的物理化

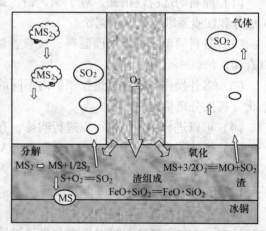

图 1-10　奥斯麦特炉内发生的物理化学反应示意图

学反应如图 1-10 所示。它处理铜矿物主要依靠精矿中的可氧化成分、氧气以及三氧化二铁之间的反应，其质量和能量传递均在熔融渣层内实现，如原料的熔解、化学反应以及一次燃烧都在渣层内发生。

通常铜精矿与返料、再生物料、转炉渣及熔剂混合加入炉内。反应所需要的能量通过燃料的燃烧以及来料中铁的硫化物的氧化来取得。采用富氧可减少烟气量，提高烟气中

SO_2 浓度并通过增加氧的利用来提高过程的效率。铅、锌、砷和其他挥发组分从熔池中挥发并在炉顶部被经喷枪二次燃烧段鼓入的空气再氧化，二次燃烧产生的部分热量被反应利用。这些挥发性的组分经过挥发在最终的金属相中会降到很低的水平，并进入烟尘成为烟灰氧化物而有待后续回收。该工艺适用于处理含铋、砷、铅和锌的复杂铜精矿。

精矿中的硫化铜和硫化铁将形成铜锍相，可控量的过剩空气也通过奥斯麦特喷枪喷入，将硫化铁氧化成氧化铁得到预期品位的铜锍。产生的氧化铁和添加的熔剂以及燃料灰分会形成液体渣。

铜冶炼过程中尽量降低铜在渣相中的损失极其重要。这可以通过减少渣量、物理分离渣相和铜锍相以及处理终渣回收所含的铜来实现。

在奥斯麦特系统中，沉淀阶段仅仅用作从主熔炼过程中产生弃渣，这包括在合适的温度和静止条件下通过重力沉淀分离铜锍相和渣相。一旦沉淀后，铜锍相就和渣相分开，视要求的铜锍品位而定，渣含铜最低可降到 0.5%~0.7%。奥斯麦特炼铜工艺的主要业绩见表 1-6。

表 1-6 Ausmelt 工艺炼铜业绩

投产时间	所属公司	炉料及工艺	年加料量/万吨	产品
1999 年	侯马中条山	铜精矿+铜锍（双奥）	6	粗铜
2002~2004 年	南非，吕斯滕堡 Amplats	水淬镍/铜/铂族金属铜锍	21.3	镍/铜吹炼铜锍
2003 年	安徽铜陵铜业	铜精矿	33	铜冰铜
2004 年	温山，韩国锌业	铜渣	7	铜冰铜
2003 年	印度 Birla 铜业	铜精矿熔炼+铜锍吹炼	32~35	粗铜
2005 年	温山，韩国锌业	铅厂含铜残渣等	7	冰铜
2005 年	俄罗斯，Chelyabinsk Start project	铜精矿	50	冰铜
2008 年	赤峰金剑铜业	铜精矿	48	冰铜
2008 年	葫芦岛有色金属集团	铜精矿	50	铜锍
2007 年	日本同和矿业	铜/多金属二次冶炼	15	粗铜
2006 年	俄罗斯铜业公司	铜精矿	—	—
2011 年	湖北大冶有色	铜精矿	103	铜锍
2012 年	云锡铜冶炼厂	铜精矿	45	铜锍
2013 年	新疆五鑫铜冶炼厂	铜精矿	57	铜锍
2014 年	葫芦岛铜冶炼厂	铜精矿	50	铜锍
2018 年投产	铜陵金昌冶炼厂（奥炉改造工程）	铜精矿	20	铜锍

中条山有色金属公司侯马冶炼厂是世界上首家采用奥斯麦特炼铜技术的工厂，它拥有 1 台奥斯麦特炼熔炼炉和 1 台奥斯麦特炼吹炼炉，两炉之间设有沉淀池，对铜锍和渣进行分离，铜锍由溜槽进入吹炼炉。熔炼炉使用的是四层套管喷枪，用粉煤作燃料。富氧浓度为 40%，烟气中 SO_2 浓度为 9%~10%。熔炼炉产出的熔体流入沉降炉进行炉渣与铜锍的分离。从沉降炉产出的炉渣含铜已降至 0.6%，经水淬后弃去。铜锍从沉降炉间断地流进

吹炼炉或经水碎后再以固态加入吹炼炉，经吹炼产出粗铜。

湖北大冶有色金属公司的奥斯麦特炉按年产铜 20 万吨设计，具备扩产到 30 万吨的生产能力，并采用世界先进的永久性不锈钢阴极铜电解工艺和计算机自动定位控制技术，建成了年产 30 万吨铜精炼能力的清洁生产示范项目。其奥斯麦特系统主要由本体、耐火材料、上料系统、堰口、喷枪、粉煤喷吹系统、备用燃烧器系统、循环水系统、风、氧系统、余热锅炉、电收尘及制酸系统等构成。大冶奥斯麦特熔炼主体工艺流程如图 1-11 所示，其主要参数及技术经济指标见表 1-7，熔炼富氧浓度为 60%，入炉铜精矿品位 21% 左右，年处理铜精矿达 103 万吨。

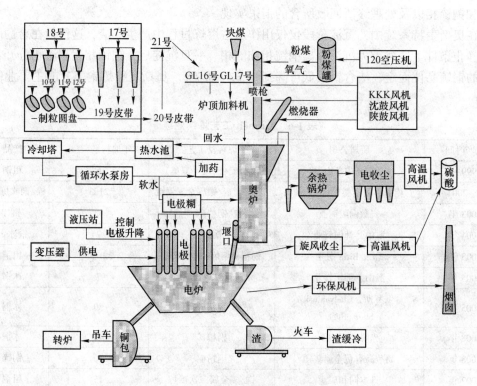

图 1-11　大冶奥斯麦特系统流程图

表 1-7　湖北大冶奥斯麦特炉主要参数及技术经济指标

项　　目	参数及技术经济指标	备　　注
熔炼炉规格/m×m	φ5.0×16.5	内径
精矿品位（含 Cu）/%	21	
年处理精矿量/万吨	102.6	干基
熔炼富氧浓度/%	60	
熔炼富氧空气量/m³·h⁻¹	41422.43	
每吨精矿耗氧量/m³	146.85	
年产低铜锍量/万吨	38.1	
年低铜锍品位（含 Cu）/%	55.0	
年产炉渣量/t	542104.2	

项　目	参数及技术经济指标	备　注
炉渣含铜/%	2.5	
冶炼回收率（含 Cu）/%	98.07	到阳极铜
熔炼烟气 SO_2 浓度/%	19.68	

1.2.6.2 艾萨熔炼进展

艾萨工艺炼铜与奥斯麦特工艺类似，其在世界上的主要投产情况见表 1-8。

表 1-8　艾萨炉炼铜工艺主要炼铜企业

投产时间	所 属 公 司	工厂类型	工厂能力
1987 年	澳大利亚芒特艾萨矿业有限公司	铜冶炼厂	15~20t/h 的铜精矿
1992 年	美国亚利桑那塞浦路斯迈阿密矿业	铜冶炼厂	年处理 70 万吨铜精矿
1992 年	芒特艾萨矿业有限公司	铜冶炼厂	年处理 100 万吨铜精矿
1996 年	印度 Tuticorin Sterlite 工业有限公司	铜冶炼厂	年产 6 万~10 万吨铜
1997 年	比利时霍博肯联合矿业	铜/铅冶炼厂	年装料量 30 万吨
2002 年	昆明云南铜业	铜冶炼厂	年处理 80 万吨铜精矿
2002 年	德国 Lunen Huttenwerke Kayser AG	再生铜冶炼厂	年处理 15 万吨二次物料
2005 年	印度 Sterlite 工业有限公司	铜冶炼厂	年处理 130 万吨铜精矿
2006 年	赞比亚，Mufulira Mopani 铜矿	铜冶炼厂	年处理 85 万吨铜精矿
2007 年	秘鲁，Ilo 南秘鲁铜业	铜冶炼厂	年处理 120 万吨铜精矿
2009 年	哈萨克斯坦 Kazzinc JSC	铜冶炼厂	年处理 25 万吨铜精矿
2009 年	秘鲁 La Oroya Doe Run	铜冶炼厂	年处理 28 万吨铜精矿
2009 年	谦比希铜冶炼有限公司	铜冶炼厂	年处理 18 万吨粗铜

我国云南铜业股份有限公司 1999 年与澳大利亚 MIMPT 公司签订引进艾萨法铜熔炼技术，2002 年 5 月投料生产。云铜艾萨炉高 14.7m，内径 4.4m。云南铜业公司通过对艾萨铜熔炼炉的引进消化吸收和二次创新，创造了在全球 8 座同类炉子中体积最大、厂房占地最小、余热锅炉结构最合理、建设周期最短、达产达标用时最短、第一期炉龄最长的世界纪录。云铜艾萨炉采用高强度精矿制粒技术，使艾萨炉烟尘率降低到 1.37%，小时处理精矿量 110~120t，总硫利用率提高到了 96% 以上，吨铜能耗 0.493t 标煤，各项技术经济指标均处于世界领先水平，实现了对富氧顶吹炼铜技术的完善和重大技术跨越。

赞比亚谦比希铜冶炼（CCS）项目是中国在海外投资并已投运的最大铜冶炼项目，由中国有色矿业集团有限公司（CNMC）和中铝云南铜业（集团）有限公司（YNCIG）共同出资组建。项目设计能力为年产粗铜 15 万吨、硫酸 28 万吨，于 2009 年 2 月 17 日投入生产。项目核心内容的艾萨熔炼流程集中体现了自主创新和节能降耗的特色，于国内首次自主完成艾萨熔炼技术的完整设计与开发，以及关键设备的全面国产化。包括：高效双旋流片喷枪系统的自主设计与国产化制造，艾萨炉控制系统自主集成、组态和开发，艾萨熔炼余热锅炉的自主设计和国产化。在国内原引进技术基础上，优化流程设计缩短流程长度，优化炉子设计完成艾萨炉分层排放等技术创新，完成熔炼炉直产白铜锍技术的研究和初步实践。在完整填补国内该项技术设计、制造国产化空白的同时，实现了艾萨熔炼技术的集成化再创新，成为标志国内顶吹熔炼技术完整消化吸收集成化再创新的重要里程碑。

谦比希铜冶炼有限公司艾萨熔炼系统集成化创新的主要内容及成果主要在创新优化艾萨流程和炉子设计、创新设计的高效燃油喷枪和艾萨喷枪卷扬系统设备、自动化控制系统自主开发、集成几个方面：

（1）创新优化艾萨流程和炉子设计：

1）熔炼流程取消二次配料系统和制粒机系统。取消二次配料系统和制粒机系统，采用计算机控制一次仓式精确配料和建设精矿润湿装置确保入炉料合格品质，极大地简化了炉料制备过程。操作工况稳定，艾萨炉熔池温度降至1165℃。工艺流程如图1-12所示。

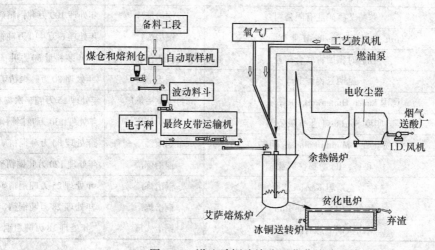

图1-12　谦比希铜冶炼公司艾萨熔炼系统

2）取消炉子阻溅板，采用燃烧控制技术控制锅炉烟道黏结。国内外目前所知的所有艾萨炉的设计中，为了降低烟尘率，减少锅炉烟道黏结，在炉子烧杯口与直桶段连接的部位，都设有阻溅板。由于阻溅板的特殊恶劣工况，国内外几个艾萨工厂阻溅板都曾多次发生漏水事故。考虑到漏水所产生的安全隐患，并鉴于阻溅板的加工制造难度和高昂的制造费用等问题，CCS项目组对阻溅板炉型的结构和阻溅板作用机理等进行了详细研究后认为：艾萨炉传统设计的阻溅板，仅能起到减缓炉顶和锅炉过渡段黏结，以及降低机械携带烟尘率的作用，对于挥发性烟尘率基本上没有实质性的影响。同时，对顶吹炉普遍存在的炉顶和锅炉上升烟道严重黏结问题，采用燃烧控制技术予以解决，即在艾萨熔炼过程中，通过对不同固定碳、挥发分和粒度燃煤的搭配使用，结合炉子烟气温度和烟道不同部位温度的监控，并配合二次燃烧风量的调整，开发出"艾萨炉烟道黏结燃烧控制技术"，使用冶炼烟气自生热量分配调整，实现对炉顶、锅炉过渡段黏结物厚度的控制。运行证明在没有制粒工序和阻溅板的情况下，顶吹熔炼炉总烟尘率完全可以控制在2%的经济指标以下（机械烟尘率1.5%以下）。

3）艾萨炉分层排放技术。投产后，自主设计并增加第三排放口和排放溜槽平台。并通对喷枪旋流片的改造和喷枪枪位的控制，实现熔炼产品分层排放：由第三排放口排放的干净铜锍可不进入贫化电炉澄清而直接送往转炉进行吹炼。由此，可降低贫化电炉30%的生产负荷，同时减少电炉的铜锍排放人工开口、堵口操作次数，提高了转炉进料速度。每年可节约电耗$8 \times 10^6 kW \cdot h$、节约吹炼时间400余小时，实现节能降耗的同时有效地提高了生产效率和降低了劳动强度。

（2）创新设计的高效燃油喷枪。根据喷枪内流体动力学研究以及喷枪端部压力与气泡生成关系原理，对喷枪进行设计，以改善喷枪气流在炉内分布效果、提高喷枪使用寿命。一方面，通过对旋流角度和旋流片安装位置的改变，结合喷枪端部压力的检测，改善炉内旋流和均衡搅拌效果，使炉内反应层稳定，有效提高氧气利用率；另一方面，通过改善喷枪整体对流换热效果，增强喷枪中上部均匀结渣护层的形成与维持、改善枪体头部和中部受热不均的状况，极大地减缓了喷枪在炉内易弯曲变形的状况，有效延长了喷枪的使用寿命。喷枪端部一次使用寿命由$7 \sim 14$天提高到$30 \sim 40$天，每年可节约喷枪维修费用60万元，并提高冶炼作业率5%。喷枪双旋流片技术提高氧气利用率3%，每年可节约氧气生产成本60万元。

1.2.7 铜锍吹炼技术的进展

各种铜精矿熔炼方法，绝大多数都是产出铜锍。吹炼的目的是将铜锍转变为粗铜。当代传统成熟的吹炼技术主要是PS水平转炉吹炼。先进吹炼技术包括闪速炉吹炼、三菱法吹炼炉、奥斯麦特炉吹炼和富氧底吹炉吹炼法等已经实现工业化，很有发展前景的高效吹炼技术如艾萨炉吹炼法正处于工业试验阶段，从发展趋势看，先进高效吹炼技术正在逐步取代传统吹炼技术。

1.2.7.1 PS转炉吹炼工艺的问题

（1）炉子之间倒运熔体，周期性开停风，周期性进料、放渣作业等均导致SO_2逸散，环境控制困难；

（2）送风氧气浓度无法提高（一般仅26%），烟气量大，SO_2浓度低，制酸设备的投资和操作成本高；

（3）烟气量、SO_2浓度、温度大范围波动，制酸操作不稳定，制酸能耗较高；

（4）设备的生产能力低，只能靠增加转炉的数量提高产量，受场地和制酸能力的制约；

（5）厂房的强度要求高，增加了投资。

现代熔炼技术对吹炼的发展要求有：提高吹炼富氧浓度，能处理高品位铜锍，产出的烟气连续、稳定，SO_2浓度高，逸散烟气少。为此，需开发铜锍连续吹炼工艺，取代PS转炉。

1.2.7.2 连续吹炼工艺

连续吹炼是利用铜精矿熔炼，产出高品位铜锍，经水淬或者用溜槽（或包子、行车）进连续吹炼炉进行吹炼。目前已经成熟工业化的连续吹炼技术包括如三菱连续吹炼、Kennecott-Outokumpu连续吹炼、Noranda连续吹炼、Ausmelt连续吹炼、氧气底吹炉连续炼铜技术等。表1-9列出了几种主要连续吹炼技术的工艺参数和技术经济指标。

表 1-9　几种工业化连续吹炼技术的工艺参数和技术经济指标

工　艺	诺兰达吹炼	三菱吹炼	闪速吹炼
铜锍炉料	液/固态，Cu 68%~70%	液态，Cu 约68%	固态，69%~70%
投料量/t·h⁻¹	42	54	68
送风氧浓/%	27~29	32（Gresik）	80~85
作业率/%	85	90	80
产品	半粗铜，S 0.8%~1.2%	粗铜，S 0.6%~0.8%	粗铜，S 0.2%~0.3%
炉渣	硅酸铁	铁酸钙	铁酸钙
残极/杂铜处理	可以	可以	不能
烟尘率	低	低	高
熔炼/吹炼分离	部分	不能	能
炉寿命/年	0.75	3	>5

A　三菱连续炼铜工艺

三菱连续炼铜工艺是第一个工业化的铜锍连续炼铜工艺，并首次采用铁酸钙渣型进行铜锍吹炼。熔炼过程是在连续的三个炉子内完成（见图 1-13），造锍熔炼产出的铜锍经过溜槽进入圆形吹炼炉中，圆形炉中用顶吹直立式喷枪进行吹炼。

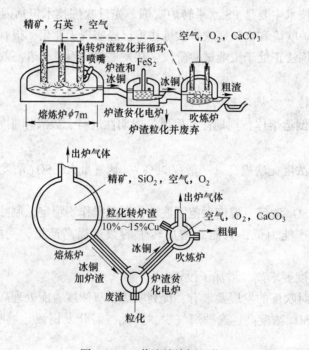

图 1-13　三菱连续炼铜工艺

在喷吹方式上，三菱法将空气、氧气和熔剂喷到熔池表面上，通过熔体面上的薄渣层，与锍进行氧化与造渣反应；喷枪内层喷石灰石粉，外环层喷含氧 26%~32% 富氧空气。使用铁酸钙渣炉渣，Fe_3O_4 不容易析出。产生的 SO_2 烟气浓度为 15%~16%。其喷枪随着吹炼的进行不断地消耗，喷枪头要定期更换。

B 闪速吹炼

闪速吹炼采取侧吹或顶吹,将富氧空气鼓入熔融锍熔池中进行吹炼,产出金属,同属于液态熔池熔炼。第一个闪速熔炼—闪速吹炼炼铜厂 1995 年在美国 Utah 冶炼厂顺利投产,将固态锍粉喷入闪速炉反应塔,进行闪速吹炼。改变了传统锍的液态吹炼方式,全厂硫的捕收率达 99.9%,SO_2 的逸散率吨铜小于 2.0kg;只要铜锍品位适中,吹炼过程可以实现自热;耗水量减少 3/4。该厂当时被认为是世界上最清洁的冶炼厂。

闪速吹炼的优势可概括如下:

(1) 没有熔体输送,没有周期性开停风、进料、出渣作业,杜绝 SO_2 的逸散;

(2) 送风氧浓高(>50%),烟气 SO_2 浓度 30%~40%,烟气量小,制酸作业稳定,制酸成本低;

(3) 单炉产量高,可达年产铜 30 万吨以上,甚至达到 100 万吨;

(4) 环境污染小,SO_2、粉尘、NO_x 等的排放量远低于目前世界上最严厉的环境标准;

(5) 能适应未来铜原料市场的变化和冶炼技术发展,进行高品位精矿甚至一般品位精矿的闪速炉一步直接炼铜。

除了 Utah 冶炼厂外,目前还有秘鲁的 Ilo 冶炼厂采用闪速吹炼,国内山东阳谷祥光铜业、金川广西防城港铜冶炼以及铜陵有色金冠铜业分公司都采用了闪速熔炼+闪速吹炼的"双闪"炼铜技术。

山东阳谷祥光铜业有限公司是继美国肯尼柯特公司之后世界上第二座采用"双闪工艺"的铜冶炼厂,设计规模为年产 40 万吨阴极铜。项目优化集成了国际一流的铜冶炼技术和装备,是目前世界最环保、高效、节能的现代化铜冶炼企业之一,其主体工艺流程如图 1-14 所示,主要技术经济指标和工艺参数见表 1-10。

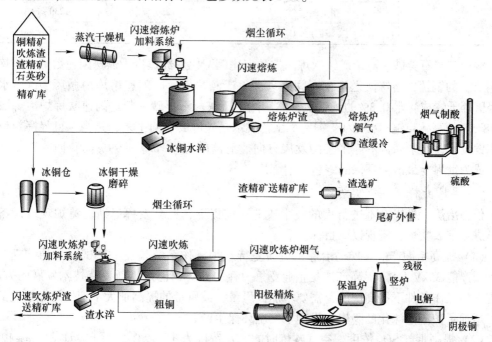

图 1-14 祥光铜业"双闪工艺"流程图

表 1-10　"双闪工艺"主要技术经济指标和工艺参数

	项　目	设计值	实际值
FSF 系统	精矿品位（含 Cu）/%	27	26~32
	精矿（含 S）/%	29.5	28~32
	处理量/t·h^{-1}	120	100~130
	作业率/%	95	80~91
	铜锍品位（含 Cu）/%	70	68~71
	炉渣含铜（含 Cu）/%	2.3	1.8~2.3
	烟尘率/%	7	8
	渣中 Fe/SiO$_2$	1.2~1.4	1.18~1.31
	铜锍温度/℃	1250	1240~1280
	渣温度/℃	1270	1260~1300
	工艺风富氧（含 O$_2$）/%	65	70
FCF 系统	作业率/%	85	80
	铜锍处理量/t·d^{-1}	40.8	41~45
	烟尘率/%	7	9
	粗铜（含 Cu）/%	98.5	98.5~99.3
	粗铜（含 S）/%	0.25	0.25~0.40
	粗铜（含 O）/%		0.15~0.30
	炉渣含铜/%	20	15~25
	渣中 CaO/Fe	0.37	0.33~0.39
	渣中 Fe$_3$O$_4$/%	30	25~35
	粗铜温度/℃	1250	1230~1270
	渣温度/℃	1270	1250~1290

　　铜精矿与石英砂、渣精矿、吹炼渣按一定比例配比后经蒸汽干燥送闪速熔炼炉熔炼成含铜 70%的铜锍，熔炼渣送选矿车间处理，生产渣精矿返回闪速熔炼炉循环。铜锍水淬后经磨碎干燥成含水 0.3%的细铜锍，然后同生石灰、石英砂一起送闪速吹炼炉冶炼成含铜 98.5%的高硫粗铜。"双闪"铜冶炼工艺技术是先进成熟的工艺，是当今世界高效环保的炼铜技术，是未来铜冶炼工艺的发展方向。清洁的现场环境和 99%的硫回收率使祥光铜业成为世界上最清洁环保的绿色铜冶炼厂。

　　C　奥斯麦特炉连续吹炼

　　侯马冶炼厂提出在不进行大的技术改造的前提下，充分发挥奥斯麦特炉现有设备潜能，进行富氧吹炼，实现以下目标：

　　（1）提高粗铜产能。侯马冶炼厂奥斯麦特双炉操作系统是在一个试验炉的基础上放大到了产能 35kV·A。提高产能是企业竞争生存的需要，也是奥斯麦特技术发展的方向。在现有的操作条件下提高产能，需要增加鼓风量，鼓风量的提高加大了烟气处理系统的压力，增加了炉渣泡沫化的隐患，不利于安全环保生产。

　　（2）提高烟气 SO$_2$ 浓度。空气吹炼时的 SO$_2$ 浓度为 4%~5%，低于设计值 7%~12%，采用富氧吹炼，可提高烟气 SO_2 浓度，有利于烟气制酸。

（3）降低燃料率。吹炼过程中向吹炼炉中加入的物料主要有：热铜锍、冷铜锍、石英石、粒度煤，这些物料在吹炼炉中的反应需要消耗大量的氧气。这些反应主要有：

$$FeS + 3/2O_2 = FeO + SO_2$$

$$S + O_2 = SO_2$$

$$2FeO + SiO_2 = 2FeO \cdot SiO_2$$

$$6FeO + O_2 = 2Fe_3O_4$$

$$2CuS + 3O_2 = 2CuO + 2SO_2$$

$$2CuO + CuS = 3Cu + SO_2$$

在吹炼过程中，投入炉中的物料越多，耗用的氧气越多，考虑到漏风、氧利用率等因素，实际反应需氧量要高于理论计算需氧量。炉内氧量的增加会加快吹炼反应的速度，提高鼓风的氧浓度是在保证总鼓风量不变的条件下提高吹炼速率的最好手段。

吹炼炉 80% 炉料为水淬铜锍，铜锍从熔炼系统水淬后直接入炉，含水达 12% 以上，并且吹炼炉不进料时为了控制炉渣的过氧化状态，需要加入适量粒度煤。因此，燃料率高，总燃料率达到 8%。在供风速度相等的情况下，富氧空气中氧含量高，化学反应热增加；同时富氧吹炼消耗的气体体积比空气吹炼少，产生的烟气量少，烟气带走的热损失降低，比较而言，富氧吹炼比空气吹炼燃料率要低，达到了节能的目的。

浸没顶吹冶炼技术的特点是冶炼强度大，对环境污染小，但它的不足之处是容易产生泡沫渣，特别是在吹炼过程中，炉渣泡沫化的原因还有待研究，但普遍认为与炉渣的过氧化程度和鼓风量有关。鼓入渣层的风如果不能及时克服炉渣表面张力脱离渣层，就会使炉渣泡沫化，风量越大，泡沫化就越严重，富氧吹炼会增加炉渣的过氧化程度，但相同氧量的气体氧气浓度高时会使鼓风量降低。炉渣的过氧化程度可以通过调整炉内的氧化还原气氛进行控制，与空气吹炼控制手段一样。通过对吹炼工艺的理论研究，认为向吹炼炉提供一定的氧气以提高吹炼强度，增加粗铜产能，提高 SO_2 浓度是可行的。尽管存在一定的风险，只要在控制上采取一定的措施，工艺上严格控制作业参数，对原有吹炼工艺的数学模型和程序进行相应的改进，采用富氧吹炼是完全可行的。

奥斯麦特间歇吹炼过程包括两个阶段：铜锍吹炼成白铜锍和白铜锍氧化成粗铜。

吹炼周期开始后，铜锍以可控量加入吹炼炉中，同时按比例分配的吹炼空气氧气量通过喷枪鼓入。进料的氧化通常将进料铜锍中 15% 的铁降低到白铜锍中的大约 5%，在这个过程中，二氧化硅连续地加入使氧化铁造渣保持一个恒定的铁橄榄石成分。一旦炉子装满后，停止铜锍加入，然后开始白铜锍氧化。

第二阶段完成以后，粗铜和一些吹炼渣被倒出来。炉渣通常被水碎并返回到熔炼炉，或者用溜槽转送到沉淀电炉或一个专门的渣贫化炉。粗铜放完以后，吹炼过程重新开始，第二阶段留下的渣保留在吹炼炉中并作为下一个吹炼过程的底渣。

在实施铜吹炼工艺时，根据它是否优于现有的工艺来评价一个新工艺是有益的。评价吹炼工艺的三个关键因素是操作成本、环境保护和工艺过程及产品的可控制性。

奥斯麦特吹炼系统为固定式炉子，不需要旋转炉子来加入熔剂或排出产品，因此减少了"非操作"时间。炉内的温度更稳定，减少热循环，直接的结果是生产每吨铜的耐火材料和能量消耗更低。对于一个年产 30 万吨铜的奥斯麦特吹炼炉来说，通常吨铜能耗低于 2GJ。

1.2.8　一步炼铜技术

铜精矿一步炼铜一直是冶金工作者的梦想，只有 Cu 品位和 Cu/Fe 高的精矿才适合一步炼铜。三菱连续炼铜工艺可以实现连续炼铜，但是不能在一个工序内直接完成。

闪速熔炼被认为是唯一可实现工业化一步炼铜的技术：波兰的 Glogow 冶炼厂、澳大利亚的 Olympic Dam 冶炼厂、赞比亚的 Chingola 冶炼厂都在采用闪速熔炼进行一步炼铜。一般闪速一步炼铜处理特殊铜精矿（一般含铜在 50% 以上），普通铜精矿一步炼成粗铜至今没有突破氧势控制问题——在同一设备中一次吹炼获得粗铜的瓶颈。因熔炼和吹炼过程处于不同的氧势，若冶炼过程控制高氧势，则必然产生大量 Fe_3O_4 和 Cu_2O，造成铜渣分离困难，无法正常生产。

2012 年，祥光铜业利用旋浮喷嘴和闪速吹炼炉进行了 5 次用普通铜精矿（精矿成分，Cu 27%，S 30%，Fe 25%，SiO_2 4.5%）一步冶炼粗铜的大规模工业试验，取得了令人满意的结果，试验分两步。

第一步：精矿一步炼出粗铜，并将炉渣单独保留。共处理铜精矿 9618t，生产粗铜 2166t。粗铜含 Cu 98.5%~99.3%、含 S 0.4%~0.8%，炉渣含 Cu 6%~12%；炉况稳定，排渣通畅，便于操作。

第二步：炉渣贫化处理，在侧吹炉进行，属于半工业试验。加铜精矿贫化，可以生产铜锍，铜锍品位 55%~60%，尾渣含铜 0.3%~0.4%；加碳还原贫化，可以生产粗铜，粗铜品位 95%~98%，尾渣含铜 0.5%~0.6%。试验可以看出，普通精矿一步炼铜完全可以通过旋浮喷嘴实现。

随着精矿装料系统、精矿喷嘴和闪速工艺的进一步改进，渣含铜及铜进入炉渣贫化系统的循环量减少，Cu/Fe 比更低的铜精矿有望实现经济合理的直接炼铜生产，一步炼铜是有色冶金工作者追求奋斗的目标。

1.2.9　再生铜冶炼技术

世界再生铜产量已占原生铜产量的 40%~55%，其中美国约占其铜产量的 60%，德国约占其铜产量的 80%。再生铜量中约 67% 高品位铜废料不需要熔炼处理可直接用于铜产品，而其余的 33% 废杂铜则需要熔炼进一步处理。

再生铜生产根据原料品位不同，有一段法、二段法和三段法处理流程。

（1）一段法。铜品位大于 98% 的紫杂铜、黄杂铜、电解残极等直接加入精炼炉内精炼成阳极，再电解生产阴极铜。

（2）二段法。废杂铜在熔炼炉内先熔化，吹炼成粗铜，再经过精炼炉—电解精炼，产出阴极铜。

（3）三段法。废杂铜及含铜废料经鼓风炉（或 ISA 炉、TBRC 炉、卡尔多炉等）熔炼—转炉吹炼—阳极精炼—电解，产出阴极铜。原料品位可以低至含铜 1%。

全世界具有代表性的四家再生铜企业有比利时霍博肯冶炼厂、北德精炼凯撒冶炼厂、奥地利 Montanwerke Brixlegg 冶炼厂和比利时 Metallo-Chimique 公司冶炼厂。

（1）比利时霍博肯冶炼厂再生铜生产。比利时霍博肯冶炼厂原是矿铜、铅冶炼厂，由于环保和效益原因，放弃矿铜、铅冶炼，1997 年转而从事铜、铅、贵金属等再生物料的处理，是目前世界最大的贵金属再生冶炼公司。

与 Mount Isa 公司合作，用 1 台 ISA 炉熔炼、吹炼含铜二次混合物料。年处理二次物料 30 万吨，回收 17 种有价元素，年产铜 3 万吨、产金 100t 及其他稀贵金属。铜产量不高，但产值和利润很高。

（2）德北精炼的再生铜冶炼技术。北德精炼凯撒冶炼厂用 1 台 ISA 炉取代 3 台鼓风炉和 1 台 PS 转炉，处理含铜 1%～80% 的残渣和杂铜，开发了所谓的 "凯撒回收再生系统"（KRS）再生铜工艺。

一台 ISA 炉间断地进行熔炼和吹炼，含铜残渣和杂铜，先在 ISA 炉中进行还原熔炼，产出黑铜和硅酸盐炉渣，黑铜继续吹炼，产出含铜 95% 的粗铜。富集 Sn-Pb 的吹炼渣单独处理。

KRS 中 ISA 熔炼的优势：熔炼渣含铜低，工厂铜的总回收率高；运行的炉子台数少；烟气量大大降低；生产能力超过原设计 40%；能耗降低 50% 以上；CO_2 排放减少 64% 以上；总的排放减少 90%。

（3）奥地利 Montanwerke Brixlegg 冶炼厂。该厂铜二次物料含铜品位波动范围较大，铜品位低时低至 15%，高时高至 99% 以上。不同品位的残渣和紫杂铜用不同的工艺流程生产。含铜 15%～70% 的残渣原料先进鼓风炉，用焦炭还原生产出黑铜，再进转炉生产出粗铜。

含铜 75% 以上的黑铜和铜合金直接进转炉，生产出含铜 96% 以上的粗铜进阳极炉精炼；含铜品位较高的杂铜、粗铜则直接进阳极炉精炼；而含铜品位更高的光亮铜则无需冶炼处理，直接加入感应电炉生产铜材。该厂 80%～85% 的铜产量来自品位较高的杂铜，10%～15% 的铜来自工业残渣。年冶炼处理各种原料 15 万吨，年生产 LMEA 级阴极铜10.8 万吨。

（4）比利时 Metallo-Chimique 公司冶炼厂。该厂始建于 1919 年，专门处理含铜、铅、锡等的二次复杂物料，生产金属铜、锡、铅产品及氧化锌、金属镍等副产品，是欧洲精锡的主要生产商。主要原料为含铜 25%～30% 的工业残渣、各种铜合金（黄铜、青铜等）、废旧电机（含铜 20%～30%，其余为铁）、海绵铜、电缆、各种品位的杂铜等，尤以处理含铜、铅、锡的低品位工业残渣、铜合金、难处理的杂铜为主。采用特有的技术，专门处理其他工厂难以处理或不愿处理的复杂二次物料，获得额外收益。

1.3　铜湿法冶金新技术

湿法炼铜是利用溶剂如酸、碱、盐等水溶液将铜矿、精矿或焙砂中的铜溶解出来，再进一步分离、富集、提取铜及有价金属。20 世纪 80 年代后铜的湿法提取技术开始迅速发展，2000 年世界湿法铜产量达到 250 万吨，占铜年总产量的 17%。到 2003 年湿法铜产量已占到世界铜产量的 1/4。目前，智利是世界上湿法铜最大的生产地，2000 年时智利湿法铜产量就已达到 123 万吨。当今最大的湿法炼铜厂年产铜量达到 36.5 万吨。中国的湿法炼铜发展相对较慢，生产规模也相对较小。

随着世界各地铜矿山中的富矿、易开采矿逐渐减少，同时人们的环保意识逐渐增强，致使火法炼铜面临越来越大的困难，而铜的湿法工艺势必成为未来发展趋势。近年来湿法炼铜主要发展方向可概括如下：

（1）浸出技术的发展：制粒堆浸、细菌浸出、加压浸出等技术的发展。

（2）萃取技术的发展：萃取剂的研究、萃取设备的开发以及萃取工艺的开发。

（3）矿浆电解法的研究：矿浆电解是一种全新的冶金方法。它是在用隔膜把阳极室与阴极室隔开的电解槽中，使矿物浸出与金属沉淀同时进行的方法。

然而，随着对节能环保的重视，湿法冶金技术在迅速发展的同时，也暴露出一定的局限性和需要改进的一系列问题，如：开放式生产环节的环境危害和对人员健康的威胁，低浓度金属溶液的有效提取，多种伴生金属的分离纯化工艺的简化，节能降耗技术与设备的研发等。这些存在的问题都迫切需要开发环保型湿法冶金新技术。

1.3.1　黄铜矿的压力氧化浸出

黄铜矿压力氧化浸出依据温度分为高温、中温和低温，浸出介质一般为硫酸，氧（空气）为氧化剂。高温氧化酸浸一般温度在 $200 \sim 230℃$，压力在 $4 \sim 6MPa$，铜以硫酸铜形式被浸出，所有硫化物的硫都被氧化为硫酸根。因此，氧气的消耗量较大，每千克硫需要 $0.212kg$ 的氧。浸出过程中不会生成引起钝化的单质硫，浸出液经萃取电积生产高质量的阴极铜，残渣中的贵金属用氰化法回收，可获得很高的铜和贵金属回收率。

黄铜矿的总浸出反应可写为：

$$2CuFeS_2 + H_2SO_4 + 17/2O_2 \Longrightarrow 2CuSO_4 + Fe_2(SO_4)_3 + H_2O$$

在酸度较低时，高铁离子水解生成赤铁矿，产生硫酸，发生如下反应：

$$Fe_2(SO_4)_3 + 3H_2O \Longrightarrow Fe_2O_3 + 3H_2SO_4$$

Cominco 公司用斑岩铜矿、黄铜矿及二者混合矿在 $180 \sim 220℃$，$1 \sim 2MPa$ 氧分压下，将矿石硫全部氧化，$60min$ 铜的浸出率均在 99% 左右，浸取液 Cu 浓度为 $36 \sim 78g/L$，硫酸浓度为 $40 \sim 31g/L$，[Fe] 浓度为小于 $1g/L$。Placer Dome 公司对几种含金黄铜矿精矿进行的高温高压酸浸试验表明，在 $200 \sim 220℃$，都获得了 98% 左右的铜浸出率。随后从浸铜渣中氰化收金，$200℃$ 的浸渣，金的氰化回收率为 $83\% \sim 99\%$，而 $220℃$ 的浸出渣金的氰化回收率为 $98.9\% \sim 99.6\%$，浸出温度对铜的浸出率、铁的沉淀及硫的氧化有显著影响。

氧气酸浸黄铜矿的速度与温度相关，在 $180℃$ 以下时，以氧气消耗表示的黄铜矿酸浸速度很慢，浸取过程总反应式为：

$$CuFeS_2 + 4H^+ + O_2 \Longrightarrow Cu^{2+} + Fe^{2+} + 2S + 2H_2O$$

中温压力氧化浸取大致是在 $150 \sim 170℃$ 进行的，往往在起始阶段浸取速度比较快，但随着形成的单质硫量的增加，反应速度会降下来。

近十几年，中温浸取黄铜矿很受重视，在克服产物单质硫对浸出反应的影响的研究中，更重视从工业应用和工程方面寻找解决方法。目前为阻止硫膜的作用而开发的许多新工艺，其中代表性的为：Dynatec 公司开发的添加煤粉工艺，将选好的煤（含碳 $25\% \sim 55\%$）磨细至 $60\mu m$（或与矿粉一起磨矿）加于黄铜矿精矿中一起浸出，煤的添加量一般为 $10kg/t$ 左右，浸取过程中煤粉的分解率小于 50%。对于 $90\%13\mu m$ 的铜精矿，浸出液由硫酸、硫酸铁、硫酸铜组成，在 $150℃$、$750kPa$ 氧分压下浸出 $6h$，铜浸出率为 98.4%，铁浸出率为 26.8%，煤粉的分散效果好于木质素磺酸钠。

加拿大科明科公司开发了一种采用加压浸出处理铜精矿的技术，称 CESL（Comimco Engineering Services Leaching）。该工艺将铜精矿再磨到一定的粒度后送入高压釜中于153℃下用硫酸浸出，矿浆经过过滤和洗涤，渣中的主要成分为元素硫和三氧化二铁，浸出渣采用浮选回收贵金属和元素硫，浸出液则送到萃取—电积系统生产阴极铜。CESL 流程为二段浸出工艺，第一段浸出为 150℃下用稀硫酸加少量盐酸（氯离子有分散单质硫的作用）加压氧化浸出，浸取液含有 Cl^- 12g/L、Cu^{2+} 15~20g/L，Cu^{2+} 离子是直接氧化剂。控制酸量使终了 pH 值为 2.3~3.5，铜转化为碱式硫酸铜，铁转化为赤铁矿，约 90%的硫氧化为单质硫，少量为硫酸根；第二段浸出为常压 40℃，维持 pH 值为 1.5~2，使碱式硫酸铜溶解，尽量减少铁进入溶液。

由于是放热反应，两段反应均不需加热，各浸约 1h，第一段浸出液经萃取、蒸发返回一段浸出，二段浸出液萃取、电积获得阴极铜。全流程铜的回收率达到 99%。

1.3.2 黄铜矿的氯介质浸出

随着耐受氯化物腐蚀的新材料的诞生，氯化物体系的湿法冶金的研究有了长足的发展，氯化物溶液浸取黄铜矿不出现硫酸盐溶液的那种钝化现象，即使在硫的熔点之下、浸取粒径比较大的矿粉，也能达到很高的浸取率。氯化浸出黄铜矿有许多工艺路线，最有工业应用价值的为 Intec 和 Hydro Copper 工艺。

Intec 工艺是一种使用氯化钠溶液中含有氯化铜和卤素络合物的溶浸介质，浸出在常压和 80~85℃的条件下，在逆流浸出系统中进行。铜在电积槽中以枝状物的形式电积在阴极板上，可直接用于粉末冶金或被压制成材，质量可以达到伦敦金属交易所 A 级铜标准。由于电积是从铜的一价状态开始的，因此电力需求只是常规电积的一半。该工艺的独特之处是金也随之浸出，吸附于活性炭上。浸出介质在电积槽的阳极区再生。Intec 工艺的工业试验显示，全流程吨铜电耗 1650kW·h，如不包括溶液循环，才 1435kW·h。浸取时空气为氧化剂，不需富氧，硫仅氧化为单质硫，耗氧低，电积一价铜离子，其能耗比其他湿法冶金流程都低。

Outokumpu 公司经多年研究，开发了 Hydro Copper 黄铜矿精矿湿法冶金新流程。该工艺采用 Cu^{2+} 离子为氧化剂，在氯介质中经常压三段逆流浸出，浸出温度为 80~100℃，整个浸出时间 10~20h，铜的浸出率为 98%，硫绝大部分氧化成单质硫，仅少量氧化成硫酸根。通过控制反应器进气量使 pH 值为 1.5~2.5，浸取液含一价铜 60~80g/L，二价铜10g/L，浸出不需添加酸和碱。浸出工艺受控于 pH 值和氧化还原电位，第一段浸出中二价铜离子尽可能多的被新加入的铜精矿还原，所以，空气的流量很低或基本不需要，第二段具有最大空气氧化和浸出率，但空气氧化速率过高，会引起 pH 值的增加，从而使铜以碱式氯化铜沉淀，第三段应维持较高的氧化电位以浸出金。

当黄铜矿浸出完成后，电位增加，金开始以氯络合离子的形式被浸出，来自第三段的载金液通过活性炭吸附柱回收或沉淀回收。第一段浸出液的一半经净化沉淀出纯净的氧化亚铜，在 400~550℃氢气中还原成金属铜，进一步熔铸成 8~16mm 线材；另一半浸出液送入电氯氧化槽，将溶液中的一价铜离子氧化为高价之后返回精矿浸出作业，如图 1-15 所示。Hydro Copper 工艺的基础仍是氯化物浸出法，不会造成环境污染，生产的是中间产品铜粉可直接加工高附加值产品，流程能耗低，金银的回收率高，不产生硫酸，非常适合于建立年产 3 万~15 万吨铜的冶炼工厂。

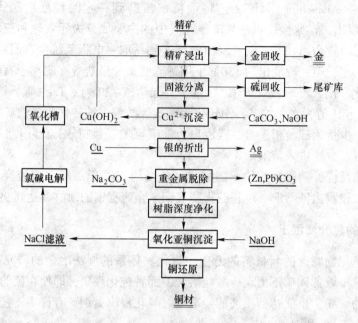

图 1-15 Hydro Copper 黄铜矿精矿湿法冶金工艺流程

1.3.3 硫化铜矿常压氨浸法（阿比特法）

氨与铵盐的水溶液体系可以浸出硫化铜矿和氧化铜矿，铵盐一般为碳酸铵。常压氨浸法（阿比特法）采用氨浸—萃取—电积—浮选联合流程，既能直接处理硫化矿，又能处理氧化矿，对设备及材料的要求也不高，因而成为最先实现工业化的方法之一。

常压氨浸硫化铜精矿是在接近常压和 65~80℃ 的条件下，在机械搅拌的密闭设备中用氧、氨和硫酸铵进行浸出；浸出时间为 3~6h，精矿中 80%~86%Cu 以 $Cu(NH_3)_4SO_4$ 络合物形式进入溶液；浸出液含铜 40~50g/L。铜回收率达 96%~97%。

1.3.4 离子液体浸出黄铜矿的研究

离子液体（ionic liquids，ILs）是室温离子液体（room temperature ionic liquids，RTILs）的简称，是指在低温（通常低于 100℃）条件下呈液态、完全由有机阳离子与无机或有机阴离子组成的有机物质。离子液体具有一系列的优越性质，如熔点低、液态温度范围大、热稳定性与化学稳定性高、不易燃烧、蒸气压低，使其在有机合成、催化、电化学、溶剂萃取和材料制备等领域具有应用价值。

近来离子液体在金属电沉积、金属离子萃取等冶金领域中的应用研究已经取得了一定进展。离子液体在黄铜浸出中的应用主要指以离子液体作为浸出体系的组成，加入氧化剂浸出黄铜矿。2001 年，McCluskey 等人报道以 $Fe(BF_4)_3$ 为浸出剂，在离子液体四氟硼酸-1-丁基-3-甲基咪唑的水溶液中浸出黄铜矿，浸出 8h，铜浸出率高达 90%。2003 年，Whitehead 等人报道用硫酸氢-1-丁基-3-甲基咪唑在低温低压条件下浸出伴生金银多金属硫化矿（主要成分为 $CuFeS_2$、FeS_2、FeS、ZnS），通过控制条件，能够选择性浸出各种有价金属。

1.3.5 重金属吸附材料对浸出液的富集纯化

在目前的铜溶剂萃取工艺中，常使用挥发性萃取剂，萃取液具有潜在毒性，产生的污物需要特殊处理，增加了经济上的负担，铜浓度低于1g/L的浸出液处理效果较差，因此溶剂萃取技术的应用受到严重制约。

利用重金属吸附材料，以离子交换方式定向吸附浸出液中的铜等目标金属。该重金属吸附材料是一种骨架经特殊处理的有机/无机复合材料，无机硅胶表面所修饰的有机官能团形成浅孔道，重金属离子很容易扩散到孔道中，官能团吸附，而且短时间内达到平衡。材料对重金属离子的螯合吸附属于单分子层化学吸附，具有选择性强、吸附容量大（交换容量$\rho(Cu) \geqslant 20g/L$）、吸附速度快等优点，同时对微量、痕量金属具有极强的吸附能力（可处理金属质量浓度1mg/L以上的溶液），对碱金属、碱土金属不吸附。吸附饱和后用解吸剂冲洗解吸，得到高浓度金属溶液。这一过程相当于传统湿法工艺中的萃取和反萃取。目前，重金属吸附材料已形成系列产品，适用于铜钴、铜镍、镍镁等多种金属体系的选择性分离。

基于重金属吸附材料的优良性能，配套研发的连续吸附交换设备可完成浸出液的连续化、自动化处理。装载吸附材料的吸附柱串联或并联，依次循环通过吸附、水洗、解吸、再生4个工作区，通过控制各吸附柱内的溶液和流向，可使通常情况下的多级分离同时进行，如图1-16所示。

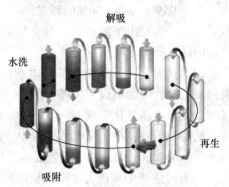

图1-16 连续交换吸附设备的工作原理

各个工序集中在一套系统中，工艺集成度大大提高。在实际运行中，采用多柱串联吸附，当单柱吸附饱和后即开始在连续床上做圆周转动，依次进入水洗、解吸工作区，水洗、解吸后得到高浓度、高纯度的金属富集液。连续吸附交换床中所有的吸附柱均为全封闭式，酸液在系统内循环利用，避免了传统工艺中的安全、环保等一系列问题。

1.3.6 矿浆电解的发展

1.3.6.1 矿浆电解概述

针对铜湿法冶金存在的优势以及矿产资源品位逐年下降、复杂成分多的矿产逐年增加，湿法冶金将会成为主要的冶金工艺，也会成为世界上大多数国家的主要研究方向。与一些湿法冶金发达国家相比，我国铜湿法冶金还处于成长阶段，还需更多的科研投入，实现更绿色环保和更完善的新型湿法冶金技术的研发。

矿浆电解是近四十年来发展的一种湿法冶金新技术，它将湿法冶金通常包含的浸出、溶液净化、电积三个工序合而为一，利用电积过程的阳极氧化反应来浸出矿石，使通常电积过程阳极反应的大量耗能转变为金属的有效浸出，这一变革不仅大大简化了生产流程，而且充分利用能源，对环境友好。

澳大利亚Dextec公司认为：矿物氧化主要是通过矿物颗粒和阳极之间的碰撞接触来

完成的，阳极电极面积越大，就越有利于矿物的浸出。为增大电极面积而设计的圆形矿浆电解槽内排布了密集的电极，大型化实施极为困难。北京矿冶研究总院以邱定蕃院士为首的团队，也开始了矿浆电解的研究，取得了多项具有自主知识产权的专利技术。在浸出机理方面认为：在矿浆电解过程中，阳极反应约 90% 是 Fe^{2+} 的氧化反应（$Fe^{2+}=Fe^{3+}+e$），硫化物的氧化主要由 Fe^{3+} 完成，Fe^{3+} 被硫化物还原为 Fe^{2+}，Fe^{2+} 又在阳极上氧化为 Fe^{3+}，如此反复循环；而硫化物颗粒和阳极之间的碰撞接触氧化并不是影响硫化物浸出的主要原因。

多年的研究表明，矿浆电解技术比较适合多金属复杂矿及伴生矿的处理，如复杂锑铅矿、高铅金精矿、大洋多金属结核矿、钴锰物料、铅冰铜等。

（1）复杂锑铅矿矿浆电解。在 $HCl\text{-}NH_4Cl$ 体系中采用矿浆电解处理复杂锑铅矿，可以实现锑、铅的一步分离和锑的一步提取，在阴极直接产出含锑 98% 的金属锑板，锑浸出率大于 98%。锑铅矿中的铅则主要以 $PbCl_2$ 和 $PbSO_4$ 的形态在渣中富集；通过对银的控制浸出，可以使 80% 以上的银和铅富集在一起，并进一步回收。

（2）高铅金精矿矿浆电解。在 $HCl\text{-}CaCl_2$ 体系中采用矿浆电解处理高铅金精矿，铅浸出率大于 95%，80%~96% 的银被同时浸出并在海绵铅中析出，金不浸出。矿浆电解渣再直接氰化，金浸出率约 98%。和金精矿原矿直接氰化相比，金浸出率提高约 3%，吨矿氰化物消耗量降低 10kg。

（3）大洋多金属结核矿矿浆电解。矿浆电解由于结合了电解过程阴极的还原性和阳极的氧化性，因而可以利用廉价的直流电使多金属结核在阴极还原浸出的同时，使浸出的锰在阳极再重新氧化生成 MnO_2 产品。

从宏观上看，在矿浆电解过程中，结核中锰的价态并没有发生改变，只是在电场的作用下发生了 MnO_2 的迁移。在硫酸体系中通入 0.8 倍锰的理论浸出电量，锰、钴、镍、铜的浸出率均达到 97% 以上。阳极析出的二氧化锰含锰大于 59%。

（4）钴锰物料矿浆电解。采用常规湿法工艺处理含 Co 10%~20%、Mn 20%~30% 的钴锰物料，钴/锰浸出、分离及提纯所消耗的化学试剂多，钴直收率和回收率低。采用矿浆电解，在温度 80℃、1.25 倍 Co+Mn 的理论电量下，钴、锰浸出率可以达到 99%。由于大部分锰在阳极重新以 MnO_2 析出，能够实现锰的初步脱除，因此产出的钴、锰浸出液的钴锰比由常规浸出的 1:3 升高至 4:3，大幅降低了后续钴溶液的除锰负荷，节省了试剂消耗。

（5）铅铳矿矿浆电解。铅铳是铅冶炼过程的中间产物，一般含 40% 铅、30% 铜、20% 硫、约 10000g/t 的银和少量铁、砷，目前主要采用反射炉吹炼分离铜铅，此工艺污染很大。氧压浸出则因硫酸铅的包裹，铜浸出率一般不会超过 80%。

在硫酸体系中采用矿浆电解处理，给入 1.1 倍 Cu+Pb 的理论浸出电量，可以使约 95% 的铜和约 10% 的银被浸出，在阴极产出含铜约 80% 的铜粉，大部分铅和银则以硫酸铅渣的形态产出并富集在一起（含铅 60%、银 15000g/t），实现铜和铅、银的分离。

1.3.6.2　矿浆电解的局限性

矿浆电解的实质是依靠电极的氧化或还原反应来浸出矿石。其处理物料的能力取决于所提供的电量。但工业应用的 $4.5m^3$ 矿浆电解槽由于电极面积偏小（$18m^2$），按 $150A/m^2$ 的电流密度，只能给入 2700A 的电流，处理能力低，并严重影响着矿浆电解的进一步推广和应用。如何增大矿浆电解槽的阴阳极面积、如何延长适用于氯化物体系的电极寿命等，是必须解决的工程问题。

另外，针对低附加值物料的处理（如铅精矿、铜精矿），由于不能直接产出高纯产品（产物纯度低），在目前的市场状况下，矿浆电解还不具有经济性。

1.4 铜电解精炼技术进展

铜电解精炼的技术进展主要在电解液净化、电解液中有机物的控制、永久不锈钢阴极法（ISA 法和 KIDD 法）和阳极新材料的研制等方面。

铜电解精炼是一项在工业中应用广泛且成熟的技术，随着工厂产能的增加，近十年建设的大型铜电解车间基本都是采用大极板，配套极板作业组和专用吊车。此外，我国自主研发的电解液平行旋转流动技术在传统法电解中已投入生产 10 多年，电流密度可在原基础上提高 30%左右。另外，我国自 2000 年开始采用不锈钢阴极电解，目前成熟的不锈钢阴极工艺如 ISA、KIDD、OT、EPCM 工艺都在中国先后应用，2012 年祥光铜业二期又引入了由奥地利开发的平行射流 METTOP-BRX 电解工艺，电流密度提高 45%，最高设计电流密度可以达 $410 \sim 420 A/m^2$，系统产能由年产阴极铜 20 万吨设计能力提高到 30 万吨。

1.4.1 永久阴极铜电解工艺

永久阴极铜电解工艺是针对传统铜电解法需要生产并加工始极片的缺点而研制开发的，并得到了快速发展，目前该法生产的电解铜已占世界总产量的 30%。永久阴极电解法是用不锈钢板制作的阴极取代传统的由始极片制成的阴极。永久阴极铜电解工艺主要有 ISA 法、KIDD 法、OT 法和 EPCM 法，它们均已在我国得到了工业应用。

其中，ISA 法最早是由澳大利亚芒特艾萨公司汤斯维尔精炼厂于 1978 年研制成功投入生产的，目前用 ISA 法生产的电解铜占全世界产量的 1/3，我国最早引进该技术的是贵溪冶炼厂。KIDD 法是 1986 年加拿大鹰桥公司 Kidd Creek 冶炼厂开发的一种不锈钢阴极。我国铜陵的金隆公司采用此工艺。OT 法是由芬兰奥托昆普公司开发的一种不锈钢阴极生产工艺，我国的山东阳谷祥光铜业公司采用此工艺。EPCM 法是由 EPCM 公司开发的，该公司成立于 1980 年，最早是向加拿大鹰桥公司提供阴极板。由于鹰桥公司于 2006 年被 XSTRATA 收购，双方未能达成合作协议，于 2007 年终止合作。于是自主开发了 EPCM 工艺，包括高性能阴极板（SP）和机器人剥片机组。我国山东阳谷祥光铜业公司和中国瑞林设计院给紫金矿业设计的 20 万吨铜电解采用此工艺。

以上几种工艺中，ISA 电解技术有多年生产经验，工艺上也不断地革新，不过在阴极板上突破不大。其在国内的使用效果并不十分理想，阴极板底部 V 形槽加工质量问题导致剥片效果不好，影响剥片机组的处理能力和电铜的外观质量，而且还存在阴极板夹边条使用寿命短的问题。

KIDD 法在阴极剥片机组的开发、V 形槽的利用方面具有明显优势。导电棒为纯铜棒，与不锈钢阴极之间采用双面连接焊接，导电性能比 ISA 法更好。但是 KIDD 法浇铸机采用 Hazelett 浇铸机，而 Hazelett 浇铸机铸出的阳极有两个缺角，并且阴极板比阳极板长和宽各增加 30mm。目前 ISA 法、KIDD 法互相取长补短，现在 ISA 镀铜层从 2.5mm 增加到

3.0mm，板面镀铜层也增加到55mm，电阻率大大降低。

EPCM法导电棒也为纯铜棒，导电性能比较好，和KIDD法的生产工艺基本一样。

OT法采用槽面双触点导电排，每两个槽中间有一个无线发射装置，可以发射槽电压、短路、温度、电流等信息到控制中心，生产中边缘易长铜粒子，阴极铜产品边缘不齐。

我国的炼铜工业还在发展中，但冶炼产品的质量大多能符合标准。在目前阶段，对于旧电解铜厂的改造或新厂的建设，已基本全部采用不锈钢永久阴极。

1.4.2 铜电解液自净化技术

1.4.2.1 传统电解液净化技术

铜电解液净化技术有电积法、离子交换法、萃取法、化学沉淀法等。工业上广泛采用的是电积法。电积法又分间断脱铜法、周期反向电流电解法、极限电流密度法、诱导脱铜法和诱导脱铜脱砷法。电积法净化铜电解液技术成熟，脱铜除砷、锑、铋效果好，但存在一定的缺点：

（1）采用不溶性阳极，槽电压高，能耗大；

（2）有剧毒砷化氢析出；

（3）含砷、锑、铋的黑铜返回熔炼，造成砷、锑、铋杂质循环与累积；

（4）硫酸过剩，酸铜不平衡。

离子交换法具有工艺简单，但树脂交换容量有限，解析产生的 Cl^- 污染电解液等问题。萃取法缺点有对砷萃取强，对锑、铋萃取弱，萃取剂损失大，成本高等问题。沉淀法沉淀效果不理想，沉淀剂用量大，操作较为复杂。

1.4.2.2 电解液自净化技术

现代的新技术是采用铜电解液自净化技术。铜电解液自净化是在铜电解液中维持一定浓度的 $As(III)$，电解液中的 $As(III)$ 能有效除去电解液中 Sb、Bi 杂质，并使电解液中 As、Sb、Bi 杂质维持在一定浓度范围内，起到自净化作用。铜电解液自净化原理是铜电解液中存在 $As(III)$ 时，生成了以砷代锑酸锑为主，砷锑酸砷和砷锑酸铋为辅的沉淀。

砷代锑酸锑结构式：

$$Sb(OH)_2—O—[(Sb(OH)_3—(O—As(OH)—O—Sb(OH)_3)_3]—O—Sb(OH)_2 \cdot 8H_2O$$

砷锑酸砷结构式：

$$[As(OH)_4—O—(Sb(OH)_3—O—)_4—O—As(OH)_3]—(O—As(OH))_{12}—O—As(OH)_2$$

砷锑酸铋结构式：

$$[As(OH)_4—O—Sb(OH)_3—O—Sb(OH)_3—O—As(OH)_3$$
$$—O—Sb(OH)_3—O—Sb(OH)_3]—O—Bi(OH)$$

铜电解液自净化新技术具有能耗低、净液量少、工业简单、成本低等优势，是未来铜电解液净化的必然发展趋势。目前，该技术在大冶有色、金川有色进行应用，具备工业化应用前景。

1.4.3 平行射流电解新技术

铜电解精炼工业化应用以来，一直没有重大突破，目前铜电解代表性工艺有两种：一种是始极片电解工艺，电流密度为 $220\sim260A/m^2$；另一种是永久不锈钢阴极电解工艺，电流密度为 $250\sim330A/m^2$。电流密度很难突破 $330A/m^2$。这两种电解工艺产能低，综合能耗高，高杂铜电解困难。为解决这一问题，山东阳谷祥光铜业与奥地利 Mettop 公司合作，在理论研究的基础上，通过装备研制、工业试验等，在二期 720 个电解槽上开发应用了世界上最先进的高强化电解技术——平行射流电解技术。二期电解正式通电生产，电流密度最高达 $420A/m^2$。

1.4.3.1 平行流电解新技术

传统铜电解是在直流电的作用下，阳极板溶解的铜离子扩散至阴极区，在阴极板上析出。在高电流密度的工况下，阳极区扩散层加厚、阴极区铜离子贫化，极易造成浓差极化、阳极钝化、长粒子等问题。针对这一问题，平行流电解技术通过改变电解液在电解槽中的流动方式、提高电解液的循环速度实现电流密度的提高。具体来说，它通过侧面的喷嘴使电解液以一定的速度（$0.3\sim0.6m/s$）进入电解槽，在阴阳极板之间形成一个有利于铜电解过程的循环，有效地改善阴极表面扩散层，使电解液浓度、温度更加均匀，解决了因电流密度提高引起的铜离子浓差极化问题，避免了浓差极化导致的阳极钝化及阴极铜质量降低的问题。

图 1-17 和图 1-18 分别为平行流电解技术原理图及极板间电解液流动方向图。平行流电解技术中，阳极板附近电解液流速高，可能引起阳极泥沉降困难，黏附在阴极板上造成长粒子的问题。因此，平行流喷嘴与阴极板的位置一定要精确，这主要靠平行流装置的阴极定位块来完成。这样能够保证电解液流动方式下阳极泥的顺利沉降，避免阴极铜质量的降低。

图 1-17 平行流电解技术原理

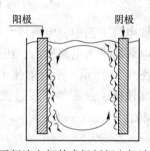

图 1-18 平行流电解技术极板间电解液流动方向

图 1-19 为平行流电解装置结构图。平行流装置一般由进液弯管、箱体、喷嘴和定位块组成。电解液由特定位置的喷嘴进入电解槽，在阴阳极板之间形成一个循环，自电解槽两端溢流斗流出。定距块确定阴阳极板在电解槽中的精确位置如图 1-19 所示。

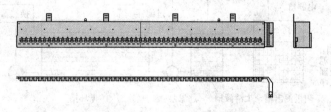

图 1-19 平行流电解装置结构图

1.4.3.2　射流电解新技术

随着铜矿石资源的不断开采，全球铜精矿成分日趋复杂，杂质含量越来越高。低速（0.3~0.6m/s）平行流电解技术在处理高砷、锑、铋、铅、镍等铜矿石或其他废杂物料时，会造成阳极板中杂质含量高、阳极泥的产生率也很高的问题。比如，采用低速平行流电解处理高杂铜矿石产生的阳极泥量是处理优质铜原料的2~4倍，阳极泥率不小于1.2%。而且含砷、锑、铋、铅高的阳极泥还会造成阳极板表面结壳，阳极钝化的问题。此外，电解过程中阳极泥向下运动，平行流的电解液向上运动，导致阳极泥在电解液中漂浮，造成阴极铜质量严重下降。因此，低速平行流电解技术无法满足现代高杂阳极铜电解的生产。

针对此问题，研究人员开发出了射流电解新技术，射流电解技术原理如图1-20所示。在射流电解技术中，电解液以较高的速度（1.0~2.5m/s）强制喷射进入电解槽，阴极表面向上运动，阳极表面向下运动，电解液形成"内循环"，加速阳极表面阳极泥沉降，消除阳极钝化膜。射流电解技术的开发突破了高电流密度下高杂阳极铜电解精炼技术的难题。

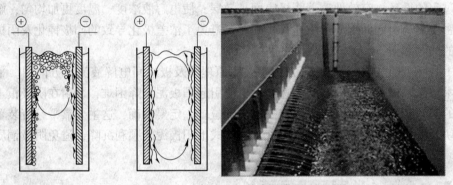

图1-20　射流电解技术示意图

在传统电解工艺中，电解液经循环槽由泵泵至加热器加热后，依靠高位槽产生的重力势能驱动电解液进入电解槽内，压力和流量的大小相对固定，电解液流量较小（约28L/min），如图1-21所示。平行射流工艺特点需求有大循环量（90~200L/min），用变频泵替代了泵、高位槽、分液器，通过变频泵直接对电解槽供液，电解液流量和流速可调控（见图1-22）。

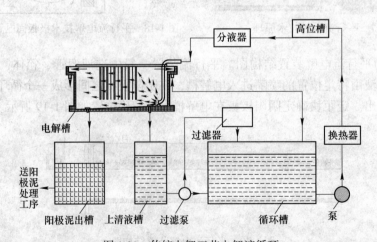

图1-21　传统电解工艺电解液循环

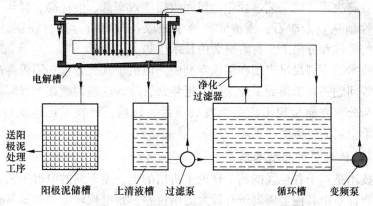

图 1-22　平行射流电解工艺的电解液循环

山东阳谷祥光铜业二期电解工艺项目 2011 年 6 月投产运行，720 个电解槽全部采用平行射流电解新技术，初期电流密度达到设计值 385A/m^2，4 个月后电流密度提高到 420A/m^2，至今已稳定生产 8 年。产品质量全部符合 GB/T 467—2010 阴极铜标准要求，阴极铜含银降至 5×10^{-4}%（标准 25×10^{-4}%），主要技术经济指标见表 1-11。

表 1-11　平行射流电解主要技术经济指标

项　目	平行射流工艺	不锈钢阴极工艺	始极片工艺	备注
电解槽数/个	720	720	720	GB/T 467—2010 阴极铜
生产规模/kt·a^{-1}	315	207	177	
铜回收率/%	99.9	99.6	99.5	
电流密度/A·m^{-2}	420	280	250	
阳极周期/d	15	21	24	
阴极周期/d	5/5/5	10/11	12/12	
残极率/%	13.91	16.07	18	
电流效率/%	99.32	96.68	94.00	
电解液循环量/L·min^{-1}	90~200	25~35	20~30	
平均吨铜蒸汽单耗/t	0	0.49	0.8	
吨铜交流电耗/kW·h^{-1}	490	380	450	
吨铜综合能耗（标煤）/kg	60.22	93.06	130.98	国标先进值 80

平行流电解新技术，作为一种新型的高强化铜电解技术，其在国内的应用依然处于探索阶段，它虽然存在一些问题，但成功地将铜电解的电流密度提高到 420A/m^2，年产 20 万吨电解车间产能提高到 30 万吨，尤其适用于生产场地受到局限的新电解车间建设及旧车间改造，它的高效性和易于推广的特点对电解精炼技术的发展有极大的推动作用。

1.4.4　旋流电解新技术

旋流电解技术（CVET），是一种利用溶液旋流方式，对有价金属进行选择性电解的新技术，适用于成分复杂溶液的选择性电解分离和提纯，相对于传统电解技术有很大优

38

势。该技术有效解决了传统工艺过程中金属回收提纯效率低、能耗高、操作环境恶劣等问题，能够选择性地从复杂矿石、废渣和废液中提取各种有价金属，在铜、铂、金、银、镍、钴等金属的提纯和分离上，有着显著的技术优势。

旋流电解技术的原型最早出现在美国专利中，但由于其装置存在阳极寿命短及电解槽存在结构缺陷等问题一直未得到工业应用。近年来，随着这些问题逐步被解决，该技术在多金属的提纯与分离方面呈现出广阔的发展前景。目前，该技术已广泛应用于铜、锌、银、镍、钴等重金属的电解生产领域。

1.4.4.1 旋流电解的原理及装置

旋流电解技术是基于各金属的离子理论上析出的电位差不同的电解工艺，即被提取的金属只要与溶液体系中其他金属离子有较大的电位差，则电位较低的金属易于阴极优先析出，其关键是通过高速溶液流动来消除浓差极化等对电解的不利因素，避免了传统的电解过程，受多种因素（离子浓度、析出电位、浓差极化、超电压、pH 值等）影响的限制，可以通过简单的技术条件生产出高质量的金属产品。

图 1-23 所示为旋流电解与传统电解原理的区别示意图。传统的电沉积工艺，采用的是面对面的平板式电极板。旋流电解技术是在管式电积池的管内插入一个滑动的不锈钢圆筒，不锈钢圆筒的内壁为阴极，阳极固定在管式电积池的中心。富集液通过时，金属沉积在阴极上。当金属沉积到一定厚度时抽出阴极不锈钢圆筒，取出金属板，不锈钢圆筒再次装入管式电积池中循环使用。

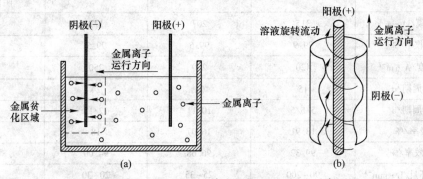

图 1-23　传统电解（a）和旋流电解（b）原理示意图

图 1-24 所示为旋流电解装置结构图。其装置构成主要由阴极、阳极、端部和辅助构件所组成。阴极组件一般采用直径 150mm 或 200mm 的不锈钢管或钛管加工成型。阳极组件是装置的核心部分，一般直径为 70~130mm，其材质因溶液体系不同而有差异。端部由 CPVC 塑料模压并加工成型，此部分有溶液的进出口，并与相应的进出管道相连接。辅助构件有阴极电连接器、阴极屏蔽、始极片及密封等辅助组件。

图 1-25 所示为旋流电解装置工作过程示意图。溶液在输液泵的作用下从槽底进入旋流槽，在槽体内高速流动，阴极析出金属沉积物，由于采用惰性阳极，因此在阳极上析出气体，气体通过槽顶的排气装置随时排除并集中进行后序处理。旋流电解槽工作以若干个槽体为一个模块，单个旋流槽相当于传统电解槽的一对阴阳极。阴极产物定期（一般情况为 0.5m² 阴极达到 25~30kg、1m² 阴极达到 40~45kg）从顶部取出（粉末从底部），重新放入始极片后继续电解。工作电解槽一般由 10~30 支以上呈双数组装形成，并以并串

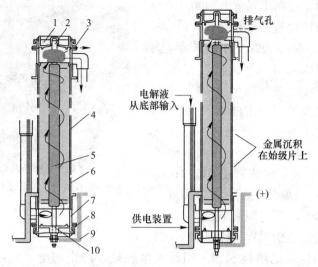

图 1-24 旋流电解装置结构图

1—上端盖；2—阳极定位杆；3—上部连接器；4—外槽体；5—阳极；
6—阴极；7—下部连接器；8—密封组件；9—电气连接组件；10—下端盖

联相结合的方式构成，通过溶液分布器实现溶液的循环。生产运行时需要由若干个电解槽组成模块，若干个模块形成完整的旋流电解工艺装置系统。

旋流电解技术在保证金属沉积纯度的前提下，通过优化槽内溶液的流体动力学，进一步减弱了电积过程中的浓差极化，能够提升电流密度和沉积速率，降低电耗，缩短电积周期，而且对电积原液的金属离子质量浓度要求也大大降低，从传统电积铜的 40g/L 以上降低至

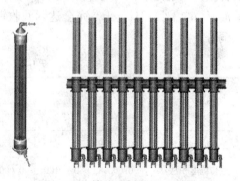

图 1-25 旋流电解装置示意图

5g/L，这大大扩展了电积工艺的适用范围。另外，整体系统采用全封闭式设计，还能够有效避免酸雾对人体和环境的危害。

1.4.4.2 旋流电解技术的应用及技术特点

旋流电解技术主要用于各类酸性体系中，铜、钴、镍、锌、金、银、铂与其他有价金属的生产和回收、混合金属溶液的分离及含重金属离子废水的处理等领域，特别是在铜镍分离、铜银分离上，有着显著的技术优势。目前，世界上二十多个国家均利用了该技术，主要用于有价金属及贵金属的回收，其中以各种溶液中提取铜为主，约占有电解槽总量的80%以上，并且尤以智利圣地亚哥、美国西点两家大型工厂为典型。

2011 年，我国的金川公司在铜电解净化生产中引进了旋流电解工艺技术，并获得成功，使净化工艺技术更为先进，流程缩短，脱杂率高，回收有价金属价值高。图 1-26 所示为金川铜旋流电解净化车间。

旋流电解一段：控制电流密度 $700\sim900A/m^2$，将电解后溶液中的 Cu^{2+} 浓度由 45%~50%降到 18%~22%，产出产品达到GB/T 467—1997（Cu-CATH-2）要求。

旋流电解二段：控制电流密度 $400 \sim 600 A/ m^2$，将旋流电解一段处理后溶液中的 Cu^{2+} 浓度由 18% ~ 22% 降到 6% ~ 9%，产出产品达到 GB/T 467—1997（Cu-CAH-2）要求。

旋流电解三段：控制电流密度 $200 \sim 300 A/ m^2$，将旋流电解二段处理后溶液中的 Cu^{2+} 浓度由 6% ~ 9% 降到 2% ~ 3%，产出产品达到 Q/ YSJC-IBOP—2000 要求。

旋流电解四段：控制电流密度 $600 \sim 1000 A/ m^2$，将旋流电解三段处理后溶液中的 Cu^{2+} 由 2% ~ 3% 降到 0.38% 以下，同时脱出溶液中的 As、Sb、Bi 等杂质，杂质脱除率达到 85% 以上。

图 1-26　金川旋流电解技术处理电解后液生产应用现场

表 1-12 为采用传统电解技术和采用旋流电解技术产出的电解铜的化学成分。由表 1-12 可以看出，采用旋流电解沉积技术产出的电解铜化学成分完全达到了 GB/T 467—1997 中 Cu-CATH-2 牌号标准阴极铜的要求，而采用传统电解沉积方法产出的电解铜的杂质含量大大超过了国家标准。在旋流电解过程中，铜的直收率达到 99% 以上，产出的电解液 $\rho(Cu^{2+})$ 小于 1mg/L，完全达到回收铜的目的。图 1-27 所示为旋流电解技术产出的电积铜管。

表 1-12　电解铜的化学成分

样　本	电解铜成分（质量分数）/%							
	As	Sb	Bi	Pb	Ni	S	P	Cu+Ag
旋流电解法	0.00089	0.00036	0.0003	0.00056	0.00095	0.0025	0.0001	≥99.95
传统电积法	0.00098	0.00100	0.0005	0.00100	0.03850	0.0101	0.0012	98.89
Cu-CATH-2 牌号	0.00150	0.00150	0.0006	0.00200	0.00200	0.0025	0.0010	≥99.95

旋流电解技术固有的技术特点如下：（1）应用领域广泛，可用于多个行业；（2）广泛的原料适应性，同一装置可处理多种金属，可选择性地对金属进行电解沉积；（3）便携式、模块化组件，装配方便，模组化安装，占地小，空间利用率高；（4）很容易将回收溶液中的金属离子降到 0.1% 以下，将回收的有价金属制成板体或粉状产品（>99.96%）；（5）溶液闭路循环，有效地回收溶液里的酸，避免酸雾排放；（6）较高的电流密度及电流效率；（7）流程简化，大大降低运营成本，降低了技术风险；（8）与传统电解技术相比，使用旋流式电解技术至少可以提前 18 ~ 36 个月收回成本。

图 1-27　金川处理电解后液产出的电积铜管

1.5　铜精矿伴生有价金属的增值冶金

1.5.1　铜矿中有价元素综合利用现状

综合回收铜矿中有价元素是我国铜冶炼企业利润的重要来源，但目前总体利用水平并不乐观。一方面，杂铜中有价成分的回收主要为金、铱，铜废料中的贱金属如锡、镍、铅、铁、砷、锑、铋和稀贵金属如铟、硒、碲、铂、钯等都没有进行有效的回收；另一方面，大量铜矿山至今尚未开展对共、伴生矿产的综合利用，即使开展也只是在现有选矿工艺条件下的顺带回收，回收率很低。

稀散金属铟、硒、碲、铼等多以共伴生矿的形式进入冶炼系统，如，储量80%的铼矿资源伴生在钼矿床和铜钼矿床中；50%伴生在铜镍矿中，10%在铜钼矿床中；碲矿储量有80%伴生在铜矿床和多金属矿床中。这些稀散金属是发展新能源以及航空航天材料所必需的基础金属，而大多数企业并没有充分加以回收利用。从全国的铜冶金企业来看，回收铟的企业基本没有，铼只有江铜集团以初级产品铼酸盐的形式加以回收。对于硒、碲的回收近年来有所加强，但大多只以中间原料的形式回收，国内需求的初级产品仍属于空白。因此，铜矿中共伴生稀散元素的提取和产品升级不仅能够提高经效益，同时也是未来高新技术发展的需要。

图1-28所示为铜冶炼过程中砷、锑、铋、铼回收原则工艺流程图。

1.5.2　铜冶炼过程中砷的回收研究现状

1.5.2.1　铜冶炼过程含砷物料的回收利用

铜矿中的砷主要以氧化砷或硫化砷形态存在，经熔炼或吹炼砷大部分以氧化物形式挥发进入烟气中，少量进入贫化电炉渣及吹炼渣中，极少量留在粗铜中。烟气中的氧化砷经洗涤进入废酸，加硫化钠硫化成砷滤饼，然后采用氧化浸出、还原的方法回收砷。

粗铜火法精炼时，部分砷氧化造渣进入渣相；残留的砷则随阳极板带入电解系统，电解过程砷不断溶出和富集进入电解液，经脱砷净化处理，约60%的砷被富集到黑铜泥中，随铜一起在阴极析出的砷约占5%，其余砷则随阳极泥进入贵金属提取分离工序。

目前，国内多数铜冶炼厂回收砷的原料主要为砷滤饼、黑铜泥、白烟尘、废水等，针对不同中间物料采取不同的回收方法。表1-13所列为国内某冶炼厂铜冶炼过程中砷的分配情况，表1-14所列为其中间物料中砷的含量。其中贫化电炉渣在水泥厂实现资源再利用；硫化砷滤饼用氧化、还原的方法生产氧化砷；进入铜电解阳极泥的砷则在提取贵金属的同时使砷分离进入废水处理系统。

（1）砷滤饼。含砷滤饼一般采用硫酸铜置换法、氧压浸出法、硫酸铁氧化法处理。其中，硫酸铜置换法是湿法处理硫化砷比较成熟的方法。国内某厂采用硫酸铜置换和SO_2还原生产As_2O_3的方法处理砷滤饼，主要工艺包括硫化砷转化、氧化砷浸出和还原等工序。

首先，砷滤饼先经过分选去除杂物，然后，加入装有温度70℃、高浓度硫酸铜溶液的转化槽内将砷滤饼中的硫化砷转化成$HAsO_2$的处理。溶液中的As^{3+}经冷却以As_2O_3形态实现与可溶性杂质的分离。

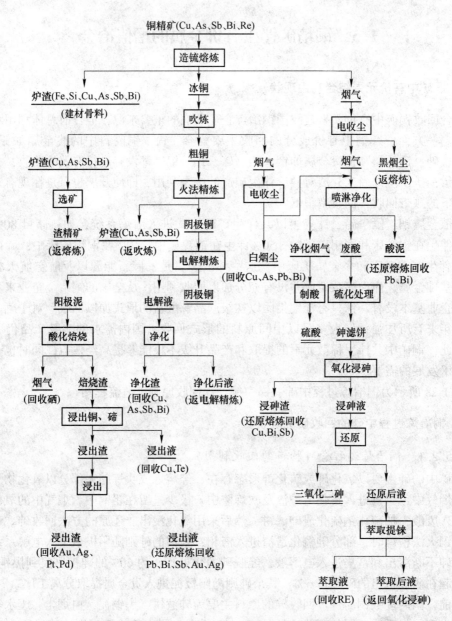

图 1-28 铜矿中砷、锑、铋、铼回收原则工艺流程图

表 1-13 国内某厂砷在冶炼过程中的分布比例

物料名称	As 含量/%	物料名称	As 含量/%
阳极铜	20.23	废水渣	1.12
贫化电炉渣	15.83	砷滤饼	54.41
白烟尘	14.47	转炉渣	3.12
石膏	2.86	尾矿	0.68
黑铜泥	3.75	排水	0.26
碱式碳酸铜	1.10	其他	1.30

表 1-14 国内某厂铜冶炼过程中含砷物料的化学成分 （%）

物料名称	As	Bi	Pb	Zn	Cu	S
白烟尘	7.82	10.92	28.56	4.72	4.97	7.63
砷滤饼	23.78	3.36	—	—	11.92	35.26
洗净残渣	4~5	0.8~2	—	—	39~42	—
黑铜泥	7.97	2.68	—	—	62.55	—

反应式为：

$$3CuSO_4 + As_2S_3 + 3H_2O = As_2O_3 + 3CuS + 3H_2SO_4$$

经固液分离，As_2O_3 滤渣进入下道工序做氧化浸出，通过氧化浸出后的砷以溶解度更大的 H_3AsO_4 进入溶液，不溶性杂质继续留在渣相中。氧化浸出的反应方程式表示为：

$$As_2O_3 + H_2O = 2HAsO_2$$

$$HAsO_2 + H_2O + 1/2O_2 = H_3AsO_4$$

溶液中 H_3AsO_4 还原后转化成 3 价砷，再经冷却降温以高纯度的 As_2O_3 结晶析出，反应原理为：

$$H_3AsO_4 + SO_2 = HAsO_2 + H_2SO_4$$

$$2HAsO_2 = As_2O_3 + H_2O$$

结晶出来的氧化砷产物纯度可达 99.5% 以上。该工艺可减少硫化砷滤饼因库存带来的环境二次污染，但是因转化时需要高浓度的铜离子而造成生产成本非常高，实际生产中同时还会产出含砷的多金属的混合渣，需要再处理进行回收利用。

（2）黑铜泥。国内某厂开发了用砷滤饼及黑铜泥生产砷酸铜的工艺。该工艺采用湿法浸出—合成工艺。黑铜泥浸出液中含铜和砷，铜、砷分离后的含铜液经浓缩湿法结晶成 $CuSO_4$，砷溶液与砷滤饼的浸出液合并后得到的高浓度砷溶液制成砷酸铜，从而使铜和砷都得到一定程度的回收利用。

（3）白烟尘。白烟尘通过水洗分离易溶解的铜、锌，之后用氯盐浸出的方法将砷和铋等转入溶液，中和水解实现砷与其他金属的分离，留在溶液中的砷再生产砷酸铜。

（4）含砷废水。含砷废液处理方法主要有：铁盐法、石灰中和法、硫化法、氧化法、膜交换法、离子交换法、生物法、电解法等。铁盐法和石灰中和法产出的二次处理渣量大，有价元素难再回收；电解法工艺简单且成本低，但会产出二次浮渣，且除砷效果不好；膜交换法、生物法和离子交换法场地占用大，需要大量的附属设备，投资高。硫化法则因其工艺简单且产出的硫化物易于利用而被多数工厂选用。

1.5.2.2 氧化砷的制备现状

重金属硫化矿在冶炼过程中产生的含砷烟尘和含砷废酸、废水、硫化渣等可作为原料，生产氧化砷。工业中主要采用火法挥发和湿法浸出两种生产方法。

A 火法挥发法

当冶炼温度达到 465℃ 时蒸气压即高达 0.1MPa，此时，As_2O_3 迅速挥发出来，这种低沸点的特性是挥发法生产 As_2O_3 的理论基础。工业生产中利用升华法处理含砷物料生产 As_2O_3 则是控制温度在 500~700℃，As_2O_3 极易升华进入气相与不易挥发而继续以固相存在的金属氧化物分离。

瑞典隆斯卡尔炼铜厂，在工业生产中采取高熔点金属烟尘和高砷烟尘分段收尘的办法得到 As_2O_3。经过高温收尘器的烟气通过蒸发冷却器降温到 200℃ 以下。再进入低温收尘器收集三氧化砷产品。由于采用两段电收尘，收尘效率高且杂质相对较少（As_2O_3 纯度超过 80%）。不过成本较高，生产过程不易控制。

而加拿大卡贝尔雷德湖矿山公司则是采取高熔点金属烟尘用电收尘器收尘，后段 As_2O_3 用布袋收尘器收尘，通过通入大量冷空气进入两段收尘器之间的混合器使烟气迅速降温。这种方法的生产过程控制简单、成本相对较低，但是烟气中的 SO_2 浓度会降低。

电热回转窑蒸馏是国内一些锡厂火法制备三氧化二砷采取的工业方法。电热回转窑蒸馏法则因生产过程简洁、便于实现自动控制，产品纯度高达 96.5%~99.5% 等优点而得以工业推广。

B　加温加压湿法浸出和冷却结晶法

加温加压浸出：As_2O_3 在水中的溶解度与温度成正比是该工艺的理论依据。工业生产过程主要采用多膛炉焙烧含砷物料，产出纯度大于 95% 的粗产品，再经温度 130℃、压力 11kg/cm² 下加温加压浸出后再蒸发结晶得到精制产品。由于没有还原工序，五价砷和杂质金属在生产系统中循环积累。然而，无污染的 As_2O_3 纯度高达 99% 以上是该工艺的优势。

As_2O_3 冷却结晶法：日本三菱公司采用冷却结晶法生产 As_2O_3。As_2O_3 在弱酸中的溶解度随温度下降而迅速降低是该工艺的理论基础。通过洗涤烟气来提高洗液中的 $HAsO_2$ 浓度，当溶液中的砷趋于饱和时，再经净化除杂后送真空蒸发冷却结晶得到需要的 As_2O_3。由于真空蒸发需将系统温度由 65℃ 降至 15℃，因而，冷却结晶法的显著缺点是用电量大，然而，无污染和能够产出高纯 As_2O_3 是此法的明显优势。

1.5.3　铜冶炼过程中锑的回收及其综合利用现状

在铜冶炼过程中，锑在铜锍中是以 SbS 存在，在炉渣中是以高价氧化物形式存在，在气相中是以低价氧化物和部分夹杂的硫化物形式存在。大部分的锑进入水淬渣中，其余的锑则进入冰铜中，最终进入尾矿、白烟尘、分银渣和滤饼中。表 1-15 为国内某铜厂锑在冶炼过程中的分配比。目前铜冶炼过程中回收锑的原料主要是阳极泥，其他的含锑物料回收锑的报道则较少。

表 1-15　为国内某铜厂锑在冶炼过程不同物料中的分配比　　　　　　　　　（%）

物料名称	含 Sb	物料名称	含 Sb
电解铜	0.10	滤饼	8.03
水淬渣	55.36	转炉渣	3.11
白烟尘	5.89	尾矿	23.75
阳极泥	2.86	黑铜粉	3.93

王日研究了铜阳极泥预处理回收锑、铋的工艺，在一定浓度的盐酸溶液中，加入适量的 NaCl，使铜阳极泥中的铋、锑等杂质被盐酸溶解生成 $BiCl_3$、$SbCl_3$，实现了阳极泥中铋、锑的进一步富集，可于后续进行铋锑分离的熔炼。

李义兵等人利用分银渣浸出工艺，采用氯化钠-盐酸体系同时提取铅、锑，对影响浸出的几个因素进行了研究，择取优化条件，铅、锑的浸出率可分别达到95%和75%以上。陆凤英等人研究了分银渣中金、银、铅、锑、铋、碲等金属的综合利用工艺。由于浸出液含锑较高，在置换铋之前，首先必须水解氯氧锑，然后才能置换铋，置换后液含有较高铬，可补加少量酸返回浸出白烟尘的洗出富铋渣。采用该工艺处理分银渣与铅滤饼，铋的回收率为98%。

某铜业集团公司在精炼铋氧化吹炼回收铋时会产生含有锑、砷、铋、铅氧化物的烟尘，其中含锑高于50%，含砷高于10%，为高砷粗锑氧烟尘，是难处理复杂有毒固体废弃物。由于该烟尘中砷以 As_2O_3 形式存在，在中国的铜冶金企业中目前还未见到以此为原料专门回收砷、锑的生产线。而在铋精炼工序吹炼除锑形成的高锑、砷烟灰也多采取堆存的方式，对环境污染构成严重的安全隐患。以铋精炼吹炼产出的高砷粗锑氧尘原料，开展采用锑的湿法提取回收工艺及其基础理论研究，并制备锑白，以实现增值冶金。此工艺不仅可消除炼铋烟尘的污染和安全隐患，而且还使锑得到回收并转换成产品氧化锑，实现了铜冶炼过程中锑的增值冶金。

1.5.4 铜冶炼过程中铋的回收及其综合利用现状

铋在铜精矿中主要以辉铋矿（Bi_2S_3）的形式存在。以国内某铜厂为例，铜冶炼采用闪速熔炼—PS转炉吹炼—回转式阳极炉精炼—电解精炼工艺。铜精矿闪速熔炼时，在反应塔内发生分解和氧化，含铋物料 Bi_2S_3、Bi、Bi_2O_3 等都会挥发，进入烟气收尘系统。由于闪速炉电收尘与铜精矿一起配料熔炼，这样从烟气中挥发出去的铋绝大部分又回到了闪速炉内，而以硅酸盐状态入渣的铋极小。因此，闪速熔炼过程中铋主要集中在铜锍里。表1-16给出了国内某厂闪速熔炼过程中铋的分布比例。

表 1-16   铋在闪速熔炼过程中的分布比例

过程	铜锍	贫化渣	制酸烟气	干燥烟气
分布/%	78.20	4.69	11.73	5.38

转炉吹炼的主要目的之一是最大限度地使铜锍中的杂质挥发和造渣。吹炼时由于富氧空气对熔体的强烈作用，此时 Bi_2S_3、Bi、Bi_2O_3 都能顺利地从熔体中挥发出来。表1-17和表1-18给出了火法炼铜过程和电解精炼过程中铋的分布。由表1-17和表1-18可知在铜冶炼过程中铋主要进入白烟尘、铅饼、转炉烟气、阳极泥和黑铜泥中，是提取精铋的重要原料。而阳极泥经过处理后铋主要富集于分银渣和中和渣中。

表 1-17   火法炼铜过程中铋的分布

过程	阳极铜	转炉烟尘	转炉渣	白烟尘	硫酸系统	其他
分布/%	28.38	14.19	3.49	42.58	9.17	2.19

表 1-18   电解精炼过程中铋的分布

过程	阴极铜	阳极泥	黑铜泥	碳酸镍	残极	黑铜板
分布/%	0.08	60.88	20.54	0.23	15.98	2.29

铜冶炼过程中形成的含铋物料的特点是成分杂、种类多，从铜冶炼过程中回收铋时，不能采用单一集中的流程处理。一般，在处理各个物料时采用主干一致的流程，同时又对各物料进行不同的预处理，或是对产出渣进行综合回收利用。

处理含铋物料的主干流程采用湿法，得到的海绵铋和氯氧铋等中间物料送反射炉粗炼和铋精炼。生产实践中更多的是采用氯盐浸出而不是盐酸浸出的湿法流程来处理含铋物料，主要的原因在于介质为硫酸的溶液体系较之盐酸体系而言，生产现场的作业条件更好且对设备的腐蚀破坏程度相对较低。

使用湿法氯盐浸出铜冶炼过程中的含铋物料时，各工厂针对不同物料特性采取不同操作，显示出具体工艺参数的差异。

1.5.4.1 白烟尘、铅滤饼回收铋工艺

白烟尘及铅滤饼采用图 1-29 的流程回收铋。用白烟尘作为原料回收铋的工艺中，首先进行水洗脱铜、锌处理，之后富铋渣通过 H_2SO_4 和 NaCl 水溶液浸出将铅铋分别富集，得到富铅渣和富铋溶液，实现铅铋有效分离。用铁粉置换将溶液中的铋转化成海绵铋即可通过火法熔炼和精炼生产出高纯铋。采用该工艺流程处理铅滤饼及吹炼产出的白烟尘时可以实现 96% 以上铋的回收率。

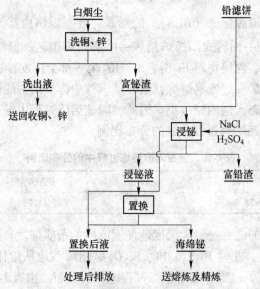

图 1-29 白烟尘及铅滤饼回收铋采用的流程

1.5.4.2 分银渣与铅滤饼回收铋工艺

分银渣与铅滤饼采用图 1-30 的流程回收铋。由于浸出液含锑较高，在置换铋之前，首先必须水解氯氧锑，然后才能置换铋，置换后液含有较高 Cl^-，可补加少量酸返回浸出白烟尘的洗出富铋渣。采用该工艺处理分银渣与铅滤饼，铋的回收率为 98%。

1.5.4.3 黑铜泥和砷滤饼回收铋工艺

采用湿法氯盐浸出的方法来处理黑铜泥和砷滤饼脱砷渣组成的混合物料时，有价金属铜、铋同时进入浸出溶液中。利用铜和铋的水解 pH 值的差异，实际生产中采取调整溶液 pH 值的办法先将铋转换成 BiOCl，之后送火法熔炼和精炼生产精炼铋。黑铜泥和砷滤饼

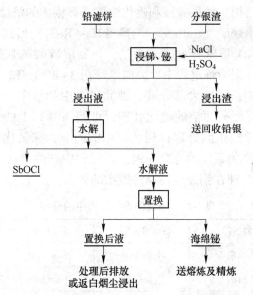

图 1-30 分银渣与铅滤饼回收铋采用的流程

回收铋的工艺流程如图 1-31 所示。

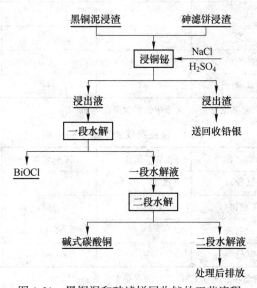

图 1-31 黑铜泥和砷滤饼回收铋的工艺流程

1.5.5 铜冶炼过程中铼的回收及其综合利用现状

铼是除铂族金属以外最致密的金属，具有硬度大、耐磨及耐腐蚀等性能。铼主要应用于无铅汽油的铂-铼催化剂、汽车尾气净化器的铼系催化剂、航空航天工业的镍基高温超耐热合金、核反应堆的铼系合金、电子工业的钼铼及钨铼结构材料。

铼的全球储量为 1 万吨左右，其中美国约占 45%，可用于回收的铼不足 1500t，已开采使用的钼、铜、铅、锌、银、铀等矿物中常可见伴生有微量的铼，此外，辉钼矿和硫化铜矿中的铼也是铼的主要资源，这些矿石中的铼主要以 ReS_2 或 Re_2S_7 的形式存在，因此，回收铼的原料基本上都是钼矿的压煮液和硫化铜矿或辉钼矿的焙烧烟尘。

铜精矿中铼主要以铜铼矿（$CuReS_4$）与辉铼矿（ReS_2）形式存在，在铜闪速熔炼过程中，铼绝大多数以 Re_2O_7 形式挥发进入烟气；在制取硫酸的烟气淋洗时，铼以 $HReCu$ 形式存在于废酸原液中；铜冶炼过程中，废酸含铼在 $3\sim30mg/L$，通过采用废酸除砷、重金属、碱性物质中和处理，铼绝大部分进入砷滤饼或中和渣中，少部分随废水排放而损失；某铜冶炼公司通过对废酸原液的硫化处理，可使90%以上的铼以硫化物的形式进入砷滤饼中，砷滤饼在亚砷酸车间处理得到 As_2O_3 的同时，铼氧化再次进入溶液，主要存在于还原终液中。表 1-19 为某铜冶炼公司铜冶炼过程中铼的分布，表 1-20 为铼在铜废酸系统中的分布，表 1-21 为铼在铜废酸还原终液中的分布。

表 1-19　铼在铜冶炼过程中的分布

类别	物料名称	铼含量范围*	铼平均值*	占铼总量百分比/%
投入	进入铜精炼	1.6~8.0	3.17	99.54
	渣精矿	—	0.56	0.46
	CF 渣	—	0.87	1.95
	EF 渣	—	0.51	2.47
产出	白烟尘		6.71	1.25
	酸泥		10.32	0.27
	废酸原液	8.16~13.1	11.6	93.48
	其他	—	—	0.58

* 所指中间物料中固体铼含量单位为 g/t，溶液中铼含量单位为 mg/L。

表 1-20　铼在铜废酸系统中的分布

类别	物料名称	铼含量范围*	铼平均值*	占铼总量百分比/%
投入	废酸原液	8.16~13.1	11.6	100
	砷滤饼	190~480	352	93.87
产出	砷化后液		1.14	4.63
	其他	—	—	1.50

* 所指中间物料中固体铼含量单位为 g/t，溶液中铼含量单位为 mg/L。

表 1-21　铼在铜废酸还原终液中的分布

类别	物料名称	铼含量范围*	铼平均值*	占铼总量百分比/%
投入	砷滤饼	190~480	352	100
	还原终液	40~60	54	95.8
产出	置换终液	10~20	16	3.2
	氧化洗净残渣	75~113	93	1.0

* 所指中间物料中固体铼含量单位为 g/t，溶液中为铼含量单位 mg/L。

由表 1-19~表 1-21 可知，在铜冶炼过程中，铼相对富集于废酸原液、砷滤饼及还原终液中，而具体从上述几种中间物料的哪种物料回收、采用何种方法回收铼则与冶炼厂最终生产工艺、基建投资的大小及生产成本的高低等密切相关，需根据各冶炼厂的实际情况来确定。目前从铜冶炼过程中回收铼的方法主要有溶剂萃取法、离子交换法和化学沉淀法。

（1）溶剂萃取法。溶剂萃取法是分离富集铼的一种比较成熟的方法，也是目前工业生产中分离提取的主要方法。其基本过程就是在萃取器中将含有待提取的金属液体中加入萃取溶剂，通过搅拌、振动等措施，将待提取的金属转入与另一液相不互溶的液相之中的过程。溶于水的 ReO_4^- 通过不溶于水的有机溶剂的作用，使得 ReO_4^- 与有机溶剂发生离子交换反应而进入有机相，然后采用无机反萃取剂，使 ReO_4^- 再从有机相中转入无机相的过程。所用萃取剂可为胺类萃取剂、冠醚类萃取剂、中性磷类萃取剂、胺醇类萃取剂、酮类萃取剂或几种萃取剂协同作用，应用较多的是叔胺萃取剂。

高志正完成了从铜冶炼烟气净化洗涤污酸中提取金属铼的试验研究，成功地将含铼20mg/L 左右的污酸溶液通过 N235 萃取—纯水洗涤—氨水反萃—浓缩结晶—溶解脱色—重结晶工艺获得品位达 99% 的铼酸铵产品，该工艺实现铼的总回收率在 85% 以上。

江西铜业集团以铜冶炼过程氧化砷生产中产出的高酸、高砷、多杂质含铼约 50mg/L 的还原终液为原料，使用对铼有良好的萃取性能，且萃铼饱和容量较大的叔胺类萃取剂 N235，用抑制剂仲辛醇有效地抑制了 Mo、Cu、As、Fe 等杂质的共萃，煤油作稀释剂，用氨水作为反萃剂，建立了四级串级逆流萃取—反萃—净化—深冷结晶工艺流程回收铼。利用铼酸铵在不同温度下溶解度差异特性，采用深冷技术以提产出 99% 的铼酸铵。

（2）离子交换法。离子交换法分离富集铼的研究报道较多，按树脂交换机理分为：交换型树脂分离法、大孔径凝胶树脂分离铼、合成功能型树脂及反应型树脂分离法。秦玉楠采用大孔阴离子交换树脂 D296 从炼铜废液中直接提取铼酸铵，不需预先除去废液中的其他金属离子，只需调节其酸度（H_2SO_4）至 1.5mol/L，就可使铼的提取率达到 99%。在提铼过程中，需要控制好废液流经树脂床层的速度、洗脱液及再生剂的浓度和流速等。不过，离子交换过程中易发生树脂中毒，回收铼试剂成本大幅增加，同时脱除杂质过程中产出的废渣含大量的铜、砷，必须再次处理。

（3）化学沉淀法。化学沉淀法比较简单，但是沉淀法的选择性较差，铼与杂质的分离效果欠佳。如能找到一种选择性好的特效沉淀剂，使铼能与原料溶液中的大量杂质分离，使铼能富集数百倍，且不改变废酸溶液的基本性质，便于利用铜冶炼企业原有的废酸处理工艺和设备，在这种情况下，将选择性沉淀得到的富铼渣浸出，即可获得铼浓度较原料废酸高出数百倍的浸出液，这使后续的萃取或离子交换作业量成百倍缩减。前苏联曾报道过如下工艺流程：辉钼矿含铼烟尘经水浸出得到含铼 0.25g/L、钼 12g/L、硫酸 34.76g/L 的溶液，用特效试剂红光碱性染料（ZC1）沉淀析出其中的铼，沉铼率为 91%～97%，所得沉淀 $ZReO_4$ 溶出率达到 90%～95%，浸出液含铼达到 8.0%～8.5%。该工艺铼的回收率接近 90%，但 ZC1 采用苯溶解，在处理原液中掺杂着含苯的酸性废水，给后续处理带来很大的不便，至今未见实现工业化的报道。

张永中采用氨水中和沉铜、离子交换吸附铜冶炼废酸中铼，制取铼酸铵，结果表明铼的沉淀率平均达到 97.10%，沉淀后废液中含铼小于 0.30mg/L；富铼渣浸出率大于 95%，浸出渣含铼小于 0.45%；铼酸铵含量大于 99%。

参 考 文 献

[1] 翟秀静. 重金属冶金学 [M]. 北京：冶金工业出版社，2011.

[2] 彭容秋. 重金属冶金学 [M]. 长沙：中南大学出版社，2004.

[3] 彭容秋. 铜冶金 [M]. 长沙：中南大学出版社，2004.

[4] 赵俊学，李小明，崔雅茹. 富氧技术在冶金和化工中的应用 [M]. 北京：冶金工业出版社，2013.

[5] 唐谟堂. 火法冶金设备 [M]. 长沙：中南大学出版社，2012.

[6] 华一新. 有色冶金概论 [M]. 2版. 北京：冶金工业出版社，2007.

[7] 郭汉杰. 冶金物理化学教程 [M]. 2版. 北京：冶金工业出版社，2006.

[8] 重有色金属冶炼设计手册编辑委员会. 重有色金属冶炼设计手册：铜镍卷 [M]. 北京：冶金工业出版社，1993.

[9] 刘平，郭万书，张更生，等. 广西金川公司"双闪"冶炼工艺投产五周年技术评述 [J]. 中国有色冶金，2019（1）：1~7.

[10] 朱祖泽，贺家齐. 现代铜冶金学 [M]. 北京：科学出版社，2003.

[11] Davenport W G, King M, Schlesinger M, et al. Extractive Metallurgy of Copper [M]. 4th ed. Oxford OX5 1GB, UK, Elsevier Science Ltd., 2002.

[12] 袁明华，李德，普创凤. 低品位硫化铜矿的细菌冶金 [M]. 北京：冶金工业出版社，2008.

[13] 周松林. 祥光"双闪"铜冶炼工艺及生产实践 [J]. 有色金属（冶炼部分），2009（2）：11~15.

[14] 黄贤盛，王国军. 金峰铜业有限公司双侧吹熔池熔炼工艺试生产总结 [J]. 中国有色冶金，2009（2）：10~13.

[15] 万黎明，骆祎，张建国. 等. 奥斯麦特炉开炉及试生产实践 [C]. 中国第二届熔池熔炼技术及装备专题研讨会论文集，230~234.

[16] 李样人. 奥斯麦特工艺——21世纪的铜生产工艺 [J]. 中国有色冶金，2005（1）：6~10.

[17] 李卫民. 以奥托昆普粗铜闪速熔炼工艺 [J]. 中国有色冶金，2010（3）：1~6.

[18] 李鑫. 国内外铜湿法冶金技术现状及应用 [J]. 中国有色冶金，2015（6）：15~20.

[19] 邓明晖. 铜湿法冶金新技术及发展趋势 [J]. 工程技术，2015（10）：82.

[20] 董广刚，葛哲令，曾庆晔. 闪速炼铜技术的自主创新与发展 [J]. 铜业工程，2015，136（6）：31~35.

[21] 周俊. 冰铜闪速吹炼工艺控制的理论与实践 [J]. 有色金属（冶炼部分），2017（10）：1~9.

[22] 衷水平，陈杭，林泓富，等. 我国铜熔炼工艺简析 [J]. 有色金属（冶炼部分），2017（11）：1~8.

[23] 张永德，李白令值，阮仁满. 黄铜矿的湿法冶金工艺研究进展 [J]. 稀有金属，2005，29（1）：83~87.

[24] 刘大星，蒋开喜，王成彦. 铜湿法冶金技术的现状及发展趋势 [J]. 有色冶炼，2009，25（4）：1~5.

[25] Zhou Y, Antonietti M. Synthesis of very small Ti-nanocrystals in a room temperature ionic liquid and their self-assembly toward mesoporous spherical aggregatesporous spherical aggregates [J]. J. Am. Cher. Soc., 2003, 125 (49): 14960~14961.

[26] Visser A E, Swatloski R P, Peichert W M, et al. Traditional extractions in nontraditional solvents: groups 1 and 2 extraction by crown ethers in room temperature Ionic liquids [J]. Ind. Eng. Chem Res., 2000, 39 (10): 3596~3604.

[27] Whitehead J A, lawrance G A, McCluskey A. et al. Green Leaching recyclable and selective leaching of gold - bearing ore in an ionic liquid [J]. Green Chem., 2004, 6: 313~315.

[28] Whitehead J A, Zhang J, Pereira N, et al. Application of 1-alkyl-3-methyl- imidazolium ionic liquids in theoxidative leaching of sulphidic copper, gold and silver ores [J]. Hydrometallurgy, 2007, 88 (1~4): 109~120.

[29] 李思唯, 刘志宏, 刘智勇, 等. 铜闪速熔炼电收高砷烟尘硫酸化焙烧脱砷试验研究 [J]. 湿法冶金, 2017, 36 (4): 336~341.

[30] 白孟. 铜冶炼伴生元素砷、锑、铋、铼的增值冶金新方法研究 [D]. 长沙: 中南大学, 2013.

[31] 廖婷. 铜转炉白烟灰湿法提取铋的工艺研究 [D]. 长沙: 中南大学, 2013.

[32] 赖建林. 从贵冶含铋物料中回收铋 [J]. 江西铜业工程, 1997 (3): 6~9.

[33] 卿仔轩. 我国锑工业现状及行业发展趋势 [J]. 湖南有色金属, 2012, 28 (2): 71~74.

[34] 王成彦, 邱定蕃, 江培海. 国内锑冶金技术现状及进展 [J]. 有色金属 (冶炼部分), 2002 (5): 6~10.

[35] 张传福, 谭鹏夫. 砷、锑、铋在铜熔炼中的分子形态 [J]. 中南矿业学报, 1994, 25 (6): 706~709.

[36] 陈晓东. 贵溪冶炼厂铜冶炼过程 As、Sb、Bi 的危害及控制措施浅议 [J]. 有色金属 (冶炼部分), 1996 (3): 1~5.

[37] 王日. 铜阳极泥处理工艺优化 [J]. 南昌水专学报, 2004, 23 (4): 76~77.

[38] 李义兵, 陈白珍, 王之平. 分银渣铅锑浸出工艺研究 [J]. 有色金属 (冶炼部分), 2004 (5): 9~11.

[39] 陆凤英, 魏庭贤, 沈雅君, 等. 分银渣综合利用新工艺扩大试验 [J]. 浙江化工, 2000 (1): 39~40.

[40] 胡少华. 阳极泥中金银及有价金属的回收 [J]. 江西有色金属, 1999, 13 (3): 37~39.

[41] 单桃云, 刘鹤鸣, 谈应顺. 锑冶炼中砷碱渣与二氧化硫烟气综合回收清洁工艺探讨 [J]. 湖南有色金属, 2010, 26 (5): 15~18.

[42] 何秀梅. 铜冶炼过程中杂质元素走向探析 [J]. 有色金属 (冶炼部分), 2013 (2): 55~57.

[43] 张喆秋, 袁露成, 黄林青, 等. 砷、锑、铋在铜冶炼过程中的分布及其在冶炼副产物中的回收综述 [J]. 有色金属科学与工程, 2019, 10 (1): 13~19.

[44] 石西昌, 肖政伟, 秦毅红. 超细氧化铋制备研究 [J]. 湖南有色金属, 2003 (4): 15~16.

[45] 王淑玲. 中国铋资源形势与对策 [J]. 中国金属通报, 2009 (48): 39~41.

[46] 金尚勇, 夏翠宏, 张富林. 铜冶炼主要污染物排放强度趋势研究 [J]. 有色金属 (冶炼部分) 2019 (5): 70~72.

[47] 周令治, 陈少纯. 稀散金属提取冶金 [M]. 北京: 冶金工业出版社, 2008: 141~150, 331~333.

[48] 于世昆, 伍艳辉. 铼的分离提取研究进展 [J]. 2010, 34 (2): 7~12.

[49] 周松林, 宁万涛, 高俊江. 一种平行射流电解工艺及装置: 中国, 201510595361. X [P]. 2015-9-17.

[50] 周松林, 宁万涛, 梁源. 平行流电解新技术理论研究及应用 [J]. 有色金属 (冶炼部分), 2018 (2): 1~3.

[51] 陈文龙. 一种新型高强化铜电解技术与应用 [J]. 铜业工程, 2016 (4): 71~74.

[52] 吴梦飞. 祥光铜业两项科技成果通过中国有色金属工业协会评价 [EB/OL]. [2015-10-16]. http://fengxiang.ceepa.cn/show_ more.php? doc_ id=396241.

2 镍冶金新技术

2.1 镍冶金概述

2.1.1 炼镍原料

2.1.1.1 镍储量

镍在地壳中的含量约为 0.02%，相当于铜、铅、锌三种金属加起来的两倍之多，但富集成可供开采的镍矿床则寥寥无几。镍矿通常分为三类，即硫化镍矿、氧化镍矿和砷化镍矿。砷化镍矿很少，只有北非摩洛哥有少量产出。当今镍约有 70% 产自硫化镍矿，30% 产自氧化镍矿。

2014 年美国地质调查局发布的数据显示，全世界已发现的陆地镍储量高达 7400 万吨（见表 2-1），镍储量持续增长。在全世界镍储量中，硫化镍矿占了 30%~40%，氧化镍矿占了 60%~70%，主要分布在澳大利亚、古巴、加拿大、俄罗斯、新喀里多尼亚、印度尼西亚、南非、巴西、哥伦比亚、多米尼加、中国和菲律宾等国。

表 2-1　世界主要产镍国家及镍储量

国　家（地区）	2007 年探明储量/万吨	2014 年探明储量/万吨
澳大利亚	2400	1800
新喀里多尼亚	710	1200
俄罗斯	660	610
加拿大	490	330
古巴	560	550
巴西	450	840
南非	370	370
菲律宾	94	110
印度尼西亚	320	390
中国	110	300
哥伦比亚	—	110
马达加斯加		160
多米尼加	100	97
其他	440	526
合计	6700	7400

我国已探明的镍矿点有 70 余处，其中硫化镍矿占总储量的 87%，氧化镍矿占 13%，主要分布在甘肃金川、四川会理和胜利沟、云南金平和元江、青海夏日哈木、新疆喀拉通克、陕西煎茶岭等地区。其中，金川镍矿则由于镍金属储量集中、有价稀贵元素多等特点，成为世界同类矿床中罕见的、高品级的硫化镍矿床。

2013 年勘探的青海夏日哈木镍多金属矿是目前我国仅次于金川的富镍矿床。矿区初步估算镍总资源量 102 万吨，共伴生铜 21 万吨，伴生钴 4 万吨。

2.1.1.2 镍的硫化矿

含镍硫化矿主要有镍黄铁矿（Fe，Ni）$_9$S$_8$、镍磁黄铁矿（Ni，Fe）$_7$S$_8$、针硫镍矿（NiS）、辉铁镍矿（3NiS·FeS$_2$）、钴镍黄铁矿（Ni，Co）$_3$S$_4$、闪锑镍矿（Ni，Sb）S 等。硫化镍矿中一般都伴生有黄铜矿、少量钴的硫化物及铂族金属，脉石含大量镁化合物。现代镍产量的 60% 产自硫化镍矿。

2.1.1.3 镍的氧化矿

镍的氧化矿是蛇纹石经风化而产生的硅酸盐矿石。氧化矿中镍约占总储量的 60% ~ 70%，主要有硅镍矿、蛇纹石和红土矿。常见矿物有蛇纹石、滑面暗镍蛇纹石和镍绿泥石，成分可用（NiO·MgO）SiO$_2$·nH$_2$O 表示；几乎不含铜和铂族元素，但常含有钴，其中镍与钴比例为（25~30）：1，含镍量和脉石成分不均匀。由于大量黏土的存在，氧化镍矿含水分很高，常为 20% ~ 25%，最多 40%。通常含镍很低，只有 0.5% ~ 1.5%，极少量的富矿中含镍达到 5% ~ 10%。可供开发利用的氧化镍矿主要是红土镍矿。红土镍矿是由含铁镁硅酸盐矿物的超镁铁质岩经长期风化变质形成的，上层是褐铁矿类型，含铁量较大，中间为过渡层，下层是硅镁镍矿层。不同产地的矿物其化学成分与矿物组成变化很大，提炼工艺也不同。现今探明的红土镍矿多分布在澳大利亚、菲律宾、古巴等南、北回归线一带。红土矿主要有两种类型：褐铁矿型和硅酸盐型。

（1）褐铁矿型红土镍矿。氧化镍主要与铁的氧化物组成固溶体，矿物组成为：(Fe,Ni)O(OH)·nH$_2$O，镍被认为进入针铁矿的晶格中。

（2）硅酸盐型红土镍矿。硅酸盐型红土镍矿主要矿物是蛇纹石，矿物组成为 A$_6$Si$_4$O$_{10}$(OH)$_8$，A 主要为 Mg^{2+}，镍、铁、钴的氧化物也以不同比例取代了硅镁矿中的氧化镁。表 2-2 为不同产地典型红土镍矿的主要成分。

表 2-2 不同产地典型红土镍矿主要成分 （%）

产 地	Fe	Ni	Co	Cr	MgO	SiO$_2$	CaO	Al$_2$O$_3$
新喀里多尼亚	9.3	2.43	0.04		28.8	42.20		
印尼红土镍矿	14.47	2.60	0.10	0.75	25.48	36.37		
国际镍公司	19.30	2.0			17.4	33.30		
菲律宾（高铁）	21.57	2.30	0.07	1.24	15.77	35.92		
沅江红土镍矿	24.60	1.24	0.08		19.40	31.84	0.34	6.90
菲律宾	38.0	1.15	0.09	1.50	0.60	10.0		
普列尼斯亚矿	42.9	0.89	0.06		0.67	13.86	2.31	5.90
毛阿湾矿	47.5	1.35	0.15	1.98	1.70	3.70		8.50
阿尔巴尼亚矿	50.4	0.96	0.06		1.33	6.48	2.46	3.0

2.1.1.4　镍的砷化矿

1865 年，首次发现了含镍砷化矿物，而且在炼镍史上起过重要作用，但此后再没发现此类型的大矿床，只有北非摩洛哥产含镍的砷矿物：红砷镍矿（NiAs）、毒砂（FeAsS）、砷镍矿（NiAs$_2$）和辉砷镍（NiAsS）。

目前，我国的金川集团公司、吉林吉恩镍业和新疆阜康冶炼厂均是以硫化镍铜矿为主要原料生产镍的冶炼厂。其中，吉林吉恩镍业和元江镍业还以红土镍矿为原料，高压酸浸工艺生产镍。

2.1.2　镍的生产方法

镍的主要产品包括纯镍类：电镍、镍丸、镍粉；非纯镍类：烧结氧化镍、镍铁。镍矿的特点是品位低、成分复杂、伴生脉石多、难熔，因此，针对不同的硫化镍矿与氧化镍矿需采用不同的冶炼方法。

硫化镍矿的冶炼方法类似于硫化铜矿的处理技术，传统的硫化镍矿炼镍以电炉熔炼和反射炉熔炼为主，新型的熔炼技术以闪速熔炼和富氧顶吹熔池熔炼技术为代表。氧化镍矿的冶炼方法包括火法冶金，主要包括电炉还原熔炼、回转窑（转底炉）粒铁熔炼及高炉熔炼生产镍铁。氧化镍矿的湿法冶金方法很多，包括如高压酸浸、氨浸等。

2.2　镍火法冶金技术及进展

2.2.1　硫化镍矿的火法冶金新技术

2.2.1.1　硫化镍矿的闪速熔炼工艺

闪速熔炼是现代火法炼镍比较先进的技术，它克服了传统方法未能充分利用粉状精矿的巨大表面积和熔炼分阶段进行的缺点，大大减少了能源消耗，提高了硫的利用率，改善了环境。闪速熔炼是将经过深度脱水（含水小于 0.3%）的粉状精矿，在喷嘴中与空气或氧气混合后，以高速度（60~70m/s）从反应塔顶部喷入高温（1450~1550℃）的反应塔内，此时精矿颗粒被气体包围，处于悬浮状态，2~3s 完成硫化物的分解、氧化和熔化过程。熔融硫化物和氧化物的混合熔体落下到反应塔底部的沉淀池中汇集起来继续完成锍与炉渣的形成过程，并进行澄清分离。炉渣在贫化炉处理后再弃去。图 2-1 所示为硫化镍闪速熔炼原则工艺流程图。

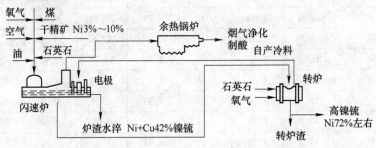

图 2-1　硫化镍矿闪速熔炼原则工艺流程图

　　闪速熔炼将焙烧与熔炼结合成一个过程，炉料与气体密切接触，在悬浮状态下与气体进行传热和传质，FeS 与 Fe_3O_4、FeS 与 $Cu_2O(NiO)$ 以及其他硫化物与氧化物的交互反应主要在沉淀池中以液-液接触的方式进行。

　　闪速熔炼有两种基本形式：矿从反应塔顶垂直喷入炉内的奥托昆普闪速炉（芬兰）和精矿从炉子端墙上的喷嘴水平喷入炉内的 Inco 闪速炉（加拿大）。最常用的是奥托昆普闪速炉。闪速炉系统包括物料制备、闪速熔炼、转炉吹炼等主系统和氧气制备、供水、供风、供电、供油、炉渣贫化和配料系统等。处理的主要原料是低镁高硫铜镍精矿。闪速炉产生的烟气 SO_2 浓度 8%~12% 经余热锅炉、电收尘后制酸。图 2-2 所示为镍闪速炉基本结构，主要包括反应塔、沉淀池、上升烟道和贫化区四部分。

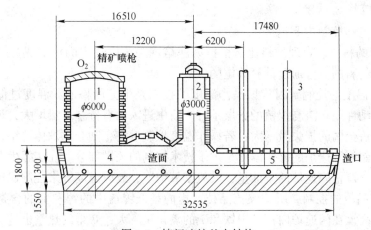

图 2-2　镍闪速炉基本结构
1—反应塔；2—上升烟道；3—贫化炉电极；4—沉淀池；5—贫化区

A　闪速炼镍生产过程

　　闪速炉的入炉物料一般有干精矿、粉状熔剂、粉煤、混合烟灰等。铜镍精矿的矿物组成为：$(Ni-Fe)_9S_8$，$CuFeS_2$，Fe_7S_8，Fe_3O_4，FeS_2，MgO，SiO_2，CaO 等，其中铁的硫化物的质量分数占 55%~85%。

　　物料必须干燥至含水分低于 0.3%，当超过 0.5% 时，易使精矿在进入反应塔高温气氛中由于水分的迅速汽化而被水汽膜所包围，以致阻碍反应的迅速进行，就有可能造成生料落入沉淀池。金川公司镍厂是将含水 8%~10% 的硫化铜镍精矿经短窑、鼠笼打散机和气流管三段低温气流快速干燥，得到水分含量小于 0.3% 的干精矿。入炉精矿粒度控制在小于 74μm 的占比要大于 80%。因为粒度细，比表面积大，与气体接触面大，传热、传质速度快。

　　闪速熔炼的反应控制主要包括反应塔内、沉淀池内以及贫化区的反应控制。其中高价硫化物分解和低价硫化物氧化同时在反应塔内完成。将焙烧和熔炼合二为一，烟气中 SO_2 浓度高，易于回收制酸，环保。

　　各种硫化物与氧化物间造渣反应和造锍反应主要在沉淀池中以液-液接触的方式进行。进入沉淀池内的铁有 FeS、FeO 和 Fe_3O_4，其中 FeS 在沉淀池内继续氧化，以 FeO 形式与加入的石英砂造渣。

　　在反应塔内生成的 Fe_3O_4 是 Fe_2O_3 到 FeO 的中间型，通俗讲就是 $FeO+Fe_2O_3$。熔点

高、密度大，使炉渣与冰镍分离不好，造成金属损失增加，且易在炉底析出使生产空间减少，炉子处理能力降低。因此生成的 Fe_3O_4 必须及时造渣排除。增加还原气氛以及在炉子中有适量的石英石是防止生成 Fe_3O_4 的主要手段，当 Fe_3O_4 过高时可加生铁还原。

铜镍精矿中的脉石主要是 $MgCa(CO_3)_2$，在反应塔分解为 MgO、CaO，在沉淀池完成造渣；在反应塔及沉降池内反应生成的 Ni_3S_2、Cu_2S、CoS 和 FeS 相互溶解生成铜镍锍，其中也溶解有贵金属、金属以及 Fe_3O_4。

贫化区的作用是使渣中的有价金属（氧化物形式存在）更多地还原、沉集在镍锍中，以提高金属回收率。同时处理一部分含有价金属的冷料。方法即为用两个电极加热，提高炉渣温度，使金属氧化物还原为金属，进入镍锍中。

B 闪速熔炼过程控制

闪速熔炼过程控制主要包括：

（1）合理的料比。合理的料比是根据闪速熔炼工艺所选定的炉渣成分、镍锍品位等目标值和入炉物料的成分通过计算确定的。

（2）镍锍温度的控制。闪速炉操作温度的控制是十分严格的，温度过低，则熔炼产物黏度高、流动性差、渣与镍锍的分层不好，渣中进入的有价金属量增大，最终造成熔体排放困难，有价金属的损失量增大；若操作温度控制过高，则会对炉体的结构造成大的损伤。因此，控制好闪速炉的操作温度是炉子技术控制的关键部分。在实际生产中，是通过稳定镍锍品位、调整闪速炉的重油量、鼓风富氧浓度、鼓风温度等来控制镍锍温度的。

（3）镍锍品位的控制。所谓镍锍品位，指的是低镍锍中的镍和铜的含量之和。闪速炉镍锍品位越高，在闪速炉内精矿中铁和硫的氧化量越大，获得的热量也越多，可相应减少闪速炉的重油量。但镍锍品位越高，镍锍和炉渣的熔点越高，为保持熔体应有的流动性所需的温度越高，不仅对炉体结构很不利，并且进入渣中的有价金属量越多，损失也越大。闪速炉镍锍品位越低，在闪速炉内铁和硫的氧化量越少，获得的热量也越少，需相应增加闪速炉的重油加入量；镍锍品位低，镍锍产率相应要增大。在转炉吹炼过程中，冷料处理量增大，但渣量也要增大，给贫化电炉生产将带来困难，生产难以连续均衡进行。在实际生产中，镍锍品位的控制是通过调整每吨精矿耗氧量来进行的。

（4）渣型 Fe/SiO_2 的控制。闪速炉熔炼过程要求所产生的炉渣有良好的渣型，具体表现为：有价金属在渣中溶解度低，即进入渣中的有价金属少；镍锍与炉渣的分离良好，流动性好，易于排放和堵口。

渣型的控制是通过对渣的 Fe/SiO_2 的控制来实现的，即通过调整熔炼过程中加入的熔剂量来进行控制的。在生产过程中，通常控制渣 Fe/SiO_2 为 1.15～1.25，控制反应塔熔剂/精矿量为 0.23～0.25，贫化区熔剂量根据返料加入量成分的不同适当加入。

2.2.1.2 硫化镍矿的奥斯麦特熔炼

奥斯麦特炉为富氧顶吹熔池熔炼设备，该设备对原料适应性强，如高镁高钙精矿，甚至能处理其他方法都不能处理的矿，操作简便，自动化程度高。

2008 年，金川公司首次采用奥斯麦特熔池熔炼炉处理镍精矿，并成功投入生产，用于处理含镍较低（6%）、氧化镁较高（10%）的镍精矿，规模为年处理镍精矿 100 万吨，年产高镍锍 6 万吨。2009 年，吉林吉恩镍业也采用奥斯麦特熔炼技术新建了生产 15kt 冶炼厂，设计年产高冰镍 2.9 万吨，硫酸 12.5 万吨，高冰镍含镍量 1.8 万吨。

图 2-3 所示为富氧顶吹熔炼原则工艺流程图。表 2-3 为吉林吉恩镍业富氧顶吹熔炼精矿成分，熔炼主要技术经济指标见表 2-4。

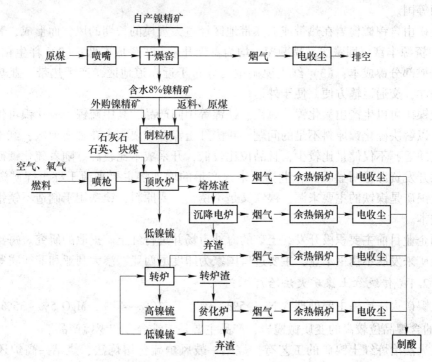

图 2-3 富氧顶吹熔炼原则工艺流程图

表 2-3 吉恩镍业富氧顶吹熔炼精矿成分

项 目	Ni	Cu	Fe	S	Co	SiO$_2$	Al$_2$O$_3$	CaO	MgO
铜镍硫化精矿成分/%	7	1	24.2	19.3	0.2	17.3	1.4	4.1	9.7
含镍氧化矿成分/%	6.7	0.6	35～36		0.3	18.5	25.9	2.9	1.4

表 2-4 吉恩镍业富氧顶吹熔炼主要技术经济指标

项 目	设计值	试生产参数
奥斯麦特炉	φ3.6m，净空 12.5m	φ3.6m，净空 12.5m
深冷制氧机制氧能力（标态）/m^3·h^{-1}	12000	12000
氧气纯度/%	99	99.6
喷枪工艺风机风量/m^3·min^{-1}	300	300
喷枪富氧浓度/%	50	50
处理量/t·h^{-1}	35.72（干基）	40～45（湿基，含水 10%）
低镍锍品位（Ni+Cu）/%	44.32	36.5
渣温/℃	1380	1300
烟气 SO$_2$ 浓度/%	8.36	8.36～11.5

2.2.2 红土镍矿的火法冶炼

最近十多年未见发现大型硫化镍矿的报道。为满足世界经济发展对镍的需求，普遍已将目光转向开发红土镍矿。红土矿主要分布于热带和亚热带地区，目前已探明的红土矿主要集中在围绕赤道、纬度 22°左右的地区，如印度尼西亚、菲律宾、古巴、澳大利亚、越南和巴西等国。

红土矿由含镍橄榄岩在热带或亚热带地区经过大规模的长期的风化而形成，其特点如下：（1）资源丰富，埋藏浅，易勘探，均为露天开采，采矿成本低；（2）伴生钴含量高，钴可以分摊部分镍成本；（3）红土镍矿主要分布于近赤道地区，产于热带、亚热带，大多濒临海洋，交通运输方便，便于外运。

红土镍矿可以生产出氧化镍、硫镍、铁镍等中间产品，其中硫镍、氧化镍可供镍精炼厂使用，以解决硫化镍原料不足的问题。我国红土镍矿主要集中在云南地区，红土矿资源相对比较缺乏，不仅储量比较少，且品位比较低，开采成本比较高。随着硫化镍矿日趋枯竭，可供开发资源量明显减少，世界未来镍产量的增加将主要来源于红土镍矿资源的开发。红土镍矿是镍铁的主要来源，镍铁又是不锈钢主要原料，镍铁用于制造不锈钢，可降低生产成本。

我国企业目前主要积极开发红土矿的海外市场并进行红土矿提取的研究。每年大量进口红土镍矿来发展不锈钢工业，主要进口国家为印度尼西亚、澳大利亚和菲律宾等。

2.2.2.1　传统红土镍矿火法冶炼工艺

红土镍矿火法冶炼主要处理含 Ni 1.5%~3%、Fe 10%~40%，MgO 5%~35%、Cr_2O_3 1%~2%的含镍品位较高的变质橄榄岩，产品主要是镍铁合金和镍锍产品。

传统火法冶炼红土镍矿的工艺有：烧结—鼓风炉硫化熔炼法、烧结—高炉还原熔炼法、回转窑直接还原法、还原—硫化熔炼法等。

（1）高炉还原熔炼法。高炉还原熔炼法是我国处理红土镍矿自主研发的一种冶炼方法，仅适合于生产低镍生铁，且对原料的适应性差、无法大型化生产，随着焦炭价位回归合理、镍价下跌和环保政策的落实，目前我国的高炉镍铁厂大部分已停产。

（2）小高炉还原熔炼镍铁。小高炉还原熔炼镍铁的工艺和传统高炉炼铁工艺的流程大致相同，在生产工艺中，先将红土镍矿进行破碎筛分，后加入还原剂等进行配料，然后进行烧结，得到球团后直接进行高炉熔炼，得到含镍 3%~55%的生铁和炉渣。

小高炉冶炼的优点是技术成熟、工艺流程短、设备投资少，可利用炼铁厂已淘汰的小型高炉作为反应器，并且适宜处理褐铁矿型的红土镍矿，冶炼炉渣经水淬后可以当做生产水泥的原料。此工艺的缺点为高炉体积利用率低，焦炭消耗量大、能耗高，烧结环境污染严重，回收的镍量较低且杂质含量高，产品规格未能达到国际标准，单位产量投资大且无法大型化生产。

（3）还原—硫化熔炼法。还原—硫化熔炼法用于生产高镍锍。其主要过程为：先将红土镍矿进行筛分（50~150mm），弃去细颗粒，送去煅烧（1500~1600℃），然后加入硫化剂（硫化剂主要是黄铁矿、石膏、硫黄和含硫的镍原料等）使矿石中的镍和部分铁转化为硫化物，而后将焙烧物加入电炉进行还原熔炼得到低镍锍，再经过转炉吹炼后得到高镍锍，一般镍质量分数为 79%左右，回收率约 70%。此工艺的优点在于易于操作；产品灵活性大，可生产各种形式的镍产品。缺点是镍的回收率较低，仅为 70%；煤、电的消耗较高；环境污染严重。

（4）回转窑干燥预还原—电炉熔炼法。回转窑干燥预还原—电炉熔炼法，即 RKEF

法，此技术是在国际上是比较成熟与先进的工艺。我国在 2011 年第 9 号《产业结构调整指导目录（2011 年本）》中明确将"RKEF 工艺技术"列为鼓励类产业，使其成为了中国镍铁发展的新方向。

RKEF 工艺具有原料适应性强、镍铁的品位高、回收率高、有害元素含量少、节能环保、循环利用、生产流程容易控制和操作等优点，产品镍铁可用作不锈钢生产。其主要过程为：将红土镍矿在回转窑内进行干燥及预还原（650~800℃），而后将其加入还原电炉内进行熔分（1550~1600℃）得到粗镍铁，经转炉精炼后可得含镍 25% 以上的镍铁合金。日本大江山冶炼厂采用回转窑高温还原焙烧产出粒铁，经磁选富集产出含镍大于 20% 的镍铁合金供不锈钢，被公认是最为经济的处理红土镍矿的方法。现阶段及今后很长一段时间，RKEF 法处理工艺在红土镍矿开发中将继续占主导地位。

目前采用回转窑—电炉工艺的厂家有国外的新喀里多尼亚的多尼安博公司、希腊的拉科矿冶公司拉瑞姆纳厂、哥伦比亚的赛罗马托萨厂、日本的平洋镍有限公司八户冶炼厂、日本的矿业公司佐贺关冶炼厂、多米尼加的博纳阿厂、巴西的莫洛镍公司普拉塔浦利斯厂等。

关于红土镍矿火法处理工艺，除在红土镍矿预处理方面有待寻求更好的解决办法外，在环保和节能方面仍需进一步改进，充分考虑利用冶炼工艺还原气体和余热作为红土镍矿还原工艺过程中的还原剂和供热源，则可极大地降低冶炼成本、减少能源浪费，使得红土镍矿冶炼工艺更具经济性和环保性，也是红土镍矿综合利用的关键所在。

2.2.2.2 红土镍矿的火法冶炼新技术

A 氯化离析和氯化焙烧

氯化离析是指在矿石中加入适量的氯化剂和碳质还原剂（煤或焦炭），在弱还原性气氛中进行加热焙烧，从而使有价金属从矿石中以氯化物形态挥发出来，同时氯化物在还原剂表面被还原成为金属，再通过磁选金属进行富集的过程。国内外研究人员对氧化镍矿离析焙烧—磁选工艺和其他处理工艺开展了相关研究。

陈晓鸣等人采用红土镍矿磨粉与 25% 氯化剂和 10% 炭粉进行制球（直径大于 15mm），在回转窑内高温（1000℃）反应 90min 后得到的镍精矿品位为 10.33%，镍的回收率为 87.22%。

中南大学李新海团队以红土镍矿为原料，以 $CaCl_2 \cdot 2H_2O$ 为氯化剂，焦炭为还原剂，对低品位红土镍矿氯化离析过程进行了系列研究。其中对来自中国云南的低品位红土镍进行的系列氯化离析磁选分离实验表明，当氯化镁加入量为 6%、焦炭加入量为 2%、氯化温度为 1253K、反应时间为 90min 的条件下，镍和钴的提取率分别达到 91.5% 和 82.3%；对国外某矿区的三种不同矿层的红土镍矿氯化离析—磁选实验结果表明，不同矿层的红土镍矿在氯化离析过程中消耗的药剂用量不同，但都能使精矿中镍富集 8 倍以上、钴富集 6 倍以上，且褐铁矿型的红土镍矿能使镍的收率达到 90% 以上，钴的收率达到 70%；对菲律宾红土镍矿开展了氯化离析研究，在氯化剂 $CaCl_2 \cdot 2H_2O$ 加入量为原矿质量的 8%、还原剂焦炭加入量为原矿质量的 6%、升温速率 5℃/min 的条件下将样品升温到 1000℃，恒温 60min。取出水淬湿磨过筛，得到粒度为 0.038~0.048mm 的产物，然后经 0.3T 磁选得到精矿和尾矿。结果表明，红土镍矿中的氧化亚铁在 700℃ 开始进入蛇纹石中，形成富铁橄榄石相，破坏蛇纹石的晶格结构，提高镍的活性，有利于镍的氯化和离析；而氯化剂所释放的氯成为铁迁移的媒介；冷却过程中物相没有发生明显变化。当生料中 Fe_3O_4 的加入量为原矿的 10%（质量分数）时，精矿中镍的品位达到 13.14%，回收率达到 80.12%，比未加 Fe_3O_4 时的回收率提高约 10%。

张军等人对红土镍矿的氯化离析—磁选试验表明，在球团直径 15mm 的条件下控制炭粉加入量为 8%，工业盐加入量为 30%，离析温度 1000℃ 下反应 90min，可获得镍精矿品位为 11.7%、回收率为 87.22% 的指标。

离析焙烧—磁选或浮选是能够降低生产成本和增加镍产量的一种有效工艺，此工艺适于处理不同类型的镍矿，但是我国在熔炼过程中所采用的熔炼炉，技术较为落后，因此在降低成本方面不明显。

氯化焙烧工艺是将矿物与氯化剂混合造球，焙烧使被提取的金属生成氯化物，然后用水或其他溶剂浸取而得到有用的金属离子，或者形成的氯化物呈蒸气状态挥发，通过冷凝回收有价金属离子。

李金辉以云南元江红土镍矿为原料，采用氯化焙烧选择性提取红土矿中的镍、钴，实现了有价金属与杂质金属的分离。实验结果表明，低温通入氯化氢气体进行氯化焙烧可有效提取镍钴并抑制铁的浸出，其最佳工艺为矿物粒度小于 $0.074μm$，焙烧温度 300℃，氯化氢气体流速不小于 80mL/min，焙烧时间不少于 30min，镍浸出率可达 80.6%，钴浸出率达 60%。中温氯盐焙烧结果表明，加入固体氯化剂进行焙烧同样可以有效提取镍、钴，并抑制杂质铁的浸出，其最佳工艺条件为：以氯化钠和六水氯化镁复配盐作为氯化剂（质量比 0.4），其加入量为矿料的 18%，焙烧温度 900℃，焙烧时间 1.5h，镍浸出率可达 85%，钴浸出率为 60%，镍铁比相对原矿提高了约 20 倍，镍镁比相对原矿提高了约 1.5 倍。

研究者还开展了采用氯化铵对红土镍矿进行氯化焙烧，然后采用海水配合稀酸或弱酸来浸出提取镍、钴的研究，结果显示，镍、钴浸出率都能达到 90%，铁的氯化可降至 1%。氯化焙烧在红土镍矿应用属突破性进展。

B　红土镍矿选择性还原

将红土镍矿与 C、H_2/C_xH_y、CO/CO_2 混合气体一起还原焙烧，还原过程一般在 450～700℃ 高温下，选择性还原固相氧化镍和氧化钴为金属镍、钴，后期的镍、钴回收可以采用羰基法或者溶液吸收浸出等，然后通过磁选回收镍、钴。

徐玉棱以印度尼西亚红土镍矿为研究对象，采用 CO/CO_2 混合气体选择性还原制备金属镍、钴。结果表明，红土镍矿在焙烧过程中，随着温度的升高，针铁矿在 300℃ 左右脱除结晶水形成赤铁矿，蛇纹石在 600～700℃ 时分解形成无定型硅镁酸盐；随着温度继续升高至 900℃ 以上，无定型硅镁酸盐会结晶形成橄榄石。采用 50%CO+50%CO₂ 混合气体还原焙烧后的红土镍矿时，随着焙烧温度的升高，镍的金属化率先升高后减小，经过 700℃ 焙烧 120min 后的红土镍矿，还原后的产物中镍的金属化率可以达到 86.81%；CO 含量控制在 30%～50%，温度控制在 700～800℃，此条件下红土镍矿还原产物中的镍铁比超过 2，镍的金属化率超过 90%。

2.2.2.3　红土镍矿的火法工艺存在的问题

红土镍矿的火法工艺存在的最大问题是镍铁废渣的综合利用问题。镍铁废渣的产生量至少占红土矿原料量的85%~90%。2011年我国镍铁合金产量达25万吨,伴随产生的镍铁渣超过1500万吨。2015年,镍铁渣的总排放量将接近1亿吨,约占到冶金渣总排放量的1/5。这些渣有价金属品位低、难回收;磨细能耗大;含铬较多,不利于环保;镁高、钙低导致镍铁渣活性较低,稳定性较差。

2.2.3 羰基镍的生产

羰基法独特的工艺在世界精炼镍和铁的领域发挥着重要的作用。羰化冶金技术按合成工序的压力分为常压、高压(CO压力22~25MPa)和中压(CO压力5~7MPa)三类。羰基法的实质是将各种含镍或铁的物料借助于CO与镍或铁反应形成挥发性的羰基化合物,见反应式(2-1),然后在180~300℃温度下进行热分解以获得高纯及形貌各异的羰基镍、羰基铁产品,见反应式(2-2)。分解出的CO返回合成系统循环利用。

$$Ni(s) + 4CO(g) \longrightarrow Ni(CO)_4(g) \tag{2-1}$$

$$Ni(CO)_4(g) \longrightarrow Ni(s) + 4CO(g) \tag{2-2}$$

羰化冶金工艺具有流程短、生产成本低、能耗小、无污染、产品多样化、产品性能优异、附加值高等优点,但由于生产中有一氧化碳和剧毒羰基化合物产生,整个生产过程需要在密闭系统内进行,要求有严密的防毒措施,对设备及工艺要求极高。

羰化冶金自发明以来,拥有国对其一直实行技术封锁。世界上加拿大INCO公司和俄罗斯Norilsk(诺里尔斯克)公司拥有工业化羰基镍生产线。德国(BASF)、俄罗斯(Sintez)和美国(ISP,GAF)掌握着羰化冶金精炼铁的技术并实现了大规模工业化生产。我国甘肃金昌、吉林磐石、广东中山等地也已建成了生产线,然而由于技术、装备上的不足,产能小、质量有待提升、应用领域不广,与国外相比缺乏竞争力。

2.2.3.1 常压法羰基工艺

常压羰基法在50~60℃下合成,合成周期2~3天,温度大约为180℃,产品中95%是镍丸,5%是镍粉。

英国Clydach国际公司镍精炼厂是采用常压工艺的代表,该厂主要处理铜崖冶炼厂氧化镍还原后的镍物料。该工艺始于1903年,1957年又新建了一个镍丸生产车间,之后该厂进行了多次扩建,但其基本工艺流程没有原则性的变动,只是在1973年用隧道窑代替了多膛挥发器,镍的提取率有所提高,达到了95%。

常压工艺的优点是对设备要求不高,设备制造容易而且可以大型化,设备投资小,能耗低。缺点是对原料要求高,原料预处理工艺流程长,生产周期长,羰基镍合成率低,一般在90%~93%,而且产品质量也相对低。

2.2.3.2 高压法羰基工艺

德国BASF是第一家采用高压法的工厂。他们对冰镍在温度200℃、20MPa压力条件下合成羰基镍3天,镍的提取率可以达到95%以上。目前俄罗斯北方镍公司和我国核工业总公司的羰基工艺采用的都是高压法,他们以镍合金或阳极残块为原料,经过水雾化获得活性原料,在温度280℃、25MPa压力条件下高压合成羰基镍,镍的提取率可以达到96%。德国路德维希港镍厂也采用高压羰基法,其羰基合成压力25MPa,温度200~220℃,反应周期3天,合成率在96%以上。

高压合成的优点是原料适应性好,反应速度快,合成率高,能达到95%以上。缺点是设备压力等级高，设备投资较大，生产成本相对较高，产能受到限制。

2.2.3.3　中压法羰基工艺

中压合成在一定程度上兼顾了高压和常压工艺的优点，克服了两者的缺点，已成为羰化冶金技术的发展方向。中压合成技术的主要优势在于：工艺流程短，反应速度快，合成率高，设备的大型化使得设备投资降低，设备维护费用较少；自动化程度高，易于进行过程控制，稳定反应速度；中压转动釜技术的应用使得气-固相充分接触，反应速度加快，合成周期大大缩短；羰化合成率可以提高到95%以上，更有利于富集原料中的贵金属，提高贵金属的回收率；生产过程安全性较高。中压法合成压力一般为7MPa，温度180℃，反应周期42h，合成率大于95%，最高可以达98%。

加拿大国际镍有限公司的中压羰基系统于1973年投产（见图2-4），原料为铜崖冶炼厂磨浮出的合金、部分镍精矿及不纯氧化物和来自公司以外的贵金属、镍、钴、铜残渣，这种原料吹炼后经预处理成为含一定硫、氧的金属化冰镍进入系统进行镍精炼。我国的吉恩镍业也采用中压羰基法，其24h镍羰化率大于96%，最高达98%～99%，钴和贵金属得到了富集，降低了铁的羰基合成率，减轻了精馏的压力。另外，金川集团公司的500t/a羰基镍项目也采用中压法羰基工艺羰基法，合成率为95%。

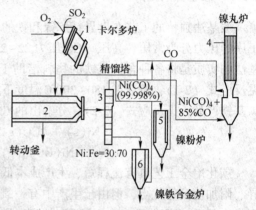

图 2-4　加拿大国际镍有限公司中压羰基法工艺流程图
1—卡尔多转炉；2—转动釜；3—精馏塔；4—镍丸炉；
5—镍粉炉；6—铁镍合金炉

2.3　镍的湿法冶金新技术

自20世纪90年代以后红土镍矿湿法冶金得到了快速的发展和应用。红土镍矿湿法冶金传统方法包括常压酸浸、常压氨浸和堆浸等。目前发展较为成熟的湿法处理方法还包括还原焙烧—氨浸法、加压酸浸法、常压酸浸法等。红土镍矿常见的湿法冶金工艺对比见表2-5。

表 2-5　红土镍矿常见的湿法冶金工艺对比

工艺	原理	优点	弊端
还原焙烧—氨浸法	Ni、Co 选择性还原，与氨形成络合物，浸入溶液	可以处理 Mg 含量高的原料，可以回收部分磁铁矿，浸出剂可回收	Ni、Co 收率偏低，与火法结合，能耗高，已经较少被采用
高压酸浸法	利用 250℃、4MPa 下 Fe^{3+} 的水解沉淀反应，再生硫酸，实现 Ni、Co 选择性浸出	酸耗较低，Ni、Co 收率高，约 95%	反应釜结垢严重，铁渣无法利用，工厂运行效果差
常压酸浸法	堆浸、生物浸出、搅拌浸出	浸出条件温和、能耗低，可以处理低品位原料	酸耗高，浸出剂难以回收，浸出液中杂质含量高

2.3.1 红土矿还原焙烧—氨浸法

2.3.1.1 工艺概述

还原焙烧—氨浸法（简称 RRAL）是利用镍、钴能与氨络合而溶于溶液中，而其他杂质则滞留在渣中，从而将镍、钴选择性浸出。该工艺的生产过程为：将红土镍矿干燥、破碎至粒度小于 $74\mu m$，然后进行还原焙烧、多段常压氨浸，浸出液经沉淀、蒸氨后得到碱式碳酸镍，经过煅烧还原可得镍块，其原则工艺流程如图 2-5 所示。

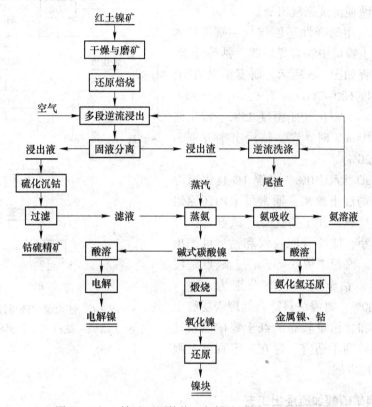

图 2-5 红土镍矿还原焙烧—氨浸法原则工艺流程图

氨浸法的代表性生产厂是古巴的尼卡罗冶炼厂，此外，印度的苏金达厂、阿尔巴尼亚爱尔巴桑钢铁联合企业、斯洛伐克的谢列德冶炼厂、菲律宾的诺诺克镍厂、澳大利亚雅布鲁精炼厂及加拿大 INCO 铜崖铁矿回收厂等也采用此法处理红土镍矿。北京矿冶研究总院设计的青海元石山镍铁矿也采用了还原焙烧—氨浸工艺，建设了年处理 40 万吨镍铁矿的冶炼厂，于 2008 年 8 月投产。

2.3.1.2 技术问题

（1）还原焙烧时，要尽量使铁转变成磁性 Fe_3O_4，以保证磁选时能被完全分离出去。从而降低氧化物对钴的吸附，减少钴的损失。

（2）控制金属铁的生成，因为钴的活化区比较宽，不易钝化，一旦与金属铁生成合金后，其电化学行为与铁相近，则进入钝化区，回收率降低。

（3）氨浸前，要先溶去游离的 FeO，使包含在其中的镍和钴暴露出来，使其氨浸时容易被浸出。否则，溶液中钴离子与新生成的 Fe_3O_4 和 $Fe_2O_3 \cdot H_2O$ 会产生共沉淀。研究表明，在氨性碳酸铵溶液中，影响二价铁生成强磁性氧化物的主要因素是反应温度和二价铁离子浓度。温度越高，二价铁离子浓度越高，越易生成 Fe_3O_4。因此，为降低钴的吸附损失，目前最行之有效的方法是尽量降低反应温度以及用碳酸铵溶液逆流洗涤浸出渣。

尹飞等人利用选择性还原焙烧—氨浸技术从低品位的红土镍矿中综合提取镍、钴等元素，采用的工艺流程如图 2-6 所示。研究结果表明，在最佳焙烧温度 $600 \sim 700℃$、$NH_3 : CO_2 = 90 : 60$、固液比 2 : 1、浸出初始温度 25℃、浸出终点电位大于 $-100mV$ 时，镍、钴浸出率分别为 89.87% 和 62.20%。

对于含 MgO 大于 10%、含镍 1% 且镍赋存状态不太复杂的红土镍矿，通常可采用还原焙烧—氨浸工艺处理。其主要优点是试剂可循环使用，消耗量小，能综合回收镍和钴，可产出镍盐、烧结镍、镍粉、镍块等产品。缺点是浸出率偏低，镍、钴金属回收率分别为 75% ~ 85% 和 40% ~ 60%。氨浸法只适合处理表层红土镍矿，对含铜和含钴量较高的红土镍矿以及硅镁型的红土镍矿则不适宜，这在一定程度上限制了氨浸工艺的发展。

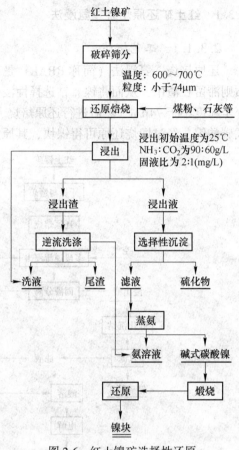

图 2-6 红土镍矿选择性还原
焙烧—氨浸法工艺流程图

2.3.2 红土镍矿硫酸加压浸出工艺

2.3.2.1 工艺概述

高压酸浸工艺处理红土镍矿的商业化应用始于 20 世纪 50 年代末，但直到 20 世纪 90 年代末才开始有新厂投入，其中高压釜技术和溶液处理技术的发展是其得到新发展的主要动力。与还原焙烧—氨浸工艺相比，高压酸浸工艺（HPAL）具有能耗低、镍回收率高、钴浸出率高（可达到 90% 以上）等优点。

加压酸浸法特别适合用于处理低品位的难以直接熔化冶炼的褐铁矿型红土矿。对于含镁小于 10%、特别是小于 5% 的红土镍矿，比较适合采用硫酸加压酸浸全湿法流程。其主要生产工艺过程为：在温度为 $230 \sim 270℃$、压力为 $4 \sim 5MPa$ 的条件下，用硫酸作为浸出剂，通过控制一定的 pH 值，使铁、铝、硅等杂质部分经过水解进入渣中，而镍、钴元素实现选择性浸出进入溶液中，浸出液经过还原中和、硫化沉淀、逆流洗涤后得到高质量的镍钴硫化物，再通过精炼工艺生产出最终产品。镍、钴回收率通常能够达到 90% ~ 95%。

2.3.2.2 工艺应用

古巴毛阿（Moa Bay）镍厂是世界上最早采用高温高压直接酸浸技术（HPAL）处理褐铁矿型红土矿提取镍钴的企业，被认为是红土镍矿加压酸浸工艺的鼻祖。其处理红土镍矿的典型成分（质量分数,%）为：Ni 1.35，Co 0.146，Cu 0.02，Zn 0.04，Fe 47.5，Cr_2O_3 2.9，SiO_2 3.7，MgO 1.7，Al_2O_3 8.5。该厂设有四套并联浸出系统，每套系统有四个串联立式高压釜。高压釜直径 3m、高 15m，用耐酸砖和铅衬里。浸出矿浆经六段浓密及逆流洗涤后，残渣可作为炼铁原料，其成分（质量分数,%）为：Ni 0.06，Co 0.008，Fe 51，Cr_2O_3 3.0，SiO_2 3.5，MgO 0.7，Al_2O_3 8.1。

第一段浓密机富液成分（g/L）为：Ni 5.95，Co 0.64，Cu 0.1，Zn 0.2，Fe 0.8，Mn 2，Cr 0.3，SiO_2 2，Mg 2，Al 2.3g/L，SO_4^{2-} 4.2，游离酸 28。富液净化后，用珊瑚泥中和游离酸。

固液分离后的含镍、钴浸出液，在有硫化物晶种的情况，往衬有耐酸砖的卧式圆筒型高压釜内通入气态硫化氢，使镍、钴、铜和锌呈硫化物沉淀下来。沉淀作业条件为：温度 118℃，压力约 1MPa，时间 17min，硫化沉淀率分别为 Ni 99%、Co 98%。沉淀后产物为镍钴硫化物，其成分（质量分数,%）为：Ni 55.1，Co 50.9，Cu 1，Pb 0.003，Zn 1.7，Fe 0.3，Cr 0.4，Al 0.02，硫化物硫 35.6，硫酸盐硫 0.04。镍、钴总回收率分别达到 96.5% 和 94%。处理每吨干精矿消耗硫酸 225kg，石油 113kg。

西澳大利亚的含镍红土矿比古巴的褐铁矿红土矿含有更多的蒙脱石和绿脱石黏土，黏土质矿石虽然比褐铁矿质矿石含有更低的铁和铝，但含镁量较高，导致酸耗提高了 50%。西澳大利亚的三家镍厂——Cawse 厂、Bulong 厂和 Murrin Murrin 厂的实际条件基本相同，有价值的镍和钴几乎完全溶解。实践证明，升高温度可提高反应速度，但这要以设计在更高压力下操作的高压釜为代价，因为若温度从 250℃ 升至 260℃，则沸水的蒸气压就从 3978kPa 升至 4696kPa。Bulong 厂采用高压酸浸处理红土镍矿，在温度 250℃、压力 4100kPa 下，浸出时间为 1.5h，镍和钴的浸出率均达到 94%。Cawse 厂将压力升到 4500kPa，浸出时间延长至 1.75h，则镍、钴的浸出率可达到 95%。

伍博克考察了浸出温度、酸矿比、搅拌速率和浸出时间等因素对元江红土镍矿加压酸浸过程的影响，工艺流程如图 2-7 所示。通过实验获得了元江红土镍矿加压酸浸的最佳工艺条件，在浸出温度 270℃、酸矿比 0.7：1，液固比 10：1、搅拌速率 450r/min、浸出时间 45min、矿消耗硫酸 518.5g 条件下，镍、钴浸出率分别达到 99.67% 和 93.42%，铁、铝浸出率分别为 13.88% 和 20.1%。

中南大学对某进口红土镍矿进行了硫酸加压浸出和萃取（HLB110 萃取剂）提镍研究。研究发现，在酸矿质量比 0.5：1、浸出温度 260℃、有机相组成为 50%HLB110+50%

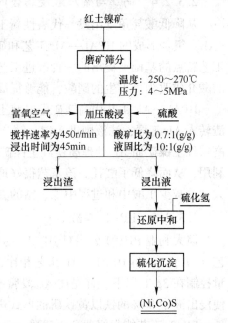

图 2-7 红土镍矿加压硫酸浸出工艺流程

磺化煤油条件下对硫酸加压浸出液进行萃取,有机相皂化率60%、料液 pH 值为 2.6,镍萃取率可以达到 99%。

2.3.2.3　技术问题

(1) 一般情况下,镍品位高、镁铝含量低、泥质少的红土镍矿才适宜采用加压酸浸工艺。

(2) 拟获取高压酸浸镍和钴的高浸出率,必须保证浸出后有一定量的余酸。由于矿石等因素的复杂性,酸的加入量难以精确控制。有研究表明,最佳游离余酸质量浓度在 30~50g/L 为宜,但还需要进一步研究确定。

(3) 铁及杂质在高压釜胆和管道内壁结垢严重。由于红土镍矿高压酸浸过程中浸出液始终处于过饱和状态,溶液中不断有固体沉淀产生,大部分沉淀形成浸渣,少部分在高压釜内部形成结垢。垢的存在减少了高压釜的有效容积并且堵塞管道,严重影响生产的正常进行。而且结垢还会导致体系热阻增加、能耗和成本增加。据报道,高压釜的结垢速率很快,平均每月需要 5 天时间除垢。

(4) 高压酸浸过程中如何控制氧化程度是一个关键因素。西澳大利亚 Cawse 厂的浸出试验表明,只要铁完全以三价铁离子形式存在,在用石灰石中和至 pH=3.5 时铁几乎完全沉淀,否则沉淀不完全。这一阶段伴随沉淀下来的镍和钴可返回重溶。

(5) 目前采用硫化物和氢氧化物沉淀法回收浸出液中的镍、钴,浸出液中大约浓度为 30% 的硫酸需要中和,浪费严重。

(6) 高温高压的工艺条件相对苛刻,高压釜造价昂贵。

2.3.2.4　高压与常压酸浸结合的 HPAL-AL 工艺

从降低酸耗角度出发,代表性新工艺主要有加压硫酸浸出(HPAL)与常压硫酸浸出(AL)组合形成的 HPAL—AL 工艺和硝酸加压浸出两种工艺。前者是在结合 HPAL 和 AL 工艺特点的基础上提出的一种改进工艺,能够实现降低酸耗的目的。后者则是将加压酸浸的酸介质改为可再生的硝酸,能够提高酸的利用率。

HPAL—AL 工艺用高镁矿即腐殖土型红土镍矿对 HPAL 富液进行酸中和,随后再将滤渣转入 AL 工序,滤液则进入镍、钴产品制备工序。尽管该工艺仍保留了 HPAL 处理低镁高铁红土镍矿而 AL 处理高镁红土镍矿的特点,却实现了 HPAL 浸出液中过量残酸的综合利用,从而降低了酸耗。该工艺很好地利用了腐殖土型红土镍矿易与酸发生反应的特点,大大地减少了酸中和过程中镍、钴的夹带损失。

2.3.2.5　EPAL 工艺

澳大利亚 BHPM 公司对 HPAL—AL 工艺进行了改进,并提出了加压酸浸强化浸出工艺(EPAL)。与 HPAL—AL 工艺相比,EPAL 工艺的不同之处主要在于将浸出液中的铁含量控制在 3g/L 以下。首先往 AL 段腐殖土型红土镍矿中加入含 Na^+、K^+、NH_4^+ 的化合物,使浸出液中 80% 的铁以黄铁矾的形式进入渣相,从而实现铁含量的控制。

EPAL 工艺能很好地利用残酸,降低酸耗,且控制浸出液中的铁在较低水平,能够实现镍、钴与铁的选择性浸出。不过因黄铁矾在酸性介质中具有易分解的特性,需要常压酸浸过程中严格控制反应的氧化还原电位、温度和 pH 值等反应条件。图 2-8 所示为典型的红土镍矿加压酸浸 EPAL 工艺流程。

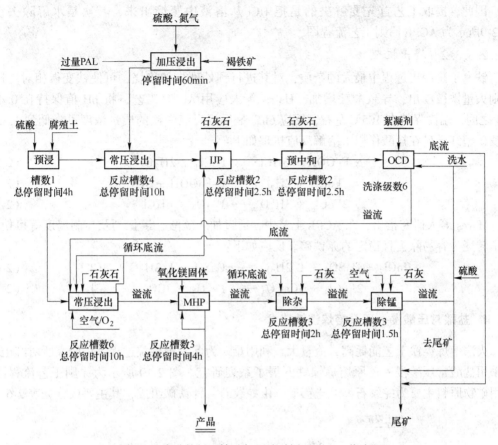

图 2-8 改进的红土镍矿加压硫酸浸 EPAL 工艺流程

综上所述，不论是早期的 HPAL—AL 工艺还是改进的 EPAL 工艺都具有采用加压酸浸和常压酸浸分两段处理两种类型红土镍矿的工艺特点，为了满足浸出液中的较低的铁含量和较高的镍、钴回收率要求，必须严格控制两种红土镍矿的投入比例。

2.3.3 常压盐酸浸出工艺

2.3.3.1 概述

现行红土镍矿湿法冶金工艺中的溶剂主要为硫酸，但研究人员也开始研究和开发其他的浸出剂，盐酸就是其中的一种。与硫酸浸出工艺相比，盐酸浸出工艺有以下几方面的优势：

（1）浸出液通过溶剂萃取可以直接净化，尤其是在分离镍、钴、锰、镁等方面。萃取剂可以是 Versatic10 和 Cyanex301 等。

（2）含镍、铁或镁的浸出液可生产纯镍氧化物、赤铁矿、氧化镁及盐酸。

红土镍矿的常压盐酸浸出工艺（ACPL）也不可避免地存在着一些问题，主要体现在：产生的 HCl 气体具有腐蚀性强的特点。水解阶段需要吸收大量的热，造成成本升高。Harris 等人研究指出：一些红土镍矿中的镍和钴可用低浓度盐酸很容易浸出，而另一些矿石中的镍则需要较高浓度的盐酸才可浸出。用高浓度盐酸浸出时，红土镍矿中的大量不水解的杂质离子，如镁、铁等进入溶液，影响后续处理。

因此，提取工艺首先要解决的是把 HCl 从溶液中蒸馏出来，其次是水解除去铁。图 2-9所示为 ACPL 原则工艺流程图。

2.3.3.2　浸出机理

铁离子是浸出过程中最大的杂质，对其进行预处理，如焙烧，可使铁变得相对惰性，否则大量铁被浸出，导致酸耗增加。Harris 等人应用 ACPL 工艺，将 pH 值保持在 0.4~2.5 之间，温度保持在 105℃左右，反应 6h，最后浸出液中铁的质量浓度可降低到 1g/L。针铁矿型红土矿在盐酸作用下溶解反应机理如下：

$$\alpha\text{-FeOOH} + 3HCl \longrightarrow FeCl_3 + 2H_2O \tag{2-3}$$

$$FeCl_3 + 2H_2O \longrightarrow \beta\text{-FeOOH} + 3HCl \tag{2-4}$$

$$2FeCl_3 + 3H_2O \longrightarrow Fe_2O_3 + 6HCl \tag{2-5}$$

Moyes 等人研究指出，在 ACPL 工艺中，通过加入硫酸、氯化钙及控制温度等可使铁离子转变为容易除去且稳定的赤铁矿。反应如下：

$$CaCl_2 + H_2SO_4 + 1/2H_2O \longrightarrow CaSO_4 \cdot 1/2H_2O + HCl \tag{2-6}$$

$$2FeCl_3 + 3CaCO_3 \longrightarrow Fe_2O_3 + 3CO_2 + 3CaCl_2 \tag{2-7}$$

2.3.4　盐酸常压酸浸—还原熔炼镍铁技术

火法熔炼镍铁工艺能耗高，渣量大、利用难。为此，中科院过程工程研究所对红土镍矿采用盐酸常压酸浸—还原熔炼镍铁开展了系列研究。图 2-10 所示为原则工艺流程图。采用矿物原料主要为蛇纹石型红土镍矿，由蛇纹石、针铁矿组成，其主要成分见表 2-6。

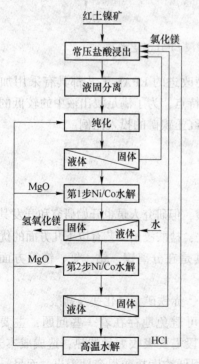

图 2-9　ACPL 法浸出红土矿原则工艺流程图

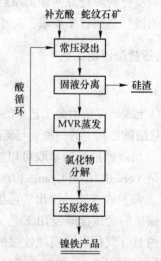

图 2-10　盐酸常压酸浸—还原熔炼镍铁原则工艺流程图

表 2-6　蛇纹石型红土镍矿成分（质量分数）

成分	H_2O	Ni	SiO_2	Mg	Fe
含量/%	28	1.9	42.75	23.63	11.29

该工艺的主要技术特色为：常压酸浸实现硅预脱除，减少渣量近 50%；酸浸液水解产物为原料，提高入炉镍品位，降低能耗；盐酸介质可实现再生循环。

红土镍矿经盐酸常压浸出后，其 Ni、Fe、Co、Mg 浸出率见表 2-7。酸浸渣主要成分为 SiO_2。酸浸后液经喷雾煅烧水解，煅烧产物主要含 Fe_2O_3、MgO 和 $MgFe_2O_4$。

表 2-7　盐酸常压浸出过程金属的浸出率

成分	Ni	Fe	Mg	Co
浸出率/%	98.49	90.82	97.17	100.00

盐酸常压浸出优势为：工艺温和，镍、钴浸出率高，介质易再生。不足为：酸耗大，酸浸液镍、铁分离困难。

综合考虑红土镍矿矿产资源的科学开发和盐酸浸出技术的优点和不足，中科院过程工程研究所又提出了褐铁矿盐酸常压浸出—蛇纹石矿与酸浸液的浸出水解耦合新技术，解决了常压浸出液中镍、铁分离难题，具体流程如图 2-11 所示。

该技术将原来分别用湿法和火法处理的两种类型氧化镍矿合并到同一工艺中处理，利于矿山科学开采与矿产资源的综合利用，实现 Ni、Co、Fe、Mg、Si 的综合利用，Ni、Co 综合回收率均大于 92%。镍、钴、铁的浸出率近 100%，镍、钴、铁、镁的氯化物的水解率近 100%，含镍铁粉中镍品位达到 4% 以上。所得铁精粉可作炼铁原料，制备硅酸镁实现废渣利用，可实现酸介质再生循环。

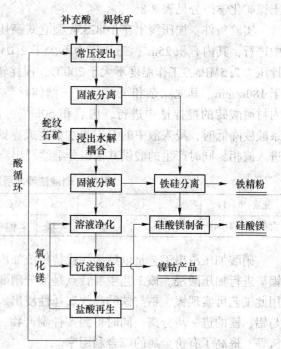

图 2-11　褐铁矿盐酸常压浸出—蛇纹石矿与酸浸液的浸出水解耦合新技术工艺流程图

2.3.5　红土镍矿硝酸加压浸出

传统红土镍矿加压酸浸工艺的研究和技术改造是在硫酸体系中完成的，因可得到较高的镍、钴浸出率，受到很大关注。自 1998 年以来，澳大利亚必和必拓公司（BHPB）、巴西国有矿业公司（CVRD）、加拿大鹰桥公司（Falconbridge）等几家大公司都进行了硫酸加压浸出的技术开发项目。但硫酸体系下加压酸浸存在以下几个弊端：

（1）浸出需在高温高压（230~260℃，4~5MPa）下进行，对浸出设备要求较高，投资较大；

（2）硫酸消耗量大，吨矿约 400kg，成为制约该工艺经济性的主要指标；

（3）浸出渣含硫量高，难被综合利用；

（4）硫酸钙结垢，需定期对高压釜进行除垢。

在红土镍矿硫酸加压浸出的基础上，北京矿冶研究
总院提出了一种新的加压酸浸技术，以混酸为介质，可
在较温和的浸出条件下获得较高的镍、钴浸出率。但所
用混酸中若存在硫酸，则长期作业后与纯硫酸加压浸出
法相同，仍存在高压釜结垢及浸出渣硫含量高的问题。
为此，北京矿冶研究总院开展了纯硝酸介质中加压浸出
红土镍矿研究，工艺流程如图2-12所示。

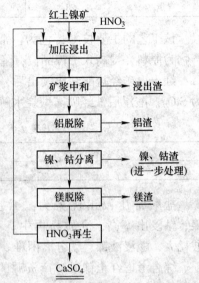

图 2-12　红土镍矿硝酸加压
浸出工艺流程图

其实验原料为：98%工业级浓硝酸，98%浓硫酸，
青石粉（$CaCO_3$ 93.16%），石灰粉（CaO 76.68%），红
土镍矿化学组分见表2-8。

实验条件：加压浸出在 T08235c 型立式高压反应釜
中进行，其内容积 25m^3，工作压力不大于 2.0MPa，设
计压力 2.5MPa，工作温度不大于 200℃，搅拌转速不大
于 180r/min。其他除杂和沉淀反应在槽体材质为 Q235
内衬耐酸砖的搅拌槽中进行，内容积 50m^3。当浸出体
系酸度降低时，浸入液中的 Fe^{3+} 将水解生成赤铁矿重新
进入渣相，同时产生的酸供其他组分继续浸出。

表 2-8　硝酸法浸出所用红土镍矿成分

元素	Fe	Ni	Co	Al	Ca	Mg	Cr	Mn	Si	C	S	其他
含量/%	41.47	0.82	0.07	2.88	0.32	2.02	1.82	0.49	4.10	2.18	0.09	43.74

硝酸加压浸出工艺是以纯硝酸代替传统加压浸出工艺中的硫酸作为浸出介质，对红土
镍矿进行加压酸浸。该工艺主要特点是部分硝酸可再生，从而降低了工艺酸耗。此外，采
用此工艺可实现镍、钴与铁的高效选择性浸出。通过对浸出富液分步提纯又可实现镍、钴
与铝、镁的进一步分离，同时得到多种副产物，包括镍钴渣、铁渣（浸出渣）、镁渣及铝
渣等，提高了有价金属的综合利用率。

在硝酸介质中加压浸出，可以不用向加压釜中通入氧气或富氧空气，因为 NO_3^- 可代
替硫酸介质加压浸出时的 O_2 对 Fe^{2+} 进行氧化，硝酸加压酸浸时 Fe^{3+} 转化为褐铁矿进入渣
相，Ni、Co 等进入溶液，主要反应见式（2-8）~式（2-12）。硝酸加压浸出工艺无需通氧
或富氧空气，且反应温度和压力低，便于操作控制和实现工业化生产。但是需要指出的是，
必须根据待处理红土镍矿的性质严格控制酸度，否则会增加经济成本和降低镍、钴回收率。

$$Fe_{(4-2x)}M_{3x}(OOH)_4 + 12H^+ \longrightarrow (4-2x)Fe^{3+} + 3xM^{2+} + 8H_2O \qquad (2-8)$$

$$xMnO_2 \cdot yMO + (4x+2y)H^+ \longrightarrow xMn^{4+} + yM^{2+} + (2x+y)H_2O \qquad (2-9)$$

$$Ni_{(2n-nx)}N_{2x}(SiO_4)_n + 4nH^+ \longrightarrow (2n-nx)Ni^{2+} + 2xN^{n+} + nSiO_2\downarrow + 2nH_2O$$
$$(2-10)$$

$$Co_{(n-nx)}N_{2x}(SO_4)_n + 2nH^+ \longrightarrow (n-nx)Co^{2+} + 2xN^{n+} + nSO_4^{2-} + 2nH^+$$
$$(2-11)$$

$$3Fe_3O_4 + 28H^+ + NO_2^- \longrightarrow 9Fe^{3+} + NO\uparrow + 14H_2O \qquad (2\text{-}12)$$

式中，M 代表 Ni、Co 或 Ni+Co；N 代表 Ni、Co 以外的其他金属。

北京矿冶研究总院的研究结果显示：镍、钴浸出率随保温升高而增大，35h 趋于恒定，浸出压力对浸出率影响趋势不明显，镍、钴浸出率分别为 84.50% 和 83.92%，而铁浸出率低至 1.08%，实现了镍（钴）与铁的高效分离。而且所得的浸出渣中铁含量较高，杂质含量尤其硫的含量较低（仅为 0.04%），硫酸法浸出渣中硫含量在 2% 以上，可用于高炉炼铁。

2.3.6　红土镍矿生物浸出

微生物浸出工艺是在理化反应的基础上，利用浸出剂、微生物、表面活性剂等的作用，有选择性地使有价金属溶解于溶液，从而实现金属的浸出。生物冶金是微生物学与湿法冶金的交叉学科。一方面，生物冶金投资少，成本低；另一方面，各国的环保要求使得一些常规方法难以满足，因而生物冶金工艺备受重视。目前，生物冶金研究在世界范围内已取得了长足进展。

微生物浸出包括真菌衍生有机酸浸出和异氧微生物直接浸出两种工艺。刘学等人采用黑曲霉菌衍生有机酸对红土镍矿进行浸出，在矿浆浓度为 5% 和 2.5%、温度为 35℃、摇瓶转速为 120r/min 等条件下，镍的浸出率达到 63% 和 73.5%。S. Geoffrey 等人使用氧化亚铁硫杆菌，在矿浆浓度为 2.6%、pH 值为 2.0 和矿石粒度 63μm 的条件下对红土镍矿进行浸出试验，得到镍的回收率为 79.8%。Simate 用某些真菌的衍生物对浸出红土镍矿中的镍进行了研究。矿样取自印度，磨至 105μm 以下，其化学成分（%）为：Ni 1.11，Co 0.03，Fe_2O_3 70.87，Cr_2O_3 6.84，Al_2O_3 6.25，MgO 0.62，主要矿物为针铁矿、赤铁矿与石英，镍与针铁矿结合。从矿石新鲜断面分离出真菌菌株，在含镍高的马铃薯葡萄糖培养基中培养，菌株经鉴别为黑曲霉。在温度 310K、矿浆浓度 50g/L、转速 120r/min 条件下，经过 20 天浸出，镍浸出率达 92%，钴浸出率达 34%，而铁浸出率很低。

董发勤等人在加入 1% 矿物量的条件下，利用黑曲霉菌浸镍、钴，其最大浸出率可达 5.3% 和 27.2%，浸出液中的离子浓度比未加细菌的情况下增大了 2~3 倍。此工艺的优点在于低温、常压运行，反应条件温和，成本低，可处理低品位的红土镍矿。此工艺缺点为细菌分解矿物缓慢，且细菌培养受环境影响较大，甚至导致死亡，目前仅只在示范工厂取得成功。

生物冶金面临的技术难题有：反应速度慢，生产效率低；受环境影响比较大，细菌对环境的适应性和耐热性较差；在炎热干旱地区，水的蒸发也是一个问题；可用于红土镍矿浸出的细菌较少，目前研究较多的细菌为黑曲霉。冶金工作者针对以上问题已开展了一些研究，认为可以采取的措施有：加入特殊添加剂；通过电场、磁场、超声波等的作用强化浸出过程；从遗传工程方面开展研究，通过基因工程得到性能优良的菌种；机械活化等。但是，这些措施并没有取得理想效果，还需要进一步探索。

2.3.7　外场作用下的红土镍矿湿法冶金新技术

利用外场强化化学反应与分离过程是过程工程领域中较为活跃的研究方向之一。为改善红土镍矿浸出效率，电场（含等离子体技术）、磁场、超声波、太阳能、微波、微重力与超重力场等强化手段被研究者充分运用，所涉及的过程包括常规的化学与生物反应的分离过程、新材料合成、环境技术等。建立外场作用下的湿法冶金反应的新原理、新技术和新方法，为红土镍矿资源的高效率、高选择性、低能耗的新工艺提供理论依据是一大研究热点。

2.3.7.1　外场作用机制

A　电场

人类利用电场作为分离推动力场进行分离或者施加电场进行反应已具有丰富的实践和研究历史，典型的过程如电渗析、电解、电镀及各类电泳技术等。与压力场相比，电场的优势在于能量传输效率高——电场直接作用于体系中的每一个分子上。电场输送方式简捷也使得电场耦合的多相反应和分离过程具有良好的可操作性。电场对于分子的作用机制已经基本阐明并可量化，为相关设备的研究及工程应用提供了坚实的基础。这些因素使得电场成为外场强化过程中研究最为广泛的"外场"。

相界面质量传递通常是两相间传质过程的速度控制步骤。特别是对于采用多孔固相介质作为分离剂或催化剂的液-固体系而言，固体表面流动边界层内侧的层流层中的传质形式是分子扩散，采用强化主流体扰动的方法对于此区域内流动与传质影响甚微。而导入电场所产生的电渗可以将此区域内的传递方式由分子扩散转变为强制对流，使传质速度大大加快。对于小分子体系而言，电场的导入能够改变体系内的分子间相互作用，建立更有利的分离或反应平衡，由此提高过程的选择性。因此，电场对于反应和分离过程的强化作用是多方面的。

在体系中施加电场后，电流产生的焦耳热会导致热扩散的加剧和热对流的产生，破坏预期的流体定向流动与传质，导致分离精度或者反应选择性下降。焦耳热的排出问题成为电场强化过程和设备研究中的重点之一，近年来出现的有机相电泳则是另辟蹊径，但其代价是电泳和电渗速度降低。

目前，对于电场强化的反应和分离过程的研究多数仍处于实验室研究阶段，研究者们主要集中于不同耦合过程可行性的证实。焦耳热的排出问题仍然是限制此类过程放大和工程化应用的瓶颈。

B　磁场

磁场分离具有可测量、效率高、操作简单和条件温和等优点，磁场的引入为化工冶金过程强化提供了新的途径，但是实现大规模应用必须解决如下三个主要问题：首先是磁性介质颗粒的制备技术，主要目标是解决减小粒径和增强磁响应性之间的矛盾，提高稳定性和生物相容性等。其次是磁场的施加问题，为了获得尽可能高的磁场，目前大多采用Helm holz线圈或鞍形线圈。但施加这类磁场也会存在发热问题，对于热敏性物质也必须采取冷却措施。高磁场的施加对设备的要求也非常严格，这些都使得装置变得复杂，进而费用提高。最后，对于生物物质而言，磁场处理过程对于其结构与活性的影响也需要研究。

C　超重力场

重力是地球物理环境的基本属性之一。从理论上分析，当重力加速度 $g \approx 0$ 时，两相接触过程的动力因素即浮力因子 $\Delta\rho_g \rightarrow 0$，两相间不会因密度差而产生相间流动，液体团聚至表面积最小的状态而不得伸展，相间传递失去两相充分接触的前提条件，使相间传递作用越来越弱，此时分子间力（如表面张力）将会起主要作用，分离和反应过程将呈现出新特征，这正是微重力场的研究吸引力所在。与之相反，当 g 提高时，流体相对速度也越大，切应力克服了表面张力，使得相间接触面积增大，从而导致相间传递过程的极大加强。

应用超重力技术的旋转填料床是强制气流由填料床的外圆周边进入旋转着的填料床，自外向内做强制性的流动，最后由中间流出。而液体由位于中央的一个静止分布器射出，喷入旋转体，在离心力作用下自内向外通过填料流出，使气-液之间发生高效的逆流接触，在环形旋转器的高速转动下，利用强大的离心力，使气液膜变薄，传质阻力减小，从而增强了设备传质速率和处理能力。

D　离心力场

离心力场是化工和湿法冶金单元操作中常用的分离力场。离心流化床是通过旋转床体使物料受到离心力场作用的一类新型流化床，其独特的优势是在高离心力场下实现高气速流态化，从而强化两相间的传质与传热。

利用离心力场强化膜分离过程是研究者们涉足较多的领域之一。旋转管式动态膜微滤设备是由两个同心圆筒组成，内筒即膜管，分离过程中膜管旋转而外筒静止。离心力场可有效地降低微粒沉积在内筒表面上的趋势。旋转流强化膜微滤是在膜器环隙内形成高速剪切流，主体流在弯曲流道中变向而产生的离心力与过滤渗透流对颗粒的拽力相抗衡，阻止颗粒向膜面沉积。圆盘式结构是以旋转件为膜面或紧邻膜面处加旋转件，离心力作用使流体在膜面形成强错流，其高剪切作用能有效削弱浓差极化、减少膜污染。

离心力的应用在化工反应和分离过程中已有相当长的历史，例如高速离心技术已成为生物分离的基本手段之一，也是进行超重力场反应的基本反应器形式，而超高速离心技术和设备的成熟则为分离过程强化的应用基础及探索性研究提供了强有力的支持。目前需要解决的主要问题是如何高效并安全地实现较大规模反应器的高速离心操作，这对于反应器的形式、材质等提出了新的要求。

E　微波

混合物中各个组分对于微波的响应特性不同而导致的相对运动是微波场强化传递过程的物理基础。而当微波场强达到一定的水平时可激发出等离子体从而导致和加速化学反应。而微波场的频率与场强的可控特性更进一步拓宽了此类技术的应用范围。但目前多数研究局限于可行性和原理性的研究，对于微波反应和分离设备研究涉及很少，对于微波场作用的机理研究也主要停留在定性描述阶段，需要对微波场作用的机理特别是能量传输与体系特性的关系进行量化，以指导微波反应、分离设备及工艺的设计。

2.3.7.2　微波—还原焙烧红土矿

近年来，微波加热新技术逐渐在冶金工业中应用起来。微波法是通过微波在短时间内破坏矿物的化学键，改变结构组成，从而达到对矿物改性的目的，然后再对其浸出的方法。微波可在很短的时间内选择性地将红土镍矿中的矿物从分子或原子级别升到很高温度，从而破坏矿物的化学键，改变矿物结构。微波加热具有选择性加热、均匀加热、快速加热、节省能耗、能量利用率高和无任何污染等优良特性，在难选矿预处理、火法冶金、矿物浸出和微波煅烧等诸多方面取得了一定进展。

在微波场中，吸收微波能力的差异使得红土镍矿基体物质的某些区域或体系中的某些组分被选择性加热，分子运动加剧，在极短时间内使红土镍矿原有的微观结构发生变化，基体材料变得疏松，从而使被分离的物质从红土镍矿基体或体系中分离，进入到酸液中。

研究表明，微波改性后的红土镍矿可在较温和的常压或加压浸出条件下得到较高的镍、钴浸出率。与常规加热方式不同，微波加热可直接作用于分子或原子，其热效率高。不同矿物对微波的吸收程度不同，可选择性改变矿物结构，达到选择性浸出的目的。另外，微波处理法比较清洁，且易实现自动控制。

东北大学翟秀静等人对褐铁矿型红土镍矿进行微波还原焙烧预处理—选择性溶出开展了研究。焙砂的处理选择常压和加压两种方法，再采用不同的方法除铁。要求焙烧过程中镍、钴和部分铁还原为金属，而大部分铁仅还原至磁铁矿或浮氏体，利用浸出选择性提取镍、钴。

关于红土镍矿选择性还原焙烧的可能性，魏寿昆院士做过热力学计算。图 2-13 所示为 $CO-CO_2$ 气氛下镍、钴和铁的氧化物还原时的平衡相图，由于磁铁矿稳定存在时所需 CO 平衡分压很低，在图 2-13 中其位置接近坐标轴的横轴，因此图中未示出磁铁矿的平衡曲线。

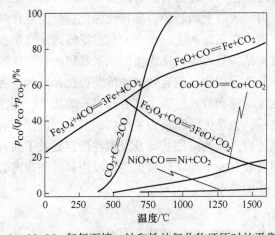

图 2-13 $CO-CO_2$ 气氛下镍、钴和铁的氧化物还原时的平衡相图

翟秀静等人针对红土镍矿进行了一系列的微波浸出研究。研究发现微波功率 955W，炭粉加入量 5.2% 和 7.6% 时，微波加热 5min，焙砂温度均超过 900℃。红土镍矿选择还原过程中，最初 Fe_2O_3 还原成 Fe_3O_4，接着 Fe_3O_4 还原成 FeO。与此同时，镍的氧化物还原成金属，最后才进行 FeO 还原成 Fe 的反应。鉴于此反应机理，提出当矿物还原成 FeO 状态时，镍钴氧化物几乎都还原成金属状态，也就是说，还原到 FeO 状态时，镍钴的金属基本上已全部生成，所以还原度较高时，镍的浸出率也高。综合考虑镍的浸出率和对镍的选择性，浸出酸矿比控制在 0.50~0.55 为宜，镍的浸出率约 90%，镍铁浸出率之比约 2.3~2.4。相对未经还原焙烧的红土镍矿常压酸浸结果（镍与铁的浸出率之比约 0.7~0.9）而言，还原焙砂的酸浸对镍显示一定的选择性。当控制酸浓度为 0.9mol/L，浸出时间为 40min 的条件下，镍的浸出率高达 99%。同时发现当液固比大于 6 时，镍、铁浸出率与液

固比呈反比例关系，与微波功率呈正比例关系。

微波氯化处理低品位氧化镍矿石是一种具有应用前景的冶金新方法。华一新等人将微波加热用于低品位氧化镍矿石的氯化焙烧，产出的焙砂用稀酸浸出。结果表明，采用微波加热代替传统加热时，可以提高镍的浸出率。减小矿石初始粒度、增加微波辐射功率可以提高镍的浸出率；适当增加反应时间和氯化剂 $FeCl_3$ 的加入量，有助于提高镍的浸出率，但当微波辐射时间超过 20min 或 $FeCl_3$ 的加入量超过 28% 时，镍的浸出率反而下降。在最佳条件下，镍的浸出率可以达到 71.65%，其技术经济指标明显优于传统加热。由于微波可以选择性地加热氧化镍矿石中的有价金属氧化物，并能促进镍的氯化反应，因而微波加热可以缩短氯化焙烧的时间，降低过程的能耗和提高镍的浸出率。

张钰婷等人开展了在碳化硅辅助吸波作用下，低品位红土镍矿在微波场中的干燥过程研究。结果表明，微波能够改变红土矿的微观结构，促进矿物的分解。进一步的氢还原实验表明，微波干燥有利于红土矿中镍和铁氧化物的还原，其还原率高于常规干燥。

李亮星等人以红土镍矿为原料，研究了微波辅助硫酸浸出镍钴的工艺条件，考查了硫酸浓度、微波功率、微波温度、辐射时间、液固体积质量比对镍、钴浸出率的影响。结果表明，微波辅助硫酸浸出红土镍矿中的镍钴具有一定效果，浸出率与微波功率有关，但钴的浸出率偏低，如何提高钴的浸出率有待进一步研究。微波加热不需要从内到外的热传导，对红土镍矿中的物质有选择性地加热且直接将热能储存在矿物中，使硫酸更易浸出红土镍矿中的镍、钴，可降低生产成本，但应考虑在工业生产中对大功率微波的限制使用，同时，如何做好防护措施等问题也有待进一步解决。

赵艳等人采用微波水热盐酸浸出方法对腐泥土型红土镍矿提取镍、钴进行了研究，详细探讨了焙烧预处理、微波水热浸出温度和浸出时间对镍钴浸出率的影响。结果表明，对于 300℃ 焙烧预处理后的红土镍矿，微波水热温度为 50℃，浸出时间为 1h 时，镍的浸出率高达 93.65%，钴的浸出率为 87.86%。红土镍矿的微波水热浸出体系与普通水热浸出体系相比，镍和钴的浸出效果更好。

苏秀珠等人在微波辅助的条件下，采用硫酸直接浸出红土镍矿中的镍和钴，探讨了浸出过程中时间、硫酸浓度、浸出温度和微波功率等对镍和钴浸出率的影响。实验结果表明，微波功率为 600W，硫酸浓度为 25%，浸出时间 1.5h，温度 90℃ 条件下，镍、钴的浸出率分别为 88.2%、74.3%。通过对矿渣的形貌观察发现，在反应过程中矿物的形貌及晶型发生了极大的变化，微波辐射有助于矿体的浸出及晶型的转化。

2.3.8 镍钼精矿湿法冶金工艺进展

在我国的湘、鄂、渝、黔、川、桂、陕、甘等省区蕴藏着一条长达 1600km 的镍钼矿带。镍钼矿除含有钼和镍外，还伴生有铜、锌、钒、金、银、硒、铂、钯等有价元素。镍钼矿中的大部分有价值金属都是通过微生物残骸中的有机质硫吸附而富集，结构致密，并且不同地段的镍钼矿的镍、钼含量相差很大，其共生关系也有所差异。

目前，镍钼矿的工业冶炼主要是延续辉钼矿的冶炼方式，采取火法—湿法联合工艺，即先对原矿进行氧化焙烧，然后再对处理后的矿浸出分离。但此法在焙烧过程中会产生大量的 SO_2 烟气，由于所排出 SO_2 的浓度没有达到制硫酸的浓度要求，因此难以回收完全，对环境污染极其严重，而随着人类对环保的逐渐重视，该类方法也将会逐渐被淘汰，而全湿法冶金可从根本上避免有害气体 SO_2 的产生。因此，积极寻找镍钼矿的高效湿法浸出工艺具有十分重要的经济和社会意义。至今，已经形成了许多镍钼矿的全湿法冶金方法，按照反应体系、操作环境和使用设备的不同，可以分为常压氧化浸出和加压氧化浸出。

2.3.8.1 常压氧化浸出

镍钼矿常压氧化浸出是指镍钼矿在常温常压或常压高温条件下加入特定的氧化剂与浸出剂而氧化分解的过程，主要有弱碱氧化浸出、弱酸氧化浸出、强碱氧化浸出、次氯酸钠浸出和生物氧化浸出等。

弱碱氧化浸出工艺虽然流程短，但是总回收率并不高，浸出条件要求苛刻，因为高温下，氨水挥发性极强，且越浓越易挥发，导致反应条件控制的难度加大，氨水消耗量大，氧化剂浓度要求高，耗量大，工艺成本增加，难于投入生产。

弱酸氧化浸出在常压条件下进行，工艺简单，设备要求相对较低，有价金属浸出率高，且不产生有害气体所引起的环境污染。但该工艺浸出时间过长，且只能回收钼，对于镍渣还需再浸出，使得工序增加，成本较高。

次氯酸钠浸出工艺反应条件温和，浸出时间短，钼浸出率较高，但分步浸出，使得工序增加，还需消耗大量的氧化剂次氯酸钠，成本较大，并且引入大量的氯离子，对设备腐蚀性较大，后续的废液含氯高，处理难度大。因此，要应用于产业化生产还面临比较多的问题。

生物浸出在低品位钼矿及镍矿方面的研究比较多，但是由于镍钼矿的复杂性，其与单独的钼矿与镍矿差距比较大。硫化矿物的微生物浸出一直是个很热门的课题，含钼矿石能被硫化叶菌等细菌氧化分解。该法适合处理贫矿、尾矿及含钼废渣等，具有能耗低、安全无污染等优点。但与传统湿法浸矿工艺相比，现行硫化矿细菌氧化浸出技术在处理镍钼硫化矿方面还没有真正具备竞争优势，主要原因是浸出速度慢、影响因素多、浸出周期长，从而使运营成本偏高。因此，生物浸出还有待进一步研究，耐温菌浸出技术的研究与发展是提高反应速度的关键一步。

2.3.8.2 加压氧化浸出

A 通氧水浸出

北京矿冶研究总院提出一种镍钼矿全湿法提取镍、钼方法。即将原矿磨碎并用水作浸出剂，控制氧分压 $0.05 \sim 0.5$ MPa，浸出温度 $100 \sim 180$℃，液固比 $1 : 1 \sim 6 : 1$，浸出时间 $1 \sim 4$h，使得镍基本被浸出，钼浸出一部分，所剩钼以氧化钼的形式进入浸出渣，浸出渣再经常压碱浸加以回收，浸出液进行溶剂萃取分离。高压釜中镍钼矿的反应如下：

$$MoS_2(s) + 9/2O_2(aq) + 3H_2O \Longrightarrow H_2MoO_4 + 2H_2SO_4(aq) \qquad (2\text{-}13)$$

$$NiS(s) + 2O_2(aq) \Longrightarrow NiSO_4(aq) \qquad (2\text{-}14)$$

用该法所处理的镍钼矿中镍、钼总回收率均能达到 90% 以上，浸出条件要求不高，而且避免了传统方法带来的环境污染问题。但其工艺流程长，第一次浸出过程中，由于镍钼矿中含有大量的有机质硫，反应中将氧化为硫酸，使得溶液呈较强酸性，导致进入溶液中的杂质增多，后续处理难，对浸出渣还需再浸出，流程太长，经济上不太合理。另外，原矿适应性也差，只针对那些黑色岩系中钼、镍基本以硫化物形式存在的镍钼矿，对于一些以钼酸钙形式存在的复杂镍钼矿，在上述浸出反应条件下是难以氧化浸出彻底的。

B 稀酸氧化浸出

加压条件下用稀酸氧化浸出镍钼矿，将原矿磨碎，用 $100 \sim 250$g/L 的硫酸浸出，反应条件为固液比 1∶2～1∶6，通氧并控制总压 0.5～4MPa，温度 100～220℃，浸出时间 4h，使得钼镍分别以硫酸钼酰、硫酸镍形式进入溶液，再对溶液进行萃取分离制取产品，镍钼回收率均高于 90%。

该工艺流程较短，能一次性将镍、钼以高浸出率加以回收，但是其所用浸出剂为硫酸，具有剧烈的腐蚀性，对于高压釜设备材质要求高，并且硫酸浸出过程中容易引入铁、镁等杂质，使得净化处理难度加大。

C 强碱氧化浸出

采用两段浸出，一段浸出在加压条件下用 30%～50% 工业纯碱和浓度为 10%～20% 的苛性钠调浆，氧化浸出镍钼矿。反应条件为固液比 1∶2～1∶4，通氧并控制总压为 0.5～4MPa，温度 100～220℃，浸出时间 1～4h，过滤得到含钼浸出液和含镍浸出渣。然后，再将所得镍渣进行硫酸浸出，控制硫酸浓度 100～250g/L，固液比 1∶2～1∶6，温度 100～200℃，通氧并控制总压 0.5～2.5MPa，再对两段溶液进行萃取分离制取产品。该工艺钼回收率达 90%，镍回收率 98%。回收率较高，但分段进行，流程加长，并且第二段硫酸浸出后溶液中含杂质铁、镁较高，净化难度加大，设备材质要求也高。

彭建蓉等人用一定浓度的氢氧化钠对原生钼矿开展了氧压浸出研究，并对镍钼矿的碱浸过程进行了热力学与动力学理论分析，指出了影响镍钼矿浸出率的主要因素。采取两段浸出，最终得出镍钼矿直接加压氧化碱浸的最优条件为：温度 90℃、时间 2h、氧气压力 0.6～1.0MPa、氧气浓度大于 90%、钼矿颗粒平均粒径小于 15.64μm 的占比不小于 90%。在最佳条件下钼浸出率可达 95% 以上，钼、镍分离效果好。

加压碱浸处理镍钼矿反应时间短，钼浸出率较高，并且重金属杂质如铁等形成氢氧化物沉淀进入渣中，溶液含杂质比较少，而且设备材质容易解决。但是对于低品位的镍钼矿来说，用此法处理显然不太经济合理，因为氢氧化钠的利用率比较低，而且处理后溶液碱性过强，需消耗大量的酸来进行酸沉，并且还需对剩下的渣再进行处理，工艺流程过长。因此，该法不太适合处理低品位镍钼矿。

参 考 文 献

[1] 翟秀静. 重金属冶金学 [M]. 北京：冶金工业出版社，2011.

[2] 彭容秋. 重金属冶金学 [M]. 长沙：中南大学出版社，2004.

[3] 赵俊学，李小明，崔雅茹. 富氧技术在冶金和化工中的应用 [M]. 北京：冶金工业出版社，2013.

[4] 唐谟堂. 火法冶金设备 [M]. 长沙：中南大学出版社，2012.

[5] 华一新. 有色冶金概论 [M]. 2 版. 北京：冶金工业出版社，2007.

[6] 重有色金属冶炼设计手册编辑委员会. 重有色金属冶炼设计手册：铜镍卷 [M]. 北京：冶金工业出版社，1993.

[7] 何焕华. 中国镍钴冶金 [M]. 北京：冶金工业出版社，2009.

[8] 任鸿九. 有色金属熔池熔炼 [M]. 北京：冶金工业出版社，2001.

[9] 彭容秋. 镍冶金 [M]. 长沙：中南大学出版社，2005.

[10] 陈国发. 重金属冶金学 [M]. 北京：冶金工业出版社，2000.

[11] 重有色金属冶炼手册编辑委员会. 重有色金属冶炼设计手册：铅锌铋卷 [M]. 北京：冶金工业出版社，2002.

[12] Crundwell F K, Moats M S, Ramachandran V, et al. Extractive Metallurgy of Nickel, Cobalt and Plati-

num Group Metals [M]. Oxford OX5 1GB, UK, Elsevier Science Ltd., 2011.

[13] Piskunen P, Avarmaa K, Brie H O. Precious Metal Distributions in Direct Nickel Matte Smelting with Low-Cu Mattes [J]. Metallurgical and Materials Transactions B, 2018, 49 (1)：98~112.

[14] 肖安雄. 当今最先进的镍冶炼技术——奥托昆普直接镍熔炼工艺 [J]. 中国有色冶金, 2009 (3)：1~7.

[15] 吴东升. 镍火法熔炼技术发展综述 [J]. 湖南有色金属, 2011, 27 (1)：17~20.

[16] 张更生. 金川镍闪速炉以煤代油技术的开发应用 [J]. 有色金属 (冶炼部分), 2005 (1)：22~26.

[17] 万爱东, 李龙平, 陈军军. 闪速熔炼工艺处理多种镍原料 [J]. 有色金属 (冶炼部分), 2009 (2)：36~41.

[18] 张振民, 陆志方. 金川镍闪速炉的技术发展 [J]. 有色金属 (冶炼部分), 2003 (1)：6~8.

[19] 盛广宏, 翟建平. 镍工业冶金渣的资源化 [J]. 金属矿山, 2005, 10 (10)：68~71.

[20] 王玮, 高晓艳. 澳斯麦特镍精矿富氧顶吹熔池熔炼技术与实践 [J]. 有色冶金设计与研究, 2010, 31 (6)：9~11.

[21] 刘燕庭, 许怀军. 富氧侧吹熔池熔炼铜镍矿 [J]. 中国有色冶金, 2009 (3)：12~14.

[22] 周民, 万爱东, 李光. 镍精矿富氧顶吹熔池熔炼技术的研发与工业化应用 [J]. 中国有色冶金, 2010 (1)：9~14.

[23] 王志刚. 富氧侧吹熔炼—转炉吹炼生产高冰镍工艺设计 [J]. 工程设计与研究, 2009, 126 (6)：14~20.

[24] 王伟, 李光. 金川镍闪速熔炼炉现状及前景展望 [J]. 有色金属 (冶炼部分), 2003：2~5.

[25] 李小明, 白涛涛, 赵俊学, 等. 红土镍矿冶炼工艺研究现状及进展 [J]. 材料导报, 2014, 5：112~116.

[26] 隋亚飞, 曾尚武, 卢翔, 等. 创新利用低成本红土镍矿开发系列高性能耐腐蚀高材 [N]. 世界金属导报, 2015-01-13 (B16).

[27] 李新海, 张琎鑫, 胡启阳, 等. 相转变过程对红土镍矿氯化离析的影响 [J]. 中国有色金属学报, 2011, 21 (7)：1728~1733.

[28] 张琎鑫. 红土镍矿氯化离析过程研究 [D]. 长沙：中南大学, 2011.

[29] 李浩然, 刘欣伟, 马玉文, 等. 羰基镍生产技术的发展现状 [J]. 粉末冶金技术, 2011, 29 (4)：290~295.

[30] 张军, 张宗华. 铁镁质硅酸镍矿的离析选别试验研究 [J]. 矿业工程, 2007 (6)：36~38.

[31] 陈晓鸣, 张宗华. 元江硅酸镍矿开发新技术半工业试验研究 [J]. 有色冶金 (选矿部分), 2007 (3)：25~28.

[32] 杨涛, 李小明, 赵俊学, 等. 红土镍矿处理工艺现状及研究进展 [J]. 有色金属 (冶炼部分), 2015 (6)：9~13.

[33] 刘婉蓉. 低品位红土镍矿氯化离析—磁选工艺研究 [D]. 长沙：中南大学, 2010.

[34] 李金辉. 氯盐体系提取红土矿中镍钴的工艺及基础研究 [D]. 长沙：中南大学, 2010.

[35] Liu Wanrong, Li Xinhai, Hu Qiyang, et al. Pretreatment study on chloridizing segregation and magnetic separation of low-grade nickel laterites [J]. Transactions of Nonferrous Metals Society of China, 2010 (S1)：82~86.

[36] 徐玉棱, 郭曙强, 卞玉洋. 红土镍矿焙烧过程中的矿相转变及其对气体还原的影响 [J]. 上海大学学报 (自然科学版), 2014, 20 (6)：694~700.

[37] 徐玉棱. CO/CO_2 混合气体选择性还原红土镍矿的研究 [D]. 上海：上海大学, 2014.

[38] 伍耀明. 硫酸常压强化浸出红土镍矿新工艺研究 [J]. 有色金属 (冶炼部分), 2014 (1)：19~23.

[39] 伍博克. 云南元江红土镍矿加压酸浸研究 [D]. 长沙：中南大学, 2010.

[40] 尹飞, 阮书锋, 江培海, 等. 低品位红土镍矿还原焙砂氨浸试验研究 [J]. 矿冶, 2007, 16 (3): 4, 29~32.

[41] 蒋继波, 王吉坤. 红土镍矿湿法冶金工艺研究进展 [J]. 湿法冶金, 2009, 28 (3): 2~11.

[42] 施洋. 高压酸浸法从镍红土矿中回收镍钴 [J]. 有色金属 (冶炼部分), 2013 (1): 4~7.

[43] Harris G B, White C W, Demopoulos G P. Iron control in high-concent ration chloride leaching processes [C] //Dutrizac J E, Riveros P A. Iron Control Technologies. Montreal: Canadian Institute of Mining Metallurgy and Petroleum, 2006: 445~464.

[44] 刘学, 温建康, 阮仁满. 真菌衍生有机酸浸出低品位氧化镍矿 [J]. 稀有金属, 2006, 30 (4): 490~493.

[45] Simate G S, Ndlovu S, Gericke M. Bacterial leaching of nickel laterites using chemolithotrophic microorganisms: Process optimisation using response surface methodology and central composite rotatable design [J]. Hydrometallurgy, 2009, 98 (2~4): 241~246.

[46] 董发勤, 徐龙华, 代群威, 等. 微生物浸出低品位氧化物型镍钴矿研究新进展 [J]. 地球与环境, 2013, 41 (4): 358~363.

[47] Simate G S, Ndlovu S, Walubita L F. The fungal and chemolithotrophic leaching of nickel laterites—Challenges and opportunities [J]. Hydrometallurgy, 2010, 103 (1~4): 150~157.

[48] 马保中, 杨玮娇, 王成彦, 等. 红土镍矿湿法浸出工艺的进展 [J]. 有色金属 (冶炼部分), 2013 (7): 1~8.

[49] 马保中, 王成彦, 杨卜, 等. 硝酸加压浸出红土镍矿的中试研究 [J]. 过程工程学报, 2011, 11 (4): 561~566.

[50] 翟秀静, 符岩, 李斌川, 等. 红土矿的微波浸出研究 [J]. 有色矿冶, 2008, 24 (5): 21~24.

[51] 赵艳, 彭犇, 郭敏, 等. 红土镍矿微波水热法浸提镍钴 [J]. 北京科技大学学报, 2012, 34 (6): 632~638.

[52] 邓志敢, 樊刚, 李存兄, 等. 含钼镍黑色页岩中钼镍的分离方法: 中国, 101481754A [P]. 2009-7-15.

[53] 彭建蓉, 杨大锦, 陈加希, 等. 原生钼矿加压碱浸试验研究 [J]. 稀有金属, 2007, 31 (31): 110~113.

[54] 杨文魁, 沈裕军, 丁喻. 镍钼矿湿法冶金研究现状 [J]. 中国钼业, 2011, 35 (5): 11~14.

[55] 李静海, 胡英, 袁权, 等. 展望21世纪的化学工程 [M]. 北京: 化学工业出版社, 2004: 552~561.

[56] 华一新, 谭春娥. 微波加热低品位氧化镍矿石的 $FeCl_3$ 氯化 [J]. 有色金属工程, 2000, 52 (1): 59~61.

[57] 张钰婷, 张昭, 袁熙志, 等. 低品位复杂红土镍矿微波干燥及矿相分析 [J]. 北京科技大学学报, 2010, 32 (9): 1119~1123.

[58] 韩朝辉, 竺培显, 周亚平, 等. 高能场作用下低品位红土镍矿的浸出研究 [J]. 湿法冶金, 2012 (3): 141~143.

[59] 李亮星, 黄茜琳. 微波辅助硫酸浸出红土镍矿的研究 [J]. 中国有色冶金, 2012, 41 (2): 84~86.

[60] 苏秀珠. 微波辅助硫酸浸出低品位红土镍矿研究 [D]. 武汉: 武汉工程大学, 2010.

3 铅冶金新技术

3.1 铅冶金概述

铅在地壳中的含量为 0.0016%，储量比较丰富。自然界中，铅资源多以伴生矿形式存在，以铅为主的矿床和单一铅矿床资源储量只占总储量的 32.2%。据美国地质调查局（USGS）发布的 2017 年全球铅资源统计数据，全球已探明铅资源量共计 20 多亿吨，铅资源储量总计 8820 万吨，见表 3-1。从表 3-1 可以看出，世界上铅储量较多的国家有澳大利亚、中国、俄罗斯、美国、秘鲁和墨西哥，其中澳大利亚占比最大为 40%，中国占 19%，美国占 6%，秘鲁占 7%，墨西哥占 6%，俄罗斯占 7%，其他地区占 2%。

表 3-1 全球铅储量情况（2017 年） (kt)

国　家（地区）	储　量	国　家（地区）	储　量
澳大利亚	35000	墨西哥	5600
玻利维亚	5000	秘鲁	6300
中国	17000	波兰	1600
印度	1600	俄罗斯	6400
伊朗	2200	南非	300
爱尔兰	540	瑞典	1100
哈萨克斯坦	600	土耳其	860
韩国	2000	其他国家	1500
马其顿	600	共计	88200

据统计，全球开采铅矿的国家约有 50 个（有统计数据的国家），2017 年全球铅矿山总产量 470 万吨，比 2013 年的 551.7 万吨有了明显的下降。其中，铅矿山产量最大的国家是中国，产量达 244.33 万吨，约占全球 51.71%。2016 年全球精炼铅产量为 1114.92 万吨（见图 3-1），主要生产大国有中国、美国、韩国、印度、德国等，年均产量都在 20 万吨以上，尤其是中国，2017 年精炼铅产量达 42.4 万吨，其精炼铅产量占全球总产量的 41.45%。

中国铅资源储量较为丰富，铅矿资源分布广泛、类型多样，主要有矽卡岩型、斑岩型、岩浆热液型、风化淋滤型、火山岩型、低温热液型等。铅矿资源量达到 1 亿吨以上，居世界第二位，仅次于澳大利亚。2017 年中国铅储量达 1600 万吨，铅储量与资源量较大的矿山有：兰坪金顶，资源量与储量达 268.8 万吨；凡口铅矿山，资源量与储量达 203.6 万吨；冷水坑，资源量与储量达 176.6 万吨；锡铁山，资源量与储量达 169.6 万吨；张十八铅锌矿，资源量与储量 140 万吨；留书塘，资源量与储量 130 万吨。目前，经勘查发现

图 3-1 2006~2016 年全球精炼铅产量

的铅锌矿床广泛分布于中国 29 个省、市（区），在云南、四川、甘肃、内蒙古、湖南广西、广东等地分布较为密集，青海、新疆、西藏等地都是重要的铅资源潜力区。

世界上 90% 以上的铅都是采用火法技术生产。铅火法冶炼方法可以概括为传统炼铅法、密闭鼓风炉炼铅法和直接炼铅法。传统法即烧结—鼓风炉还原，目前此法仍然为世界上炼铅的主要工艺，其产量占世界铅产量的 70% 以上；密闭鼓风炉熔炼工艺（ISP）约占10%；直接炼铅法即取消硫化铅精矿烧结，将生铅精矿直接入炉熔炼的方法，约占世界铅产量的 10%~15%。中国铅冶炼的情况与上述情况基本相同，对矿产铅而言，烧结焙烧—鼓风炉还原熔炼占 65%，ISP 工艺占 12%，直接炼铅工艺占 23%。

铅冶炼烧结设备主要是烧结机、烧结锅和烧结盘，还原熔炼设备主要是鼓风炉。无论何种烧结方式，烧结块含硫都在 2%~3%，鼓风炉产出的烟气浓度低，约 $4000mg/m^3$。针对烧结低浓度二氧化硫烟气污染问题，有的铅厂采用了非稳态制酸，但还是不能从根本上解决 SO_2 和重金属粉尘污染问题。传统的烧结—鼓风炉熔炼工艺，铅直收率为 93.5%，金、银回收率约 95%~96%，硫利用率约为 75%，与先进的工艺相比有较大差距。

目前，世界上新建铅冶炼厂以直接炼铅技术为主。直接炼铅技术分为熔池熔炼技术和闪速熔炼技术。其中，熔池熔炼技术主要包括：德国研发的 QSL 法、澳大利亚研发的氧气顶吹浸没熔炼法、瑞典研发的卡尔多炉（Kaldo）法和我国自行研发的水口山（SKS）法；闪速熔炼技术主要包括由前苏联开发的基夫赛特法和我国自行研发的铅富氧闪速熔炼法。

3.2　直接炼铅的基本原理

金属硫化物精矿直接熔炼的特点一是利用工业氧气，二是采用强化冶炼过程的现代冶金设备，使金属硫化物受控氧化熔炼在工业上应用成为可能。

在铅精矿的直接熔炼中，根据原料主成分 PbS 的含量，按照 PbS 氧化发生的基本反应 $PbS+O_2 \rightarrow Pb+SO_2$，控制 O_2 的供给量与 PbS 的加入量的比例（氧/料比），从而决定金属硫化物受控氧化发生的程度。实际上，PbS 氧化生成金属铅有两种主要途径：一是 PbS 直接氧化生成金属 Pb，较多发生在冶金反应器的炉膛空间内；二是 PbS 与 PbO 发生交互反应生成金属 Pb，较多发生在反应器熔池中。为使氧化熔炼过程尽可能脱除硫（包括溶解在金属铅中的硫），有更多的 PbO 生成是不可避免的，在操作上合理控制氧/料比就成为直接熔炼的关键。在理论上，借助 Pb-S-O 系硫势-氧势图（见图 3-2）进行讨论。

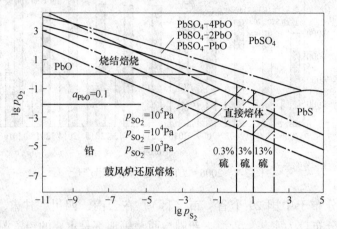

图 3-2　1200℃时 Pb-S-O 系硫势-氧势图

在图 3-2 中，横坐标和纵坐标分别代表 Pb-S-O 系中的硫势和氧势，并用多相体系中硫的平衡分压和氧的平衡分压表示，其对数值分别为 $\lg p_{S_2}$ 和 $\lg p_{O_2}$。图中间长度相对较长的一条黑实线将该体系分成上下两个稳定区，上部 PbO-PbSO$_4$ 为熔盐，代表 PbS 氧化生成的烧结焙烧产物。在该区域，随着硫势或 SO$_2$ 势增大，烧结产物中的硫酸盐增多；下部为 Pb-PbS 共晶的稳定区，由于 Pb 和 PbS 的互溶度很大，因此在高温下溶解在金属铅中的硫含量可在很大的范围内变化。如果在低氧势、高硫势条件下，金属粗铅相中的 S 可达 13%，甚至更高，这就形成了平行于纵坐标的等硫量线。随着硫势降低，表明粗铅中更多的 S 被氧化生成 SO$_2$ 进入气相。

图 3-2 中点实线的斜线代表 SO$_2$ 的等分压线，用 p_{SO_2} 表示。等分压线表示在多相体系中存在的平衡反应 $1/2S_2 + O_2 = SO_2$。在一定 p_{SO_2} 下，体系中的氧势增大，则硫势降低，反之亦然。图中斜阴影线区域为直接熔炼区域。直接熔炼由于采用了氧气或富氧空气强化冶金过程，烟气量少，其 SO$_2$ 浓度一般在 10% 以上（相当于 $p_{SO_2} \geq 10^4 Pa$）。在直接熔炼区域，只要控制较低的氧势（$\lg p_{O_2} < -1$），即使在 $p_{SO_2} = 10^3 \sim 10^5 Pa$ 条件下，PbS 直接氧化仍可产出含硫低于 0.3% 的粗铅。

用活度 a_{PbO} 表示 PbO 在熔渣中的有效浓度，$a_{PbO} = 0.1$ 相当于炉渣含铅 7%~8%。活度 a_{PbO} 数值越大，说明炉渣中的 PbO 浓度越大。在熔炼体系中，PbO 不能溶入 Pb-PbS 相，只能形成 PbO-PbSiO$_3$ 炉渣相。随着气相-金属铅（Pb-PbS）相的炉渣三相体系中氧势的增大，a_{PbO} 可增至 1。

直接熔炼在 $p_{SO_2} = 10^4 Pa$ 下进行，如果控制 p_{O_2} 为 $10^{-5} \sim 10^{-4} Pa$ 的低氧势，产出的炉渣 $a_{PbO} < 0.1$，这说明渣含铅达到较低的水平（约 5%），但是得到的粗铅含硫将大于 1%，需要进一步吹炼脱硫。由此可见，PbS 精矿直接熔炼要同时获得含 S 低的粗铅和含 Pb 低的炉渣是有困难的。

目前直接炼铅法都是在高氧势（相当于 $\lg p_{O_2}$ 为 $-2 \sim -1$）下进行氧化熔炼，产出含硫合格的粗铅，同时得到含铅高的炉渣，这种渣含铅比鼓风炉渣高一个数量级，含 PbO 达到 40%~50%，因此必须再在低氧势下还原，以提高铅的回收率。

3.3 铅火法熔炼新工艺

3.3.1 QSL 直接炼铅工艺

3.3.1.1 炉体结构及工艺

QSL 技术是 20 世纪 70 年代开发的一种直接炼铅法。20 世纪初在德国杜伊斯堡铅锌厂建成处理 10t/h 的示范工厂,并进行了工业试验,处理铅精矿和含铅废料,为实现大规模的工业化生产提供了经验和依据。20 世纪 80 年代末和 90 年代初,分别在加拿大的特雷尔(Trail)冶炼厂、中国的西北冶炼厂、德国的斯托尔伯格(Stolberg)冶炼厂和韩国的温山(Onsan)冶炼厂用 QSL 炼铅法建成厂并投入运行。

QSL 炉的炉体结构如图 3-3 所示,炉体为变径圆筒形卧式转炉,内衬铬镁砖。另外,还设有驱动装置,可沿轴线旋转近 90°,以便于更换喷枪和处理事故。炉体从出渣口至虹吸出铅口向下倾斜 0.5%。反应器由氧化区和还原区组成,氧化区直径较大,还原区直径较小,中间有隔墙将两区隔开,作用防止两区的炉渣混流,同时也防止加料氧化区的生料流入还原区,并分别在两个区域配制了浸没式氧气喷嘴和粉煤喷嘴。

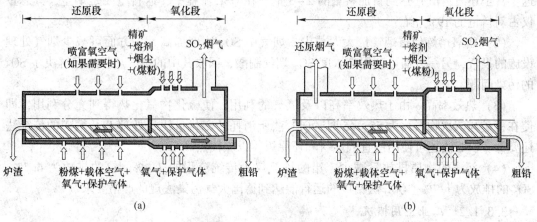

图 3-3 QSL 炉炉体结构图
(a)氧化段与还原段烟气不分流;(b)氧化段与还原段烟气分流

炉料均匀混合后从炉顶加料口加入熔池内,氧气从炉底喷入,炉料在 1050~1100℃ 时进行脱硫和熔炼反应,控制氧/料比控制氧化段产铅率,产出含 S(0.3%~0.5%)低的粗铅和含 PbO(40%~50%)的高铅渣。高铅渣流入还原段,用喷枪将还原剂(粉煤或天然气)和氧气从炉底吹入熔池内进行 PbO 的还原,通过调节粉煤量和过剩空气系数来控制还原段温度和终渣 Pb 含量。还原温度 1150~1250℃。炉渣从还原段排渣口放出,还原形成的粗铅通过隔墙下部通道流入氧化段,与氧化熔炼形成的粗铅一起从粗铅虹吸口放出。

QSL 反应器的隔墙结构有两种情况,一种是隔墙只将熔体隔开,在上方留一个洞,还原区的烟气通过此洞进入氧化区,如图 3-3(a)所示。德国的斯托尔伯格冶炼厂采用此种隔墙，在生产上除定期抽取少部分烟尘送浸出，以 $CdSO_4$ 形式回收镉外，大部分烟尘按一定配比返回配料，因此，此类型的反应器不适用于处理原料锌含量高的物料。另一种是隔墙上方全封闭，两个区域的烟气不能相通，还原区另设烟气出口，如图 3-3（b）所示。韩国温山冶炼厂采用此种隔墙，由于炉料锌含量高，反应器氧化区和还原区的烟气分开排出，产出含硫烟气和含锌烟气。前者经收尘器收尘后烟气送往制酸，此烟尘锌含量高，返回配料；后者经布袋收尘器得到锌含量高的烟尘，经浸出后溶液送去电解锌，其浸出渣返回 QSL 炉。

无论采用哪种反应器类型，熔池的深度都会影响熔体和炉料的混合程度。浅熔池操作不但两者混合不均匀，而且易被喷枪喷出的气流穿透，从而降低氧气或氧气-粉煤的利用率。因此，适当加深反应器熔池深度对反应器的操作是有利的。由熔炼工艺特点所决定，QSL 反应器内必须保持有足够的底铅层，以维持熔池反应体系中的化学势和温度的基本恒定。在操作上，为使渣层与虹吸出铅口隔开，以保证液铅能顺利排出，也必须有足够的底铅层。底铅层的厚度一般为 200~400mm，而渣层尽量薄些，一般为 100~150mm。反应器氧化区的熔池深度大，一般为 500~1000mm。

与传统的烧结焙烧—鼓风炉熔炼工艺相比，QSL 直接炼铅技术具有以下特点：

（1）返料量少。在传统流程中，为使烧结块中残 S 尽可能低，返料量（包括返料、返尘甚至还有返渣）达到新加料量的 2~3 倍。在 QSL 流程中，返料主要是烟尘，其总量仅占新料量的 19%左右。

（2）富氧熔炼使得烟气量大大减少，烟气中 SO_2 浓度提高。一方面可减少烟气处理设施的投资，另一方面可利用高浓度 SO_2 烟气制酸，回收其中的硫，从根本上解决了 SO_2 的污染问题。

（3）热效率高。由于热效率高以及氧气的利用，使硫化物氧化热得到充分利用，即使在精矿与三次物料比为 55∶45 时，QSL 法所消耗的燃料量比只处理 PbS 精矿的传统法还要低。QSL 法还可使用便宜的燃料和还原煤，以煤代焦。

（4）污染的物质排放量减少。铅的排放仅为传统流程的 7.4%，镉的排放为 6.7%，SO_2 的排放为 1.7%。QSL 法铅厂的运行能达到德国大气污染法规的严格要求。

3.3.1.2　工业应用概况

A　德国的斯托尔伯格（Stolberg）伯齐利厄斯冶炼厂

德国斯托尔伯格伯齐利厄斯冶炼厂的 QSL 炉设计炉料年处理量为 15 万吨含铅物料，其中含有相当大的部分是二次物料，包括铅银渣、锌渣、烟尘、精炼炉的烟尘、玻璃、废蓄电池糊等。混合给料中精矿和二次物料的配比及主要元素成分见表 3-2。

表 3-2　德国斯托尔伯格伯齐利厄斯 QSL 炼铅厂的设计能力和原料成分

参数	粗铅产量 /t·a^{-1}	反应器规格/m			混合料中精矿与渣料的比率/%	混合料成分/%					
		总长	氧化区直径	还原区直径		Pb	Zn	Cu	As	Sb	Cd
数值	75000	33	3.5	3.0	精矿 63	45.0	5.0	0.7	0.3	0.4	0.05

该厂入炉精矿与渣的配比约为 63∶37，混合料中含 Pb 约为 45%，含锌约为 5.0%，并含有少量的 Cu、As、Sb、Cd。QSL 反应器总长 33m，氧化区直径 3.5m，还原区直径 3m。

图 3-4 所示为伯齐利厄斯 QSL 炼铅厂工艺流程。该厂的 QSL 反应器的最初设计是在氧化区设有 3 对带套管的氧气喷嘴向反应器喷射所需的氧气，粗铅从氧化区端部的虹吸口放出，送火法精炼进一步精炼，还原区设有 8 个带套管的还原剂（即粉煤）喷嘴。终渣从还原区的端部放出。产出的铜锍送转炉，镉主要富集在氧化区的烟道尘中，抽出一定量的烟道尘，经后续浸出处理，以碳酸镉的形态回收镉。

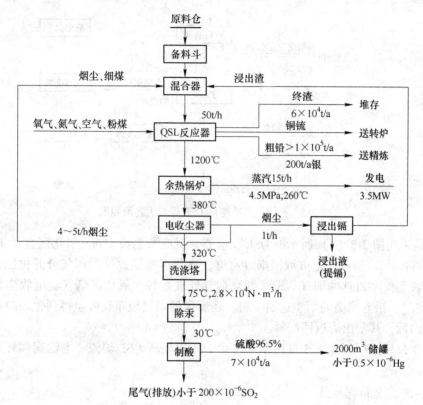

图 3-4　德国斯托尔伯格伯齐利厄斯 QSL 炼铅工艺流程图

B　韩国锌业温山（Onsan）冶炼厂

韩国锌业温山冶炼厂的 QSL 炉设计能力为年产粗铅 6 万吨，其入炉混合炉料种类与德国斯托尔伯格伯齐利厄斯冶炼厂的混合炉料种类类似，含有很大部分的二次物料，包括铅银渣、锌渣、烟尘、金银矿砂及废蓄电池糊等。混合给料中精矿和二次物料的配比及主要元素成分见表 3-3。

表 3-3　韩国锌业温山冶炼厂 QSL 炼铅厂的设计能力和原料成分

参数	粗铅产量 /t·a⁻¹	反应器规格/m			混合料中精矿与渣料的比率/%	混合料成分/%					
		总长	氧化区直径	还原区直径		Pb	Zn	Cu	As	Sb	Cd
数值	60000	41	4.5	4.0	精矿 53	35.0	10.0	0.6	0.3	0.3	0.3

从表 3-3 中可以看出，温山 QSL 炉设计入炉混合料中渣料占比 47%，高于与斯托尔伯格伯齐利厄斯冶炼厂的入炉渣料 37% 的比率，而且混合料中含铅低（35%）、含锌量高

（10%）。图 3-5 所示为温山冶炼厂 QSL 炼铅工艺流程，与斯托尔伯格伯齐利厄斯冶炼厂的工艺流程类似，区别是温山冶炼厂入炉炉料中含锌相对较高，需要在还原区通过烟化回收锌。

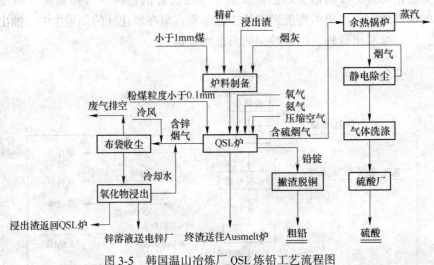

图 3-5　韩国温山冶炼厂 QSL 炼铅工艺流程图

具体是采用图 3-3（b）所示的 QSL 反应器，反应器总长 41m，氧化区直径 4.5m，还原区直径 4m。反应器隔墙上方取消烟气通道，氧化区和还原区的烟气分开排出，分别产出含 SO$_2$ 烟气和含 ZnO 的烟气，设有两套烟气处理系统。氧化区烟气经电收尘后送制酸车间回收 SO$_2$，铅含量高的烟尘返回配料。还原区的烟气经布袋收尘得到含 ZnO 高的烟尘送 ZnO 浸出后，其浸出渣返回配料。

1995 年以后该厂新建了 5 台奥斯麦特炉，用来处理 QSL 炉渣、电池糊和锌浸出渣等二次物料。

C　中国西北铅锌冶炼厂

我国白银的西北铅锌冶炼厂于 1985 年从德国鲁奇公司引进了 QSL 直接炼铅技术，是我国第一家引进该项技术的厂家，于 1990 年建成了年产 5 万吨粗铅规模的冶炼厂，分别在 1990 年、1995 年、1996 年进行了三次试生产，三次试生产累计生产时间为 12 个月，共生产粗铅 1.43 万吨。试生产过程中暴露出了很多问题，指标始终不理想，于 1996 年停用，2005 年以后被废弃。

以下为三次试生产过程中的情况：

（1）1990 年 12 月 10 日至 1991 年 3 月，在鲁奇公司专家的指导下，进行了第一次试生产，历时 35 天（投料时间）。问题主要表现在配套系统的不可靠性，特别是供氧系统的不可靠性。其次是粉煤分配器的稳定性差，底吹喷枪的寿命短，烟尘率高、还原效果不好，渣含铅高、炉型结构不合理等。第一次试生产仅打通了工艺流程，共计投入精矿 2539.61t，生产粗铅 388.92t。

（2）1994 年针对第一次试生产存在的问题，同时借鉴了德国 QSL 工厂和韩国 QSL 工厂的成功经验，对铅系统进行了多项改造。主要包括有：1）炉型结构改造（虹吸通道缩短及降低虹吸口标高、隔墙及 K1/K2 喷枪位置后移、隔墙前增加挡圈、渣口标高降低）；2）加料口减少为 2 个，加料口 M3 改为二次氧枪；3）粉煤分配器下料装置改造；4）烟灰系统改造；5）直升烟道增设 3 支雾化喷水冷却装置；6）电收尘及排烟机改造和完善；7）使用 3 支 S 喷枪和 5 支 K 喷枪（型号为德国第三代产品）同时增加喷枪喷水冷却装置；8）附属设备包括改造铅口、渣溜槽，改用圆盘铸锭，虹吸口增设一支氧油枪等。

1995 年 6~12 月，铅系统进行了第二次试生产，历时 6 个月，改造取得了一定的效果，生产可以连续进行。其间共处理铅精矿 23628.3t，生产粗铅 12303t（平均品位 99.07%），粗铅直收率 82.09%，烟尘率 20%~25%，总作业率为 74.51%。

（3）1996 年初经过多项检修，1996 年 3 月 11 日开始了第三次试生产，此次生产历时 81 天，共处理铅精矿 5900t，生产粗铅 1783t，第三次试生产暴露出的问题主要有氧化段结渣、还原段结渣、虹吸通道堵死、加料口堵死、隔墙通道堵死、国产喷枪的质量不高、人为事故等。

白银的西北铅锌冶炼厂 QSL 直接炼铅最终以失败告终，这在客观上阻碍了我国铅冶炼技术进步的进程。但是，德国斯托尔伯格冶炼厂和韩国温山冶炼厂经过不断完善改造，至今生产正常。该技术能够满足现代化的、节能的、与生态环境相适应的炼铅技术的要求，投资和运行成本低于传统的烧结机—鼓风炉法，并且原料的适应性强，能够从精矿和二次物料中生产粗铅和地铅渣。因此，QSL 炼铅技术是一种成功的直接炼铅工艺。

3.3.2 水口山（SKS）直接炼铅工艺

3.3.2.1 炉体结构及工艺

针对硫化铅的氧化需要高氧位而氧化铅的还原需要低氧位这个矛盾在西北铅锌冶炼厂的 QSL 反应器中不能解决，北京设计院的技术人员提出了用底吹炉来进行氧化，高铅渣还是采用鼓风炉来进行还原的设想。1998 年由北京有色冶金设计研究总院牵头，召集了水口山有色金属公司、豫光金铅集团等多家单位出资合作利用水口山底吹炼铅试验车间，开展了 SKS 法（即氧气底吹熔炼—鼓风炉还原炼铅）验证试验工作，取得了成功，开发出了具有国际先进水平的 SKS 炼铅新工艺。1988 年，中国有色金属工业总公司组织专家对"SKS 炼铅法"半工业试验研究成果进行了技术鉴定，专家组对试验成果予以充分肯定，获得中国有色金属工业总公司科技进步奖二等奖、中国有色金属工业科学技术奖一等奖和国家科技进步奖二等奖。

SKS 法使用的反应器为底吹炉，结构如图 3-6 所示。炉体结构与 QSL 炉相似，不同之

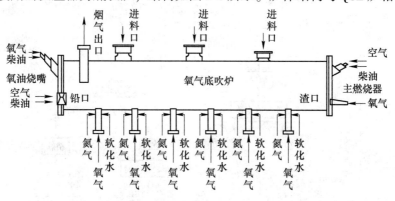

图 3-6 氧气底吹炉体结构图

处是只有氧化段而没有还原段，炉子长度较短。炉身设有三个加料口、一个排烟口、一个放渣口和一个放铅口，另外炉身还设有可旋转的转动装置，底吹炉底部装设氧枪，氧枪及其套砖可以更换端墙燃油烧嘴供开炉和保温使用。炉子结构紧凑，表面积小，且炉衬寿命较长。

底吹炉的氧枪有两种形式，即单筒管式射流富氧氧枪及双筒管式射流富氧氧枪。当底吹炉使用单筒管式射流富氧氧枪时，工业氧气和空气分别从后端侧面的氧气进口和后端的空气进口进入到氧枪的混合室混合后，在一定压力下从前端的氧枪口喷吹到反应器中。当底吹炉采用双筒管式射流富氧氧枪时，工业氧气和空气分别从中心管的氧气进口和侧面的空气进口进入氧枪，在一定压力下，工业氧气经中心管，氮气、水经三筒管的环缝，从氧枪前端的氧枪口同时喷吹到底吹炉中。

当底吹炉处于准备位置90°时，加料口和氧枪在同一水平面上，烤炉完毕后，在炉中加入液体铅和渣。在余热锅炉、电收尘、排烟机、烟灰输送系统和通风系统都投入运行后，将底吹炉从准备位置转至吹炼位置0°，加料口在底吹炉上方，氧枪在下方，此时底吹炉内为一液体熔池，由较浅的底层粗铅和顶层高氧化铅构成。氧气通过氧枪在混合液体中浸没喷射，使金属和渣相激烈混合。通过加料口加入生球粒物料，在剧烈搅动的金属-炉渣-气体乳液中进行一系列复杂反应，如硫酸盐和碳酸盐的分解、硫化物的全部或部分氧化、煤粉燃烧、熔剂和金属的化合或氧化反应产物的熔化、液态硅酸盐渣相的形成以及挥发性金属化合物的蒸发等。金属、炉渣和气相之间连续反向流动，产出的粗铅从出铅口虹吸放出，高铅渣从渣口连续放出。含有烟尘的烟气经过立式膜壁烟道排出，烟气进入电收尘器进行净化，然后去制酸系统通过双转双吸制酸工艺进行回收制酸。

图3-7所示为水口山SKS炼铅法的原则工艺流程。生产过程分三个阶段，分别为底吹

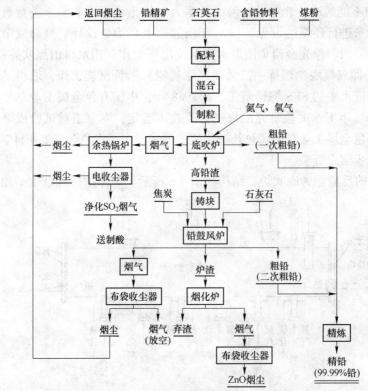

图3-7　水口山炼铅法工艺流程图

熔炼—鼓风炉还原熔炼—烟化炉烟化。

底吹炉氧化熔炼阶段：铅精矿、铅烟尘、熔剂及少量粉煤经计算、配料、圆盘制粒后，由炉子上方的进料口加入底吹炉，工业氧气从炉底的氧枪喷入熔池的铅层后，首先与铅液接触反应，生成 PbO，其中一部分 PbO 在激烈的搅动状态下，和位于熔池上部的 PbS 进行交互反应，产出一次粗铅和高铅渣（主要含 PbO），并放出 SO_2，且贵金属富集于粗铅中。反应生成的一次粗铅和高铅渣沉淀分离后，粗铅经虹吸放出，高铅渣则由铸锭机铸块后，送往鼓风炉还原熔炼，产出二次粗铅。出炉 SO_2 烟气采用余热锅炉或汽化冷却器回收余热，经电收尘器收尘后，烟气送往制酸。熔炼过程采用微负压操作，整个烟气排放系统处于密封状态，从而有效防止了烟气外逸。同时，由于混合料是以润湿、粒状形式输送入炉的，加上在出铅、出渣口采用有效的集烟通风措施，从而避免了铅烟尘的飞扬。而且在炉内只进行氧化作业，不进行还原作业，工艺过程大为简化。

氧气底吹熔炼一次成铅率与硫化铅精矿品位有关，品位越高，一次粗铅产出率越高。为保证脱硫率，底吹熔炼过程通常采用高氧势操作，产出的氧化铅渣中铅含量一般在 40%~45%，粗铅硫含量低于 0.2%。

在底吹熔炼过程中，由于 PbS 的蒸气压高（1100℃的蒸气压为 13329Pa），交互反应相对较慢，会有大量来不及氧化的 PbS 挥发（烟尘率 20%、烟尘含铅 60%~65%），为减少 PbS 的挥发，并产出含硫、砷低的粗铅，需要控制 PbO 渣的熔点不高于 1000℃，CaO/SiO_2 比为 0.5~0.7。同时，为维持熔池温度的基本恒定和降低熔渣对炉墙耐火材料的冲刷腐蚀，底吹炉必须保持有足够的底铅层（一次粗铅产率大于 10%）。以上分析说明 SKS 法不适用处理含铅小于 45%的物料。生产实践也表明，当精矿含铅小于 42%时，将不会有一次粗铅产出。

和烧结块相比，PbO 渣孔隙率较低，同时，由于是熟料，其熔化速度较烧结块要快，熔渣在鼓风炉焦区的停留时间短，从而增加了鼓风炉还原工艺的难度。但是，生产实践证明，采用鼓风炉处理铅氧化渣在工艺上是可行的，鼓风炉渣铅含量可控制在 4%以内。通过炉型的改进、渣型的调整、适当控制单位时间物料处理量等措施，渣铅含量可望进一步降低。另外，尽管现有指标较烧结—鼓风炉工艺渣铅含量 1.5%~2%的指标稍高，但由于新工艺鼓风炉渣量仅为传统工艺鼓风炉渣量的 50%~60%，因而，鼓风炉炼铅的损失基本是不增加的。

鼓风炉还原熔炼阶段：高铅渣经铸渣机冷却铸块后转入鼓风炉还原熔炼，铅氧化物在碳质还原剂的作用下还原成粗铅，并产出还原渣。但由于高铅渣块的透气性差、熔点低、熔化快，因此需要进行二次配料，加入适当 CaO 来调整高铅渣的熔点，并通过降低下料速度等措施，达到控制渣含铅的目的。

烟化炉提锌阶段：鼓风炉热渣转运至烟化炉中，空气和粉煤混合吹入熔融的炉渣中燃烧供热，并控制炉内熔池还原性气氛，熔渣中的氧化锌、氧化铅在高温还原环境中还原成气态的金属锌、铅，在二次风作用下，在炉子上部空间被再度氧化成锌、铅的氧化物后，随炉气一起进入收尘系统回收。炉渣中的铜有少部分会以冰铜形态在烟化炉炉底沉积并回收。

SKS 炼铅法适于采用烧结—鼓风炉熔炼工艺的老厂的技术改造。与传统的烧结焙烧—鼓风炉熔炼工艺相比，SKS 炼铅工艺较好地解决了炼铅过程 S 的利用和含 Pb 粉尘的污染问题，投资较低，仅为传统工艺的70%，引进工艺的50%；综合能耗为吨粗铅380~400kg标煤，与国外基夫塞特和顶吹工艺持平环境保护好，S的捕集率大于99%，其他排放物达标；金属回收率高，铅、银回收率达98%~98.5%；生产成本低，为传统工艺的85%，小于国外新工艺。但SKS法在生产过程中需要把约1200℃的液态高铅渣冷却成渣块，再送鼓风炉用焦炭还原熔炼，造成了高铅渣物理显热的损失，热量的利用稍有不理想。

SKS炼铅法在我国的成功工业化，实现了我国炼铅工业质的飞跃，较为有效地解决了含铅烟尘和低浓度SO_2的污染问题，并且适应我国国情，自问世以来得到快速推广，目前已在国内十余家炼铅工厂得到应用，成为我国铅冶金工业的主流工艺，其铅的年产能超过300万吨。

3.3.2.2　工业应用概况

河南豫光金铅集团和池州有色金属公司是我国第一批采用氧气底吹—鼓风炉还原炼铅新工艺取代烧结—鼓风炉熔炼的工厂，工厂设计的重点在于如何解决工业化生产装置的连续稳定运行，以保证生产指标的实现。因此，针对该工艺的特殊性，对装置进行了工业化的研究和设计：

（1）氧气底吹熔炼选择合适的氧枪距、冷却介质、送氧强度以及氧枪套砖材质，并在结构上便于氧枪的更换。

（2）工业化生产的氧枪结构与工业化试验装置截然不同，在结构上充分考虑了冷却措施、保护气体的运用和枪头的可更换性。

（3）氧气底吹炉烟气采用余热锅炉冷却方式，锅炉在设计中充分考虑了烟尘率高且易黏结的特性，垂直烟道即为余热锅炉辐射段，水平段为余热锅炉对流段，并配套有机械振打清灰系统。

（4）富铅渣的铸块采用带式铸渣机，其结构、冷凝速度、铸模形式充分考虑了富铅渣特性及鼓风炉熔炼的要求。

（5）富铅渣和烧结块相比，由于气孔率很低且熔点低，还原性能较差，为此，鼓风炉的结构、料柱高度和供风方式均有别于常规炼铅鼓风炉。

两座炼铅厂分别于2002年7月和8月相继投产，设计规模为年产5万吨粗铅，经1个月的调试达到设计能力，至今稳定生产运行并且其生产技术指标均已超过设计值（豫光投产第二年年产能就已超过8万吨粗铅）。

继两座炼铅厂成功改造之后，2005年3月河南豫光金铅集团新建的又一条年产8万吨粗铅的生产线成功投产。2005年9月水口山有色金属有限责任公司采用水口山法炼铅工艺建设的规模为年产8万吨粗铅的生产线投产。从此，SKS炼铅工艺在国内得到了较广泛的推广。至目前全国有20多条SKS生产线在运行，实际年产能300万吨。水口山法的应用是成功的。

3.3.3　液态高铅渣直接还原工艺

由于SKS炼铅法需要将液态高铅渣冷却、铸锭后，再投放到鼓风炉加热进行还原熔炼，其特点是能源利用率低、铸块风化快、粉料多、占地大。针对此问题，我国冶金工作者完成了液态高铅渣直接还原炼铅工艺的开发工作，并实现了工业化生产。目前，成功实现工业化和产业化并稳定生产的液态高铅渣直接还原炉主要有侧吹和底吹两种形式，底吹还原炉以河南豫光金铅为代表，侧吹还原炉以河南金利公司和万洋公司为代表，最近几年，已经有多家企业在进行液态高铅渣直接还原新建和技术改造项目。

采用底吹还原炉和侧吹还原炉两种炉型液态高铅渣直接还原炼铅工艺中，氧化炉产出的熔融高铅渣均可通过溜槽自流入还原炉，较好地解决了传统鼓风炉还原技术存在的能耗高、环保差、流程复杂、占地面积大、控制水平低等缺点。

3.3.3.1　高铅渣富氧底吹还原工艺

高铅渣富氧底吹还原工艺的关键设备是底吹还原炉，结构类似于 SKS 炉，为圆形卧式转炉，其结构如图 3-8 所示。外壳由厚度 30mm 的 16MnR 耐热钢板焊接而成，滚圈及齿圈处加强至 50mm。内衬一般采用镁铬砖或铝铬砖砌筑，筒体内衬厚度为 350~460mm，底部装有 6 支氧气喷枪，喷枪结构类似于底吹氧化炉的喷枪，喷枪的套砖厚度为 400~650mm，材质也比其他部位的要求更高。反应器的一端为虹吸放铅口，另一端为放渣口，上部有 2 个加料口和 1 个烟气出口，还设置有开炉烧嘴。生产过程中炉体可沿长轴方向转动，停炉和更换喷枪时可转动角度以便防止熔体进入喷枪将其堵死，同时便于操作更换喷枪。底吹还原炉熔池深度一般为 1000~1100mm，长度为 11~14mm。

富氧底吹还原工艺由豫光金铅和中国有色工程设计研究总院联合开发，经过 7 年科学试验，于 2007 年底成功开发出了液态高铅渣底吹直接还原炼铅新工艺。该技术充分利用了液态高铅渣的显热，炼铅能耗及处理成本大幅降低，铅回收率明显提高，生产环境进一步改善，形成了具有我国自主知识产权的"三段炉"（氧气底吹炉—还原炉—烟化炉）炼铅法，淘汰了鼓风炉。该技术于 2008 年通过专家鉴定，2012 年获得了国家科技进步奖二等奖。

图 3-9 所示为豫光金铅底吹还原炉炼铅工艺流程。首先，铅精矿、石灰石、石英砂等

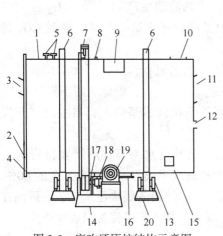

图 3-8　底吹还原炉结构示意图

1—筒体；2—低渣口；3—进渣口；4—底铅口；5—测温测压口；6—滚圈；7—齿圈；8—二次燃烧口；9—加料口；10—出烟口；11—烧嘴口；12—出渣口；13—托轮；14—传动底座；15—虹吸出铅口；16—喷枪法兰；17—齿轮；18—减速机；19—电机；20—托轮底座

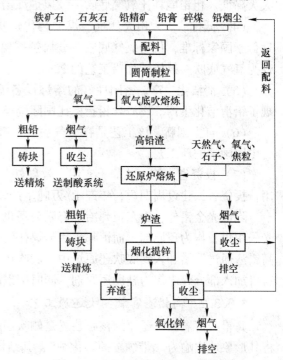

图 3-9　豫光金铅炼铅工艺流程图

进行配料混合后，送入氧气底吹炉熔炼，产出粗铅、液态渣和含尘烟气。然后，液态高铅渣直接进入卧式还原炉内，底部喷枪送入天然气和氧气，上部设加料口，加煤粒和石子，还原温度 1050~1150℃，不使用焦炭。天然气和煤粒部分氧化燃烧放热，维持还原反应所需温度，气体搅拌传质下，实现高铅渣的还原。由于采用间断进放渣作业方式，还原渣可以保持较长的停留时间，还原较彻底，渣含铅小于 3%，铅回收率大于 97%；利用烟气余热和渣潜热，比鼓风炉节能 30%；炉子寿命较长、结构合理，便于停炉检修；环境清洁，SO_2 排放量低；易于自动化，运行稳定、安全、可靠。表 3-4 为豫光金铅底吹还原炉炼铅与传统鼓风炉炼铅主要工艺技术指标对比。

表 3-4　豫光还原炉炼铅与传统鼓风炉炼铅主要工艺指标对比（吨粗铅）

工艺指标	氧耗 /m³	天然气耗/m³	煤耗 /t	水耗 /t	电耗 /kW·h	能耗	成本 /元	SO_2 排放/t·a⁻¹	渣含铅 /%
鼓风炉	50		417	1.35	100	438	650	236	<4
豫光还原炉	140	75	150	2.50	100	276	450	27	<3

豫光底吹还原炉炼铅新技术的主要特点：

（1）流程短。工艺省去了铸渣工序，淘汰了鼓风炉，减少了二次污染和烟尘率（国际同类技术的烟尘率一般在 15% 左右，而豫光炼铅法的烟尘率仅为 7%~8%）。

（2）自动化水平高。工艺可在氧化、还原等关键工序中设置 3000 多个数据控制点，实现全系统的 DCS 集中自动控制，用工大幅减少，系统生产更安全稳定性。

（3）低能耗。该工艺不仅利用了渣和铅的潜热，熔池熔炼时传热传质效率高，能耗大大降低。粗铅能耗比氧气底吹—鼓风炉炼铅低 25% 左右，比传统工艺低约 50%。

（4）低排放。采用天然气、煤粒替代焦炭，达到清洁生产的目标，SO_2 排放浓度和远低于国家标准，仅为氧气底吹—鼓风炉炼铅中鼓风炉排放量的 10%，同时 CO_2 排放量仅为氧气底吹—鼓风炉炼铅工艺的 22%。

（5）清洁化生产。密闭性好的熔炼设备缩短了工艺流程，减少了无组织排放量，实现了铅清洁化生产。终渣含铅指标比国际同类工艺低 2% 左右，资源利用率提高。

（6）自主创新。该工艺是在氧气底吹—鼓风炉炼铅技术基础上，自主研究开发的适合中国国情的新工艺。

（7）投资省。该工艺简单实用、效果好，装备自动化水平高，不需要昂贵的引进费用，投资省，建设周期短，年产 10 万吨生产线的投资规模仅为国际同类工艺的 60%。

除豫光金铅外，山东恒邦冶炼有限公司也采用液态高铅渣底吹还原工艺。区别在于豫光采用煤粒作为还原剂，而恒邦采用粉煤作为还原剂。其工艺过程为：底吹炉产出的液态高铅渣通过溜槽加入到底吹还原炉中，底吹还原炉底部喷入粉煤作为主要还原剂，并从加料口加入部分碎煤作为辅助还原剂，同时配以熔剂石灰石造渣。

3.3.3.2　高铅渣富氧侧吹还原工艺

高铅渣富氧侧吹还原的核心装置是侧吹还原炉，其结构类似于瓦纽科夫炼铜炉，一般将其形象地比喻为"带炉缸的烟化炉"，其结构如图 3-10 所示。

侧吹炉一般是由三层铸铜水冷水套构成的横断面呈矩形的炉子，由炉缸、炉身、炉顶

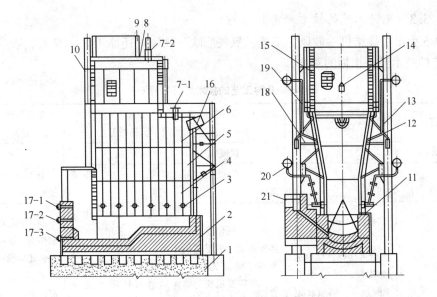

图 3-10　侧吹还原炉结构示意图

1—炉基；2—炉缸；3—一次风口；4~6—铜水套；7-1—煤和固体炉料的主加料口；7-2—备用加料口；
8—炉顶钢制水套；9—烟道连接口水套；10—钢质箱式水套；12—支撑架；13—二次风口；14—炉门；
15—耐火材料；16—熔体高铅渣流入口；17-1—正常放渣口；17-2—冰铜放出口；17-3—底铅安全放出口；
18—支撑杆；19，20—二次供风系统；21—虹吸出铅口

三部分组成。炉身又分为熔池区和再燃烧区，其两侧装有熔池风口和再燃烧风口，炉一端为加料室，另一端为渣虹吸井，有放渣口和虹吸放铅口，整个炉子与鼓风炉很相似，不同之处在于渣虹吸井高度高于风口水平约 480mm，以形成熔池，熔池的深度由放渣口高度决定。炉底有的铅厂采用风管强制通风冷却。铜水套内壁一般都设有挂渣槽，并捣打耐火浇注料或衬耐火砖。

液态高铅渣富氧侧吹还原工艺是中国恩菲工程技术有限公司与河南金利公司联合开发的，经过 2 年多的科学试验，于 2009 年 9 月成功投入工业应用。该技术是以底吹炉的液态高铅渣与侧吹的焦炉煤气、碎煤等辅料相互反应，产出粗铅和含铅量小于 2.5% 的炉渣。目前国内有几家铅厂采用了富氧侧吹炉直接还原液态高铅渣，以金利公司和万洋公司为代表。其中，金利公司的侧吹炉又具有以下特点：

（1）底吹炉所产粗铅直接除铜铸阳极板，减少了粗铅铸锭、熔化等过程，降低了能耗。

（2）侧吹还原炉采用煤+煤气吹炼还原，相对于鼓风炉，入炉气量大大减少，烟气带走的热能少。

万洋侧吹炉具有以下特点：

（1）采用氧气底吹氧化熔炼—侧吹还原熔炼—烟化炉三炉相连，热渣直流，省去了电热前床，操作简单，配置紧凑，自动化程度高，生产稳定，环境好。

（2）采用单一的煤粒作燃料和还原剂，廉价易得，容易定量控制、还原能力强、易于运输，不受天然气条件限制。

（3）采用高低炉底设计。这种设计对于侧吹还原熔炼过程的稳定运行有益。

3.3.3.3　几种工艺的技术经济指标对比

表 3-5 列出了烧结机—鼓风炉工艺、氧气底吹—鼓风炉还原工艺、富氧底吹—液态渣还原工艺的技术经济指标的对比。

表 3-5　几种工艺的技术经济指标对比

项　目	烧结机—鼓风炉工艺	氧气底吹—鼓风炉还原工艺	富氧底吹—底吹还原工艺	富氧底吹—侧吹还原工艺
工艺流程	长	较短	短	短
工作环境	扬尘点多，环境差	扬尘点较少，环境好	扬尘点少，环境更好	扬尘点少，环境更好
生产效率	低：只还原段产铅；氧化还原过程均为鼓风熔炼，反应速度较慢；过程中有70%返粉，需重新返回配料	较高：氧化段产出部分粗铅，采用富氧熔炼，反应速度较快；不需要返粉，单位时间内效率高	高：氧化段产出部分粗铅；采用富氧熔炼，反应速度较快；氧化段生成的液态高铅渣直接流入还原炉，流程紧凑，效率高	高：氧化段采用富氧熔炼，反应速度较快；还原段液态高铅渣直接还原，效率高；烟化段设备运行率高，生产效率高
原料适应性	一般	广	广	广
粗铅品位/%	96~97	98~99	98~99	98~99
铅总收率/%	95~96	96.5~98	97~98	97~98
脱硫率/%	60~70	98	98	98
返粉率/%	68~70	0	0	0
烟尘率/%	氧化段5~10 还原段6~7	氧化段12~14 还原段6~7	氧化段12~14 还原段12~13	氧化段12~14 还原段8~10
熔剂率/%	不含水渣约11 含水渣约20	氧化段3 还原段7~8	氧化段3 还原段2~3	氧化段3 还原段2~3
鼓风炉焦率/%	11~14	14~18	—	—
氧气单耗/m³·t⁻¹	0	270~280	360	320~330
电耗/kW·h·t⁻¹	155~158	80~90	80~96	68~80
终渣含铅/%	2~3	3~4	2.5~3	≤2
综合能耗（标煤）/kg·t⁻¹	463	300	230	187
投资额	大	小	小	小

3.3.4　顶吹浸没熔炼工艺

3.3.4.1　熔炼工艺及炉体结构

顶吹浸没熔炼是澳大利亚联邦科学工业研究组织（CSIRO）与芒特艾萨矿冶公司（MIM）在20世纪70年代初开发的顶吹浸没喷枪技术基础上开发出来的熔炼方法，属熔池熔炼范畴，最初被用于铜冶炼，后被用于铅的冶炼。它分艾萨法和奥斯麦特法，主要区别是喷枪结构、炉顶结构、炉墙保护方式。

该技术的发展历程如下：20 世纪 70 年代末，MIM 与 CSIRO 合作开发直接炼铅技术，并以 ISA 炼铅法取得了专利权。MIM 进行了处理量为 5t/hPbS 精矿的示范工厂试验，经过三年的运行效果良好，又设计了处理量为 20t/h、年产 $6×10^4$t 粗铅的 ISA 法炼铅厂。

20 世纪 80 年代初，顶吹浸没喷枪技术发明人组建澳大利亚熔炼公司，顶吹浸没熔炼技术被正式命名为奥斯麦特（Ausmelt）法，并在顶插浸没套筒喷枪技术和熔池上空设炉气后燃烧装置等方面有了新的发展，也对许多新的应用领域进行了开发和完善。近年来，Ausmelt 公司用顶吹浸没喷枪技术在许多国家设计建厂，其应用领域包括锡精矿熔炼、铜的熔炼和吹炼、铅精矿熔炼以及从各种含铅锌的烟尘、炉渣、浸出渣和废蓄电池等二次物料中回收铅锌及其他有价金属。

顶吹浸没熔炼的主要过程是通过垂直插入渣层的喷枪向熔池中直接喷入空气或富氧空气、燃料、粉状物料和熔剂或还原性气体，强烈地搅拌熔池，使炉料发生强烈的熔化、氧化、还原（依靠炉料中的碳质还原剂）、造渣等物理化学过程。可以在一台炉中实现氧化、还原，甚至烟化过程。它是一种连续的熔炼过程，燃料和粉料通过喷枪喷入熔池，块料、湿料可通过螺旋给料机从炉顶另开的加料孔加入。它可连续进料、连续排渣，以保持熔体体积和温度相对稳定。根据从喷枪喷入的气体性质和炉料成分的调节，熔炼过程可以随意控制不同的气氛以分别进行氧化和还原过程。喷枪外壁由于喷溅熔渣的黏附和枪内喷入气体的高速流动的冷却作用而形成固定的渣壳保护层，因而不致过快消耗喷枪。熔渣液滴被喷溅进入熔池上空，由于炉膛较高，炉渣不被溅出。同时，设有喷枪提升装置，支撑喷枪并调节喷枪的位置，既保证喷射的深度，又避免搅动熔池的底部，在熔池底部形成金属或锍聚集的静止区，有利于渣-金属（锍）澄清分离；被扬起的熔渣在熔池上空吸收金属蒸气、CO 等挥发物燃烧释放的热量后回到熔池。熔融产物从靠近炉体底部的水冷排放口排出，烟气通过炉顶的烟气口排放，进入废热回收和收尘系统。

图 3-11 所示为顶吹浸没熔炼炼铅炉体（ISA 炉）结构示意图。炉体是一个圆筒形炉，在炉顶斜烟道的中间插有一支钢制喷枪。喷枪枪头埋于熔体中，把燃料和空气直接喷射到熔渣层中进行物料的氧化脱硫，反应产出的气体造成熔体的剧烈搅动，产出的富铅渣经铸渣机浇注成渣块，再送入鼓风炉还原熔炼生产粗铅和炉渣。顶吹熔炼炼铅可采用相连接的两台炉子操作，在不同炉内分别完成氧化熔炼和铅渣还原实现连续生产；也可以氧化熔炼和铅渣还原两过程同用一台炉，间断操作。

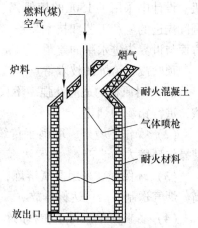

图 3-11　顶吹浸没熔炼炉体结构示意图

3.3.4.2　工业应用概况

顶吹浸没熔炼法在 20 世纪 80 年代工业应用获得成功后，澳大利亚 MIM 和奥斯麦特均持有该项技术的专有权和销售权，由于各自独立的发展，在技术上形成了各自的特点。

奥斯麦特公司已向世界上 10 多个国家的企业提供了技术和服务，设计、建设、试车、投产了 15 座工业化工厂。这些工厂包括了此技术在镍、铜、锡、银、金、锌、铅、铝和钽以及含铅锌的烟尘、炉渣、浸出渣和废蓄电池等二次物料中回收铅、锌及其他有价金属工业中的应用。韩国锌业公司是应用此技术最多的也是最成功的公司，该公司的温山冶炼厂5台奥斯麦特炉，其中两台用于其 QSL 炉铅渣贫化，两台用于锌浸出渣处理，一台用于处理铅蓄电池等含铅废料。

奥斯麦特公司在中国中条山有色金属公司提供了奥斯麦特技术及服务，于 1999 年在山西的侯马市建设了两座炉子，一座熔炼产出冰铜，另一座将冰铜吹炼成粗铜，年处理铜精矿 $2×10^5$ t，并于 2003 年完成了试车，已建成投产，各项指标达到或超过了设计值。2002 年该公司还与云南锡业有限公司合作在云南省个旧市建设了 1 座年处理锡精矿 $5×10^4$ t 的锡冶炼炉，负责提供技术并进行相应的配套技术服务，采用奥斯麦特技术代替原有 7 台反射炉，熔炼锡精矿，生产粗锡。2003 年在安徽铜陵金昌冶炼厂建成 1 座年处理铜精矿 $3.3×10^4$ t 的熔炼炉，生产冰铜，目前已建成并投产。

云南驰宏锌锗股份有限公司引进澳大利亚 MIM 公司的富氧顶吹浸没熔炼技术，于 2005 年 7 月建成一座年产 8 万吨粗铅的冶炼厂，MIM 公司承担艾萨炉车间的基本设计和炉体详细设计。采用的设备除主喷枪、保温烧嘴、加热烧嘴、渣口开口机、艾萨炉仪表控制系统由 MIM 公司供货外，其余均由国内设计、采购。粗铅冶炼工艺由两段熔炼完成，即富氧顶吹浸没熔炼和鼓风炉还原熔炼。富氧顶吹熔炼是在富氧空气的条件下，熔炼温度为 $1050~1100℃$ 炉料经氧化熔炼产出富铅渣和粗铅。粗铅锭送精炼车间，富铅渣经铸渣机铸块后送 $8m^2$ 的双排风口鼓风炉还原熔炼。艾萨炉烟气经余热锅炉、收尘后送双接触法制酸厂。

云南曲靖冶炼厂引进了顶吹熔炼–鼓风炉还原炼铅工艺，经调试和一年多的生产运行，产能已超过设计规模，但与底吹相比，投资和能耗较高，有效作业率略低，但这是铅冶炼引进技术相比最成功的一家。另外，曲靖冶炼厂铅电解车间还从日本 TDE 株式会社引进了铅阳极立模浇铸生产线，铅阴极自动排距机组，铅阴极制造机和始极板 DM 铸造机。设计中采用了 150t 的熔铅锅、$1.6m^2$ 大极板大电解槽、低电流密度、长周期操作等国际先进的生产工艺和技术装备，进一步缩小了我国铅精炼工业在技术装备、工艺控制等方面与世界先进水平的差距，为我国铅精炼生产起到了重要的示范作用。

顶吹浸没熔炼的技术特点有：

（1）对原料的适应性强。不仅可以处理铅精矿，还可以处理二次含铅物料、锌浸出渣，进行铅渣的烟化。

（2）操作环境好。取消了传统的铅烧结过程，消除了粉尘和 SO_2 烟气的低空污染，使操作环境大为改善。

（3）环保好。采用富氧熔炼，炉子密闭性好，漏风少，烟气量少，烟气 SO_2 浓度较高，烟气送制酸后可达标排放。

（4）备料简单。对于物料的粒度、水分要求不苛刻；备料简单，混合料制粒入炉后可显著减少被出炉烟气带走的粉尘量，从而降低烟尘率。

（5）具有高效性。顶吹熔炼属熔池熔炼，风从炉顶插入的喷枪送入熔池，熔炼强度及热利用均较高。

（6）自动化水平高。冶炼工艺的机械化、自动化控制水平高，作业率高，从而提高企业的劳动生产率，实现减员增效。

（7）技术指标好。对于冶炼铅含量较高（50%以上）、锌含量较低的精矿，技术经济指标相对更优越。弃渣铅含量为2%～5%，虽比鼓风炉高，但渣量少，铅的总回收率高。

（8）炉体结构简单。炉体散热少，操作温度相对较低，占地少，厂房空间要求不高，便于配置。

（9）维修方便。生产流程短，操作简单；富氧从喷枪喷入熔池，喷枪顶部自然形成冷凝渣层可有效保护喷枪，喷枪不需额外的冷却设施；喷枪结构简单、操作灵活，寿命长，更换维护也简单。

其缺点如下：

（1）投资稍大。需要技术转让费和设备引进费，且由于喷枪是专利技术，喷枪必须长期购买。但与同等规模的闪速熔炼相比，一般只有其投资的60%～70%。

（2）对于两段艾萨炉熔炼流程，目前存在的问题是在还原阶段，还原所需的粉煤量是根据富铅渣品位严格控制的，由于渣铅含量的波动范围大，从而引起炉温变化幅度大，加剧炉墙耐火砖损坏，同时烟尘率也较高。

3.3.5 卡尔多炉熔炼工艺

卡尔多炉（Kaldo）炼铅法是瑞典波利顿（Boliden）公司开发一项铅冶炼技术。该技术是氧气冶金在顶吹转炉上的一种应用。最初，卡尔多炉是为钢铁工业研制的，并在钢铁生产中取得了良好的成效。1979年，在瑞典北部的Ronskar冶炼厂用于处理含铅烟尘的第一台卡尔多炉诞生，接着又投产了处理铅精矿的卡尔多炉。1981～1982年间，Boliden公司已用卡尔多炉全面地完成了各种不同铅精矿的熔炼实验，使氧气顶吹卡尔多炉炼铅技术获得工业应用。此法还被用来处理PbO精矿、废铜料和含贵金属物料等。1992年伊朗曾姜铅锌总公司用卡尔多炉处理氧化铅精矿，年生产粗铅4万吨。中国金川有色金属公司在20世纪80年代将卡尔多技术成功地用来吹炼镍精矿和二次铜精矿，将其熔化吹炼成金属镍或金属铜。我国西部矿业公司引进的卡尔多炉于2005年在青海建成投产，设计能力为年产6万吨粗铅。

卡尔多炉虽然有多种炉型，但结构基本类似，炉体由圆筒形的下部炉缸和喇叭形的炉口两部分组成，炉体外壳为钢板，内衬耐火材料。炉体在传动机构的驱动下，可做回转运动，炉体结构如图3-12所示。在烟气出口设有烟罩，烟气采用湿式除尘。加料喷枪和燃烧喷枪通过烟罩从炉口插入炉内。其加料、氧化、还原、放渣/放铅四个冶炼步骤是在一台炉内完成，周期性间歇作业。

卡尔多炉的标准炉型为11m³，外径3.6m，长6.5m，操作倾角28°。此尺寸炉型一般年生产粗铅5万吨。如果要设计年产量大于5万吨粗铅的生产能力，需要两台11m³炉，而不是将炉子尺寸加大。这是因为

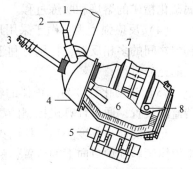

图3-12 卡尔多炉炉体结构图

1—烟道；2—加料溜槽；3—水冷氧枪；
3—活动烟罩；5—传动托轮；6—熔体；
7—托架；8—耳轴

11m³炉型已有多年的生产实践，设备运行可靠，其喷枪与炉子熔炼配合已取得最佳参数；而且该炉为周期间歇性操作，只有氧化段的烟气含高浓度SO_2，两台炉子的操作阶段交错进行，始终保持其中的一台炉子处于氧化段，才能使烟气中SO_2浓度相对稳定，有利于

烟气制酸。铅精矿首先被干燥到水分小于 0.5% 后，再经压缩空气送入喷枪。在喷枪内铅精矿与富氧空气混合，再喷入卡尔多炉进行自热熔炼，熔炼温度为 1000~1150℃。当熔炼过程持续到炉内充满了铅和渣时，停止加料，加入焦炭开始还原熔炼，同时喷入重油补热。还原熔炼结束后分别放出渣和粗铅。由于还原后的熔体没有足够的澄清分离时间，渣含铅一般在 8% 左右。

瑞典 Boliden 公司的卡尔多炉既可处理铅精矿，又可处理二次铅原料。处理铅精矿时，处理能力为 330t/d，烟气量为 25000~30000m³/h。氧化熔炼时烟气 SO_2 含量为 10.5%。工艺流程如图 3-13 所示。

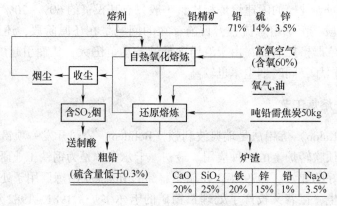

图 3-13　卡尔多炉直接炼铅流程

卡尔多炉的特点有：

（1）流程短，设备简单。该工艺能在同一台设备中直接生产粗铅，符合直接炼铅的要求，而且设备比较简单，占地面积小，工厂布置紧凑。

（2）对原料的适应性强。既可以处理各种铅精矿，又可以处理铅尘和各种二次物料。

（3）操作温度可在大范围内变化。例如，在 1100~1700℃ 下可完成铜、镍、铅等金属硫化精矿的熔炼和吹炼过程。

（4）反应强度大。由于采用顶吹和可旋转炉体，熔池搅拌充分，加速了气、液、固物料之间的多相反应，特别有利于金属硫化物（MS）与金属氧化物（MO）之间交互反应的充分进行。

（5）自动化程度高。炉体的转动和倾斜可通过控制系统完成。卡尔多炉还配有耐火砖监测装置，通过计算机控制的激光检测仪器跟踪检测耐火材料磨损情况，可使耐火砖工作到允许的最小厚度。当更换耐火砖时可以在炽热的条件下由机械手把要拆除的砖撬松，把炉体倾斜到炉口向下的位置，耐火砖就会自动脱落，不需将炉体冷却后再用人工拆除，这样既可节约时间，也可节省人力。

（6）作业环境好。卡尔多炉的整个系统全部被笼罩于一个密封的环保烟罩内，包括加料、排渣、放铅等操作都在这个环保罩内进行，防止了烟气、烟尘、铅蒸气等对操作环境的影响。

（7）周期性作业，烟气成分变化大，不利于制酸。卡尔多炉属周期性作业，只有在氧化段的烟气含高浓度 SO_2，烟气成分变化大，不利于制酸。卡尔多炉采用把氧化段高浓度的 SO_2 部分冷凝的技术，获得了制酸系统所需要的连续稳定的 SO_2 烟气。

我国西部矿业引进了卡尔多炉炼铅技术，由长沙有色设计研究院有限公司转化设计，在 2005 年建成投产了 6 万吨粗铅冶炼厂。经过一段时间的生产，最终因为经济效益差而停产。生产过程中发现主要存在的问题是：周期性间断操作，作业过程繁杂，温差大，过程控制管理不方便；炉衬耐火材料寿命短，仅为 1 个月，经济效益差。此外该项工艺与前几项炼铅工艺相比能耗也较高。因此，卡尔多炼铅虽然很早用于工业化生产，但一直未被推广。

3.3.6 基夫赛特直接炼铅工艺

3.3.6.1 炉体结构及工艺

基夫赛特（Kivcet）直接炼铅工艺是一种以闪速熔炼为主的直接炼铅法。该法由前苏联有色金属矿冶研究院自主开发，全称"氧气鼓风旋涡电热熔炼"。1986 年哈萨克斯坦采用该技术建成了日处理 400~500t 炉料的乌斯基-卡缅诺戈斯克铅冶炼厂。1987 年意大利埃尼利索斯公司建成了日处理 600t 炉料的维斯麦港铅冶炼厂，年产粗铅 8 万吨（后扩展至 12 万吨）。1996 年 12 月，加拿大科明科公司在原 QSL 法成功投产的基础上，用基夫赛特法建成了年产 10 万吨铅的特雷尔铅冶炼厂，目前在生产。2012 年我国的江西铜业铅锌金属有限公司和株洲冶炼厂采用基夫赛特法建成了铅冶炼厂，年产粗铅 12 万吨和 10 万吨。

基夫赛特法炼铅实际上包括闪速炉氧化熔炼 PbS 精矿和电炉还原贫化炉渣两部分，将传统的炼铅法焙烧、鼓风炉熔炼和炉渣烟化三个过程合并在一台基夫赛特炉中进行。基夫赛特炉由四部分构成：安装有氧焰喷嘴的反应塔；具有焦炭过滤层的熔池；贫化炉渣并挥发锌的电热区；冷却烟气并捕集高温烟尘的直升烟道，即立式余热锅炉。炉体结构如图 3-14 所示。

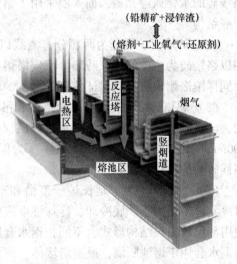

图 3-14 基夫赛特炉炉体结构示意图

A 反应塔

一般是矩形断面的矮塔。由于是用工业纯氧或富氧熔炼，反应塔的容积热强度高，为保证塔体耐火材料的寿命，需要采用砌体冷却的水冷构件。目前，工业上应用的反应塔结构有三种：第一种是铬镁质耐火砖砌筑，每两三层砖体间砌入水冷铜水套，俗称"三明治"结构，与闪速炉反应塔结构相同；第二种是膜式水冷壁结构，管壁上焊接渣钉，捣筑一层较薄的耐高温、耐冲刷的混凝土，并利用挂渣来保护炉墙；第三种是外壁采用水冷铜水套，内层砌筑铬镁砖的结构。

安装在反应塔顶的氧焰喷嘴是炉子的重要部件之一。采用不锈钢制造，分为上下两部件，上部件为炉料和氧气入口，如图 3-15（a）所示；下部件为炉料和氧气喷出口，如图 3-15（b）所示。氧气喷出口直径为 5~6mm，高速喷出的氧气和炉料表面充分接触，在高温的反应塔内迅速完成熔炼反应。按炉料的处理能力，氧焰喷嘴规格有 10~12t/h、15~18t/h、16~24t/h 等多种，设计时根据炉料处理量决定喷嘴数量，通常日处理 500t 炉料时选用 1 个喷嘴，日处理量大于 500t 时选用多个喷嘴。喷嘴在反应塔顶的布置应保证炉料在反应塔内散布均匀，不造成对炉墙的冲刷。

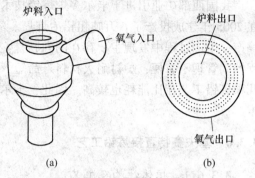

图 3-15   氧焰喷嘴结构示意图
(a) 喷嘴；(b) 喷嘴物料出口局部图

B 熔池

熔池由两部分构成。一部分熔池在反应塔和竖烟道下方，承接反应塔产生的熔体，反应塔产生的烟气通过熔池空间经竖烟道排出；另一部分熔池插入电极构成电热区，两个熔池气相由铜水套组成的隔墙分开，熔体则互相流通进行热量和质量的传递。

熔池由炉底、炉墙、炉顶、冷却件、钢结构框架构成：

(1) 炉底。基夫赛特炉采用风冷炉底，底部为型钢焊接而成的水平框架，用来支撑冷却炉底的风冷夹套。风冷夹套由钢板制成，上面砌筑一层厚度为 150mm 的石墨砖，再覆盖一层厚度为 1mm 的耐热钢板，然后再砌筑厚度为 425mm 的铬镁砖，为了尽可能减少铬镁砖的水化风险，最外面 4 圈采用了铬铝砖。整个炉底四周设置水冷钢水套，用以加强炉底结构。

(2) 炉墙。炉墙分为两部分，渣线以下采用镶嵌砖衬的铸造的铜水套，渣线以上采用以铬镁砖为主体的耐火砖墙。反应塔熔池与电热区熔池采用锻造铜水套作隔墙，铜水套上同样镶嵌耐火材料以保证使用寿命，炉墙厚度一般在 460~690mm。

(3) 炉顶。熔池炉顶有拱顶结构和吊顶结构两种。跨度大于 4m 的拱一般采用吊顶结构，电热区炉顶用支撑柱型炉顶代替拱顶后，寿命可从半年延长至一年半。吊顶采用厚度 300mm 的铬镁砖，吊挂砖长 460mm。为保证炉顶的气密性，炉顶外表涂刷用水玻璃调制铬镁砖粉的耐火砂浆。

(4) 冷却件。为了延长炉子寿命和砌体安全，熔池大部分设置了风冷和水冷元件。风冷元件主要用于炉底冷却，冷却强度应保证炉底耐火材料不被液体金属渗透。水冷元件使用部位较多，结构形式也不同，钢水套用于炉底四周，铸造水套用于渣线以下侧墙，锻造铜水套用于熔池隔墙、反应塔墙体、熔体放出口等各处。水冷元件用软化水循环使用。

(5) 钢结构框架。钢结构框架用于承受炉子在工作时产生的各种力，其中包括熔体静压力、化学反应和机械作用的附加力、砌体的热膨胀力、反应塔和竖烟道重力等。框架由用型钢焊接而成的立柱和横梁组成，并设弹簧组件控制炉体的膨胀和变形，保证炉体的气密性和稳定性。

C 电热还原区

基夫赛特炉电热区除了维持炉缸作业温度，储存熔体满足下一工序周期作业的需要外，还承担着将流入电热区的熔体进行沉淀分离及金属氧化物的烟化挥发的任务。电热区类似贫化电炉、电热前床，在炉顶部分设有 3~6 根电极，电极通常采用半石墨化电极，在侧墙设有炉渣和铜锍放出口，在端墙设置粗铅虹吸放出口及停炉时用的底部放出口。电热区结构如图 3-16 所示。

D 直升烟道

直升烟道由上下两段组成，下段高度 3~5m，由夹有铜水套冷却的砖砌体组成，直接与熔池相连接，上段高度 30~40m，为膜式水冷壁构成的竖井式余热锅炉。

图 3-17 所示为基夫赛特炉炉内结构。

E 工艺过程

基夫赛特炼铅的基本过程：干燥后的 PbS 精矿（含水小于 1%）和焦粒（5~15mm），用工业氧（95%）喷入反应竖炉内（喷射速度达 100~120m/s，炉料的氧化、熔化和形成粗铅、炉渣熔体仅在 2~3s 内完成）。氧料比调整到使炉料能完全脱硫，反应温度 1300~1400℃，PbS 精矿在悬浮状态下完成氧化脱硫和熔化过程，生成粗铅、高铅渣和 SO_2 烟气，并放出大量的热。

焦炭层是基夫赛特炼铅技术的重要特点之一。焦粒通过约 4m 高的反应竖炉时，

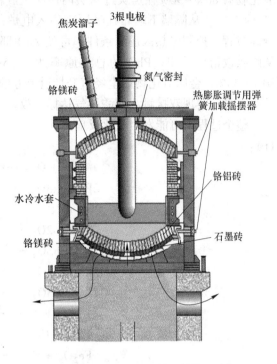

图 3-16 基夫赛特炉电热区结构示意图

被炉气加热，但由于 PbS 精矿的粒度细，着火温度低，会先于焦粒燃烧，焦粒在喷入和下降过程中大约只有 10%烧掉。其余的 90%很快落入熔池，形成漂浮在熔池表面的炽热的焦炭过滤层（约 200mm），熔体飘悬落入熔池的过程中约有 80%~90% 的 PbO 被还原成 Pb 很快沉入熔池底部。氧化物熔体和铅液从隔墙下部进入电热区。焦炭过滤层将含有一

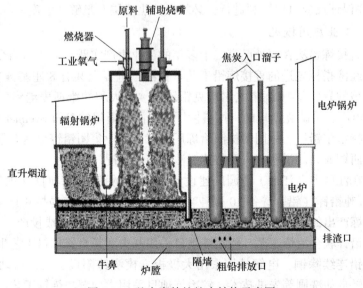

图 3-17 基夫赛特炉炉内结构示意图

次粗铅和高铅炉渣的熔体进行过滤，使高铅渣中的 PbO 被还原出金属 Pb。实践证明，铅氧化物有 80%~90%在焦炭过滤层内还原生成粗 Pb。从焦炭过滤层流下的含锌炉渣（含 Pb 约 5%），从隔墙下端靠虹吸原理注入电炉，在电热区完成最后的 PbO 的还原和铅-渣分离过程。控制电热区还原条件，可使 ZnO 部分或大部分还原挥发进入电炉烟气。粗铅从虹吸放铅口放出。PbO 的总还原率达到 95%~97%。熔炼烟气含有高浓度二氧化硫 30%~40%，金属氧化物烟尘经直升烟道上方的余热锅炉回收热能，然后由电收尘器除尘后送往酸厂实现双接触法制酸尾气达标排放。

整个过程中可能发生氧化反应见式（3-1）~式（3-7），还原反应见式（3-8）~式（3-11）：

$$PbS + O_2 \longrightarrow Pb + SO_2 \tag{3-1}$$

$$2PbS + 3O_2 \longrightarrow 2PbO + 2SO_2 \tag{3-2}$$

$$PbS + 2PbO \longrightarrow 3Pb + SO_2 \tag{3-3}$$

$$PbS + 2O_2 \longrightarrow PbSO_4 \tag{3-4}$$

$$2PbSO_4 \longrightarrow 2PbO + 2SO_2 + O_2 \tag{3-5}$$

$$2ZnS + 3O_2 \longrightarrow 2ZnO + 2SO_2 \tag{3-6}$$

$$2FeS + 3O_2 \longrightarrow 2FeO + 2SO_2 \tag{3-7}$$

$$PbO + C \longrightarrow Pb + CO \tag{3-8}$$

$$PbO + CO \longrightarrow Pb + CO_2 \tag{3-9}$$

$$Fe_2O_3 + C \longrightarrow 2FeO + CO \tag{3-10}$$

$$CO_2 + C \longrightarrow 2CO \tag{3-11}$$

在原料搭配处理锌浸出渣时，炉料中含 Fe_2O_3 成分会增高，Fe_2O_3 在 1300~1400℃的高温下会发生分解反应：

$$6Fe_2O_3 \longrightarrow 4Fe_3O_4 + O_2 \tag{3-12}$$

$$2Fe_3O_4 \longrightarrow 6FeO + O_2 \tag{3-13}$$

以上两个反应是吸热反应，焦炭除了与 PbO 和 Fe_2O_3 发生还原反应外，还要还原 Fe_3O_4，因此要保证反应可以顺利进行，必须保持焦滤层有足够的温度。

3.3.6.2　工业应用概况

基夫赛特直接炼铅法在国外已有二十多年的工业生产实践，已成为当今世界上技术成熟可靠、技术经济指标先进的直接炼铅工艺。目前，世界上共有 8 座基夫赛特炉在运行，包括哈萨克斯坦的乌斯基-卡缅诺戈尔斯克铅锌厂、意大利的维斯麦港铅厂、玻利维亚的 Karachipampa 铅厂、哈萨克斯坦的卢博科伊厂、哈萨克斯坦的 Vnit-Svetmet 中间试验工厂、加拿大科明科特雷尔铅厂、中国的株洲冶炼厂和江西铜业集团铅锌金属有限公司。以下主要以中国的江西铜业为例说明基夫赛特炼铅法的应用情况。

江铜集团在江西省九江市工业园区建设年产 400kt 铅锌冶炼项目（项目分两期建设，一期年产 20 万吨铅锌（铅、锌各 10 万吨），建设用地和总图布局按年产 40 万吨考虑），综合回收铜冶炼产出的含铅锌物料，一期项目于 2011 年四季度建成投产。

项目采用铅锌联合冶炼工艺：铅冶炼项目采用基夫赛特直接炼铅工艺生产粗铅，选用 CDF 炉进行粗铅连续除铜，电解精炼采用大极板立模浇铸阳极、阴极自动制造、阴阳极自动排距、残极自动洗刷等先进技术；锌冶炼项目采用常规湿法炼锌工艺，焙烧矿经浸出净化后进行电积，锌电积采用大极板和自动剥锌等先进技术。铅锌联合工艺旨在铅冶炼和锌冶炼内部建立物料循环系统，即利用基夫赛特炉处理锌系统的浸出渣，利用锌系统处理烟化炉产出的次氧化锌，提高金属回收率，实现资源综合利用最大化和"三废"排放最小化，达到清洁生产，为铅锌联合冶炼循环经济产业模式，对进一步提升我国铅锌冶炼工艺水平和推动铅锌行业节能减排工作的落实具有重大意义。

A　基夫赛特炉熔炼工艺

江铜基夫赛特炉冶炼工艺包含原料和熔剂的配料，炉料的混合和干燥，基夫赛特炉熔炼，粗铅和炉渣的排放，余热回收和烟气收尘等工序，如图 3-18 所示。

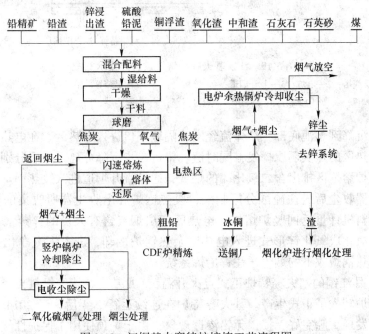

图 3-18　江铜基夫赛特炉熔炼工艺流程图

（1）配料工序。基夫赛特熔炼所需的各种物料包括：铅精矿、铅渣、锌浸出渣、硫酸铅泥、铜浮渣、氧化渣、中和渣、石灰石、石英砂和煤，分别在不同的主矿仓贮存，采用集中连续定量配料。经配料和混合获得的满足熔炼要求且成分稳定的炉料，经初步筛分去掉原料中的杂物后用胶带输送机送混合料干燥、球磨工序。焦炭经干燥筛分后由胶带输送机送往熔炼区的焦炭仓，焦炭经计量后一部分与炉料均匀混合后加入基夫赛特炉竖炉内冶炼，另一部分则由电热区入炉。

（2）混合料干燥、球磨工序。经配料后的炉料采用蒸汽干燥机加热干燥，使干燥后排出物料含水小于1%。混合料干燥后进行球磨，球磨后的炉料经筛分后得到合格的混合炉料，输送至基夫赛特炉的上料仓存储。

（3）基夫赛特熔炼。基夫赛特炉分为三个主要部分：反应竖炉、电热区和直升烟道，设置在同一固定的炉床上。反应竖炉和电热区由隔墙分开，如图 3-19 所示。

炉料在竖炉内完成硫化物的氧化反应并使炉料颗粒熔化，产出金属氧化物、金属铅滴和其他成分所组成的熔体，熔体在通过熔池表面的焦炭过滤层时，其中大部分氧化铅被还

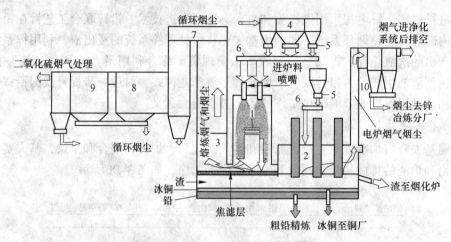

图 3-19　江铜基夫赛特熔炼设备连接示意图
1—反应塔；2—电炉；3—上升烟道；4—给料仓；5—带称重装置的给料设备；6—给料机；
7—余热锅炉辐射部；8—余热锅炉对流部；9—电除尘器；10—电炉余热锅炉

原成金属铅而沉降到熔池底部，熔体流经水冷隔墙下口进入电热区。在电热区渣中部分氧化锌被加入电热区的焦炭还原挥发，同时渣、铅进一步沉降分离，然后分别通过渣口和放铅口放出。竖炉熔炼区排出含二氧化硫的烟气，通过直升烟道进入废热锅炉回收余热，随后经静电除尘器收尘后送往硫酸分厂制酸；废热锅炉和电收尘器所收集的烟尘进入烟尘仓，经螺旋给料机计量返回竖炉熔炼。电热区产出烟气含有大量的锌蒸气，通入空气复燃，使锌蒸气氧化成氧化锌形式进入电热区余热锅炉冷却，进入烟气净化系统除杂后放空。电热区余热锅炉收下的烟尘送往锌冶炼系统。

　　2012 年 2 月江铜的基夫赛特炉正式点火升温，3 月基夫赛特炉投料，经过 6 个月的试运行基夫赛特炉转入了正式生产。基夫赛特炉在连续运行 2 年后，于 2014 年进行停炉冷修。冷修过程发现炉膛完好无损，无铅渗透现象，由于炉顶使用了保护性气氛，电炉拱顶和电极密封耐火砖无损坏。但也发现由于电炉区温度控制过高导致了电炉侧墙部分的耐火砖有一定的损坏，另外，还发现烧氧作用对铅口水套有烧损。基夫赛特炉冷修完成后，于 2014 年 5 月恢复生产，运行状况日趋良好。

　　经过几年的生产运行，充分证明了基夫赛特工艺的优势，产铅容易，运行可靠，铅锌联合冶炼可完全平衡锌厂产出的废渣，基夫赛特炉渣经烟化炉烟化产出的氧化锌在锌厂得到回收。表 3-6 列出了江铜基夫赛特炉生产过程中主要技术经济指标。

表 3-6　江铜基夫赛特炉炼铅法主要工艺技术经济指标

项　目	指标	参　数	项　目	指标	参　数
混合炉料含铅/%	29.35		电热区电耗/kW·h·t^{-1}	140	对炉料
燃料率/%	7	对炉料	电极单耗/kg·t^{-1}	2~4	对炉料
烟尘率/%	8	对炉料	竖炉焦炭单耗/kg·t^{-1}	20~40	对炉料
脱硫率/%	97.5		电热区焦炭单耗/kg·t^{-1}	5~10	对炉料
竖炉烟气 SO$_2$ 浓度/%	22		铅直收率/%	90~92	炉料→粗铅
渣含铅/%	3~4		银直收率/%	98	炉料→粗铅
工业氧消耗/m^3·t^{-1}	150~190	氧气纯度大于98%			

B 基夫赛特炉炉渣的烟化炉处理工艺

江铜基夫赛特炉炉渣中含锌约15%、含铅约4%，并含有其他有价金属。原设计采用炉床面积18m² 的烟化炉回收其中的铅、锌及有价金属。2012年5月烟化炉投料运行，运行一年后生产基本稳定，技术经济指标达到设计目标，但在生产过程中发现如下问题：(1) 喷嘴受高速风煤颗粒冲刷而磨损严重；(2) 烟化炉操作为间断作业，其高温烟气经余热系统所产蒸汽不连续且蒸汽量波动较大，不利于发电；(3) 粉煤利用率低；(4) 烟化炉采用集中进渣方式，因炉底与进渣口高差大，炉底被炉渣严重冲刷；(5) 因间断作业需要频繁开堵渣口，造成操作工劳动强度大。以上问题造成烟化炉与基夫赛特炉的生产不匹配，为提高烟化炉对基夫赛特炉连续化生产的适应性，江铜在2013年对烟化炉进行了改造，形成了烟化炉液态渣连续吹炼的新工艺方法。具体改造如下：

(1) 烟化炉渣炉门水套改造。在炉门水套设高、低位排渣口，高、低位排渣口的高度差既实现了烟化炉进渣流在熔体上，又保证了烟化炉喷嘴处于液面以下工作。高、低位排渣口出口处连接排渣溜槽。

(2) 烟化炉喷嘴优化。连续吹炼对喷嘴的要求更高，对喷嘴结构进行优化，使炉内熔体能充分搅动、充分反应，改善吹炼效果；为解决喷嘴易磨损的问题，采用复合材料，有效提高喷嘴的使用寿命。

(3) 炉体及余热锅炉结构改良。烟化炉连续吹炼床能力增加，三次风量无法满足Pb、Zn的氧化需求。在炉体增加三次风口，保证Pb、Zn氧化反应的正常。在余热锅炉辐射部增加一组水冷壁，增加锅炉受热面积，平衡稳定锅炉运行压力。

(4) 开发烟化炉筑炉新方法。根据烟化炉炉体膨胀的规律，摸索一套炉底筑炉新方式；通过对炉渣性质研究，改良炉底耐火材料，延长烟化炉炉底的使用寿命。

2013年6月完成烟化炉的改造后，烟化炉开始了连续吹炼作业模式。图3-20所示为烟化炉连续吹炼工艺流程。烟化处理系统设置1台烟化炉、2个粉煤仓和2套给煤机装置，粉煤采用定量供给机计量。烟化炉操作周期：120~140min/炉，其中加料15~20min/炉，吹炼90~100min/炉，放渣15~20min/炉。烟化炉停炉时，基夫赛特炉渣走旁通渣口排出至水淬渣池，图3-21所示为基夫塞特炉与烟化炉配套工艺流程。

烟化炉连续吹炼作业以来，烟化炉尾渣指标稳定；烟化炉吹炼期间，余热锅炉压力稳定，所产蒸汽全部用于汽轮机发电；采用连续吹炼避免基夫赛特炉频繁氧气烧渣口作业，渣口水套使用寿命大幅延长，同时连续进渣减轻炉渣对炉底的冲刷，有效保护炉底，炉底使用时间增加。表3-7列举了烟化炉连续吹炼生产的主要技术经济指标。

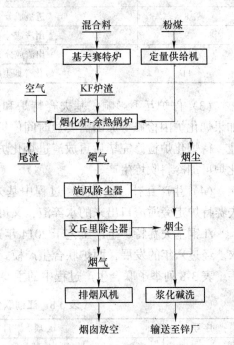

图3-20 江铜烟化炉连续吹炼工艺流程示意图

C　基夫赛特炉和烟化炉联合应用优势

（1）节省煤耗。基夫赛特炉是一项新型的直接炼铅技术，氧化和还原都在基夫赛特炉内完成。基夫赛特炉出渣温度较高，在烟化炉操作中可通过控制风煤比直接还原，大大减少了传统烟化炉升温期的粉煤消耗。

（2）操作简便安全。烟化炉生产包括进渣、吹炼、放渣三个主体工序，操作流程短，操作方法简便。通过渣溜槽进渣，相对于传统的行车调转渣包的方式，降低了安全风险。

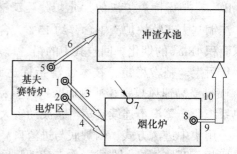

图 3-21　基夫赛特炉与烟化炉配套工艺流程示意图

1，2—基夫塞特炉放渣口；3，4—基夫赛特炉渣溜槽；
5—基夫塞特炉通渣口；6—基夫赛特炉通渣溜槽；
7—烟化炉冷料加入口；8—烟化炉渣口；
9—烟化炉渣溜槽；10—烟化炉冲渣溜槽

表 3-7　江铜烟化炉连续吹炼生产主要工艺技术经济指标

序　号	项　　目	指　标
1	床面积/m²	18
2	风口数量/个	48
3	风口直径/mm	38
4	单位处理炉渣量/t · (m² · d)⁻¹	32~38
5	燃料率/%	17~18
6	吨渣空气耗量（标态）/m³	1000~1100
7	进渣成分 Zn/%	12~15
8	进渣成分 Pb/%	3~4
9	出渣成分 Zn/%	2~3
10	出渣成分 Pb/%	<0.2
11	氧化锌烟尘产率/%	12~17

（3）停炉互不影响。基夫赛特炉和烟化炉生产相辅相成，但又是可以单独分离的。如果烟化炉因检修等原因需要短时间停炉时，基夫赛特炉可以降低投料负荷，进行憋渣作业，待烟化炉检修完毕后再放渣进烟化炉；如果基夫赛特炉因检修等原因需要停炉时，烟化炉可加冷料吹炼生产。

（4）生产互补。正常生产过程中基夫赛特炉产生的热渣需要烟化炉进行处理，而基夫赛特炉走旁通渣口出来的水淬渣，又可以通过加冷料的形式进入烟化炉内吹炼。

江铜基夫赛特炉生产工艺于 2014 年达到设计要求，满足年产铅锭 100 万吨的生产需求。经过六年的发展，两炉联合生产模式已经成熟，各项技术经济指标均能达到同行业前茅。表 3-8 列举了联合生产过程中的主要技术经济指标。

表 3-8　江铜联合生产主要技术经济指标

序号	项　　目	指　标
1	基夫赛特炉作业率/%	>95
2	烟化炉作业率/%	>90

序号	项　目	指　标
3	基夫赛特炉渣含锌/%	3~4
4	烟化炉渣含铅加锌/%	1~2
5	铅直收率/%	98
6	次氧化锌/%	约64
7	床能率/t·(m²·d)⁻¹	约35
8	锌金属挥发率/%	>91
9	铅金属挥发率/%	>94

基夫赛特炼铅法自 20 世纪 80 年代投入工业生产以来，由于它的特点是利用工业氧气和电能，属于硫化矿自热闪速熔炼，并运用了廉价的碎粒焦炭还原 PbO 渣的独特方法。经过几十年的发展，已成为工艺先进、技术成熟、能满足环保要求的现代直接炼铅法，具有以下特点：

（1）连续作业。氧化脱硫和还原在一座炉内连续完成，直接产出含铅 95%~99.1% 的粗铅，生产环节少。

（2）原料适应性强。随着基夫赛特炼铅技术的发展，可以处理各种不同品位（Pb 20%~70%，S 13.5%~28%，Ag 100~8000g/t）的硫化铅矿或氧化铅矿，还可搭配处理各种含铅烟灰及渣料、废铅蓄电池糊，特别是能搭配处理锌湿法系统产出的浸出渣，避免了采用回转窑工艺处理锌浸渣时生成低浓度 SO₂ 烟气的污染问题。

（3）主金属回收率高。铅锌工艺产生的废渣可以相互处理，提高了金属回收率，降低了废渣堆放造成的环保压力。主金属铅的回收率大于 98%，渣含铅量低于 3%，金、银入粗铅率为 99% 以上，还可回收原料中 Zn60% 以上。

（4）环保好、烟气 SO₂ 浓度高、烟气量少。烟气 SO₂ 浓度可达到 20% 以上，可用来直接制酸；烟气量少，带走的热量少，余热利用好，从而烟气冷却和净化设备小。

（5）烟尘率低，为投料量 5%~7%，返料少，烟尘直接返回炉内冶炼。

（6）能耗低。采用富氧闪速熔炼，强化了冶金过程，采用细磨技术使精矿细化，充分利用了精矿表面巨大的活性能，精矿热能利用率高，只需补充少量辅助燃料达到自热熔炼，生产率高，余热利用好；另外烟尘率低，仅占炉料的 5%~7%，且可直接返回炉内冶炼。每吨粗铅能耗为 0.35t 标煤。

（7）炉子寿命长。基夫赛特炉采用良好的冷却结构，使用大量铜水套，可实现三年炉修一次，沉淀池水套的使用寿命一般在十年以上，炉修主要是对铅口水套进行更换。

（8）炉子生产率高。精矿的直接熔炼取代了传统的氧化烧结焙烧与鼓风炉还原熔炼两大过程，生成工序减少，流程缩短，实现自动化操作和控制，劳动生产率高。

但该工艺也存在不足，首先是粒度控制严格，一般控制在 0.5mm 以下，最大不能超过 1mm；其次炉料水分要求严格，必须小于 1%。而且与其他直接炼铅法比，原料准备相对复杂，投资较高。

正是基于这些特点，我国的株冶和江铜结合自身企业的特点，采用基夫赛特工艺分别新建年产 12 万吨和 10 万吨铅的炼铅厂，于 2012 年建成投产。基夫赛特炉的建成能够替代现有的烧结机—鼓风炉系统，充分发挥铅锌联合企业优势，搭配处理锌直接浸出产出的渣料。目前，株冶和江铜的基夫赛特炉投产运行已经 7 年，经过 7 年的运行，基夫赛特炉在搭配处理锌渣方面已表现出了明显的优势，株冶的基夫赛特炉每年搭配处理锌直接浸出尾矿渣 9.6 万吨，硫化物热滤渣 2 万吨。但也存在一定的不足：

（1）炉体结构较为复杂，包括贫化电炉在内的熔池均需用铜水套保护，不仅投资大（江西铜业铅锌金属有限公司的基夫赛特铅冶炼厂投资 12 亿元，株冶的基夫赛特铅冶炼厂投资 9 亿元），而且铜水套散热带走的热量也较多。

（2）炉内的熔体由反应塔直接流向贫化电炉，直升烟道下部的熔池就成为无效工作区，由于该部分熔体几乎不流动，烟道下部易出现炉结。

（3）由于电热还原区的熔渣几乎呈静止状态，而加入还原区的焦炭或粒煤漂浮在渣面，还原效果较差，导致电炉外排的渣含铅偏高。

基夫赛特法具有对原料适应性强、环境保护好的明显优势，但作为生产利润率很低的铅冶炼行业，如果不能大幅缩减建设投资，在一定程度上会阻碍基夫赛特法的推广。

3.3.7　富氧闪速熔炼新技术

3.3.7.1　炉体结构及工艺

富氧闪速炼铅炉是在借鉴现代铜闪速熔炼并充分吸纳基夫赛特炼铅工艺优点的基础上研发的新型闪速炼铅炉，其主体设备由闪速熔炼炉和还原贫化电炉构成，如图 3-22 所示，铅的熔炼和炉渣贫化还原分别在两台装置中联合完成。主体的闪速熔炼炉由带氧焰喷嘴的反应塔、设有热焦滤层的沉淀池、带膜氏壁的上升烟道三部分组成。反应塔为圆形，采用 1 层铜水套+7 层铬镁砖耐火材料的"大三明治"结构，耐火材料外部设有铜水套。塔顶和沉淀池均设有备用氧油枪，供停料保温用。塔顶中央设有一个中央扩散型精矿喷枪，如图 3-23 所示。

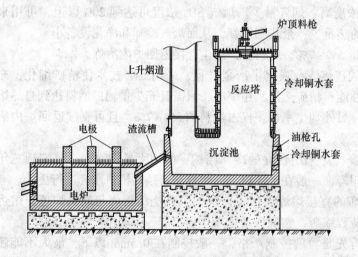

图 3-22　铅富氧闪速熔炼法设备配置图

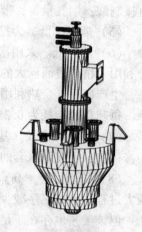

图 3-23　铅富氧闪速熔炼
中央喷枪示意图

粒径小于 1mm、含水小于 1% 的粉状炉料从喷枪咽喉口处给出，工业纯氧在咽喉口成高速射流状，将含铅物料引入并经喇叭口分散成雾状送入反应塔。含水小于5%、粒径5~25mm的兰炭从塔顶的两个加料管单独加入。约有5%~10%的兰炭参与燃烧反应补充反应热。氧化脱硫后的大于1350℃的熔融物料在经过漂浮在熔池面的炽热焦滤层时，超过85%的PbO与焦滤层产生的CO及C反应被还原成金属Pb，铅-渣分离后从沉淀池底部虹吸放出，含铅小于10%的熔融渣再经溜槽自流至贫化电炉深度还原。为降低熔炼烟尘率，在熔池顶部设置了一排铜水套压舌，在下压烟气的同时，实现对熔池顶部耐火砖的挂渣保护。上升烟道垂直向上，直接与余热锅炉辐射冷却段相连。

还原贫化电炉控制约1250℃的还原温度，还原剂为5~30mm的粒煤，由电炉进料口加入。为保证炉渣中铅、锌的还原效果，喷吹适量压缩空气搅动熔体，保证渣含铅小于2%、锌小于2%。挥发进入电炉在烟气的锌、铅蒸气经二次吸风燃烧、冷却降温后，进入布袋收尘系统回收锌、铅。电炉在还原过程中形成的冰铜从冰铜口单独放出。电炉粗铅从放铅口虹吸放出。

与炼铜闪速炉不同，闪速炼铅炉在熔池上保持150~200mm厚的焦炭层，熔融物先经焦炭层过滤，PbO与C反应后才进入沉淀池，另外闪速炼铅炉的上升烟道为直立式，垂直向上与锅炉辐射区连接，与炼铜闪速炉斜升烟道连接辐射冷却室也不相同。与基夫赛特炉不同，闪速炼铅炉只有反应塔、沉淀池和一个上升烟道，反应塔设有一个中央扩散型精矿喷嘴；基夫赛特炉的反应塔、沉淀池与电炉互为一体，有2个上升烟道，其沉淀池的氧化段和还原段设有隔墙，反应塔顶设有4个精矿喷嘴，炉体结构复杂。

在操作和控制条件上，闪速炼铅法也和基夫赛特有本质的区别，如氧势控制、渣型控制、脱硫率控制、冰铜层控制、底铅温度控制等，正是由于上述操作和控制条件的改变，才确保了铅精矿中伴生铜的高效回收（在原料含铜0.4%的条件下，可以生产出含铜约8%的冰铜，铜回收率大于85%）。

由于融合了富氧闪速强化熔炼脱硫、炽热焦滤层高效还原和电炉强制搅拌还原等过程，不仅大幅拓展了含铅物料的适用范围，使低品位铅矿、二次铅物料的经济利用成为现实，淘汰了烟化炉，而且大幅度降低了铅冶炼系统的综合能耗，有效解决了铅冶炼的污染，形成了清洁、高效、短流程、高适应性、伴生金属回收率高的直接炼铅新工艺。铅富氧闪速熔炼原则工艺流程如图3-24所示。

铅富氧闪速熔炼法的特点如下：

（1）炉体结构及工艺生产过程简单，操作和运行条件简便稳定。取消烟化炉，真正实现了铅、锌的一次回收。

（2）伴生有价金属回收率高。物料中的铜大部分以硫化物形态在贫化电炉中富集，并形成冰铜相产出（冰铜含铜大于8%），外排电炉渣含铜小于0.1%，铜回收率大于85%；约99.5%的金银在粗铅中得到富集并在铅精炼过程得到回收。

（3）单独设置的还原贫化电炉大大提高了锌的还原挥发效果。通过采用喷吹压缩空气和使用粒煤作还原剂的措施，可以使电炉渣含铅小于1%，锌小于2%，锌挥发率大于90%，实现了取消烟化炉的目标。同时，由于冰铜层的存在，即便炉渣含锌降至2%以下，也不用担心由于铁的还原所导致的炉底积铁问题。

（4）"大三明治"结构的反应塔使铜水套的使用量大幅降低，同时由于贫化电炉炉温

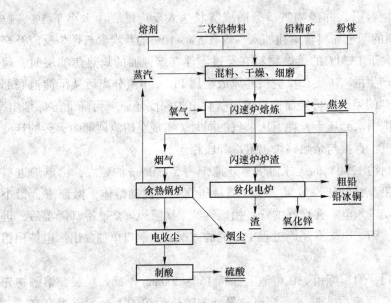

图 3-24 铅富氧闪速熔炼的原则工艺流程图

也较基夫赛特电炉贫化区的温度低，炉墙无需使用铜水套，加之配套辅助设备少，并取消了烟化炉，设备全部国产化。同等生产规模下，铅富氧闪速熔炼法的投资仅为基夫赛特法的 60%。

（5）采用独特的操作技术，大幅提高了熔炼渣和铅之间的热传导效果，基本避免了黏渣层的形成。反应塔熔炼温度（约 1350℃）、熔渣温度（约 1150℃）和底铅温度均较低，对耐火材料的浸蚀小。从铅虹吸口排出的铅温小于 700℃，几乎没有铅雾产生，操作条件、劳动安全和工业卫生条件好。

（6）反应塔和上升烟道之间设有很宽的熔池面和渐压式的铜水套压舌，能更好地缓冲高温气流对熔池顶部耐火材料的冲刷浸蚀，并利于烟尘沉降，铜水套的使用也可以实现熔池顶部耐火材料的挂渣保护。二次补风装置保证了烟气中 PbS 蒸气和 CO 的完全氧化，避免了 PbS 和 CO 在余热锅炉对流区的二次燃烧并改变烟尘性质，消除了烟灰堵塞余热锅炉烟道的隐患。

3.3.7.2 工业应用概况

2011 年由北京矿冶研究总院负责设计的国内第一座铅富氧闪速熔炼厂在河南省灵宝市华宝产业有限公司的鑫华铅厂正式投产，设计规模为年产 10 万吨粗铅。

图 3-25 所示为鑫华铅厂铅富氧闪速熔炼厂的铅熔炼工艺流程。熔炼部分设有配料、干燥、磨破、气力输送、闪速熔炼工序和配套烟气处理系统、炉渣电炉还原熔炼及配套烟气处理系统等设备。闪速炉烟气处理系统包括余热锅炉、高温静电收尘器、烟尘返回系统及配套制酸系统，闪速炉渣经配套的一台 3200kW 的电炉还原熔炼，电炉烟气经复燃室、热交换器、布袋收尘后并入熔炼系统的通风系统进行处理。

2011 年 5 月，整个炼铅系统设备调试完毕，达到工艺条件后，开始正式生产。生产过程中，通过调整入炉料配比，减少炉料内的熔剂量，提高入炉料的发热值，增加投料量，降低辅助供热的氧油枪的油量，控制吨矿氧料比，使铅闪速炉实现自热熔炼，降低能耗。投产的物料平均铁硅比 $Fe/SiO_2=0.52$、钙硅比 $CaO/SiO_2=0.3$，并使用了大量的二次铅物料，原料平均含锌只有 3.2%，有效硫含量只有 5%，且单批物料大于 600t 的只有 12种，其主要化学成分见表 3-9。为满足生产的渣型要求和提高有效硫含量，生产中配加了约 10% 含金约 20g/t、含碳约 15% 的卡林金矿和约 20% 含金约 10g/t 的黄铁矿。配制后的入炉料含铅约为 30%。

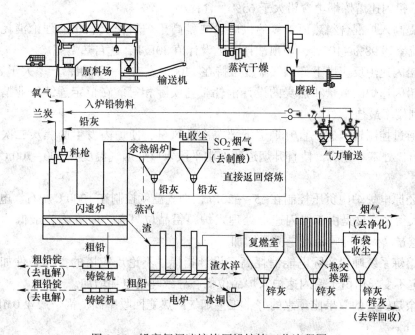

图 3-25 铅富氧闪速熔炼厂铅熔炼工艺流程图

表 3-9 投产用精矿种类及成分

物料名称	干重/t	化学成分（质量分数）/%							
		Pb	Zn	S	Cu	SiO₂	Fe	CaO	有效 S
山西精矿	1381	53.70	3.06	6.10	0.21	8.72	7.54	2.17	1.73
银家精矿	935	40.00	2.74	6.83	0.44	15.33	9.18	2.92	1.41
山东碳金	2000	32.13	2.17	8.84	0	20.45	6.11	6.30	2.51
商州铅泥	682	39.30	4.60	13.50	0.03	10.49	6.93	3.28	1.80
栾川精矿	627	43.34	3.95	10.50	0.81	9.34	8.83	3.41	5.35
栾川精矿	882	45.00	2.65	9.00	0.88	8.60	9.12	5.57	4.00
澳洲精矿	1182	31.38	4.07	18.86	0.16	18.74	4.23	3.39	11.96
陕西精矿	1067	35.94	2.79	21.90	0.90	9.66	19.07	6.80	16.08
陕西碳金	1663	35.11	1.77	5.14	0.09	27.55	3.77	6.50	1.44
灵瑞精矿	959	47.23	1.24	13.81	0.38	6.92	11.38	4.51	5.92
汝阳精矿	558	60.00	6.00	11.73	0.25	13.00	5.08	2.72	6.30
洛宁精矿	653	58.41	6.81	12.15	0.34	9.79	5.22	2.73	9.40

该厂生产过程出现的情况主要有：

（1）铅闪速熔炼渣含铅通常保持在 8%~12%（最低降至 3%）。经电炉贫化还原，电炉弃渣含铅小于 2%（最低小于 1%）、含锌小于 2%（最低小于 1%）、平均含银小于6g/t、含金小于 0.1g/t、含铜小于 0.1%，粗铅品位大于 98%。

（2）铅闪速炉反应塔顶中央喷嘴工艺富氧由使用压缩空气转为工业纯氧，反应塔顶负压控制在−10~−30Pa，减少了烟气量，有效降低烟尘率，平均 6%~10%，且全部闭路返回熔炼，铅闪速熔炼烟尘含铅大于 65%、含锌小于 3%。

（3）提高入炉混合料热值，氧的供应量要稍高于炉料完成氧化的理论消耗量，以保证炉料脱硫率达 98%~100%，炉顶油耗降至设计值 30L/h，达自热熔炼。

（4）铅闪速炉反应塔下部烟气温度维持在 1400℃左右，一次粗铅产率大于 80%。

（5）铅闪速炉的氧量和焦炭的设计消耗量与实际相等。在恒定连续作业情况下，焦炭的有效利用率最佳。

（6）通过控制铅闪速炉直升烟道下部二次配风量，使炉内发生的焦炭二次燃烧反应在沉淀池出口处基本完成，使直升烟道顶部水平段入口处烟气温度在 600~700℃，烟灰无烧结现象。

（7）还原电炉炉内负压控制在−5~−20Pa，烟气温度控制在 1000℃左右，电极消耗量比设计值大得多，这是由于铅闪速炉处理入炉料铅品位只有 30%左右，最低达 25%，导致吨铅产渣量增大，即吨铅耗电极量增加。

（8）熔炼系统吨铅实际电能消耗高于设计指标。不论反应塔的操作条件如何，耗电几乎是恒定不变，但由于铅闪速炉入炉品位低，导致吨铅电耗增加。

（9）余热锅炉的效果比预想的好，工艺烟气的热能回收率高，锅炉产 4.0MPa 饱和蒸汽 12~15t/h。

综上所述，铅的富氧闪速熔炼法由于融合了富氧闪速强化熔炼脱硫、炽热焦滤层高效还原和电炉强制搅拌还原等过程，使用工业纯氧实现了物料在反应塔的快速强氧化脱硫（3~5s 完成氧化反应，脱硫率大于 98%），利用炽热焦滤层实现了脱硫熔融物料在熔池内的快速高效还原，在一个炉体内实现了反应塔的高氧势快速脱硫和熔池的低氧势快速还原铅两个过程，金属铅产生的主要途径是氧化铅的高温碳还原。由于改变了铅的还原途径，大大增强了工艺对物料的适应性，入炉料含铅可以降至 25%，甚至更低。铅及伴生有价金属回收率高。铅总回收率提高了 3%，达到 98.5%；金银入粗铅率提高到 99%；铜直接以铅冰铜产出，回收率大于 85%；锌直接以氧化锌灰形态产出，回收率大于 90%；直接产出含铅、锌小于 2%的弃渣，取消烟化炉。铅富氧闪速熔炼技术系统综合能耗低。包括锌挥发的能耗在内，吨粗铅冶炼综合能耗（标煤）小于 220kg。

铅的富氧闪速熔炼技术指标与粗铅冶炼业一级指标的对比见表 3-10。由表可见，吨粗铅烟尘排放量、SO_2 排放量和 CO_2 排放量较国内目前的炼铅工艺降低 50%~90%，节能减排效果显著，对环境友好，能够实现清洁冶金。

表 3-10　清洁生产技术指标对比

序号	资源能源利用指标	粗铅冶炼业一级指标	铅富氧闪速熔炼技术
1	铅总回收率/%	≥97	98.50
2	金入粗铅率/%	≥96	99.00

序号	资源能源利用指标	粗铅冶炼业一级指标	铅富氧闪速熔炼技术
3	银入粗铅率/%	≥95	98.00
4	总硫利用率/%	≥96	98.00
5	SO_2 转换率/%	≥99.8	99.90
6	吨铅新水用量/t	≤10	6.00
7	吨铅综合能耗（标煤）/kg	≤450（不含烟化炉能耗）	213（含锌挥发）
8	吨铅废水产生量/t	≤4	无产生废水排放
9	吨铅 SO_2 产生量/kg	≤2	0.56
10	吨铅颗粒物产生量/kg	≤1.5	0.06
11	工业用水重复利用率/%	≥98	98.30
12	固体废物综合利用率/%	≥90	100.0

　　鑫华铅厂的铅富氧闪速熔炼炉自投产以来，连续生产结果已达到了预期的目标。不仅大幅拓展了含铅物料的适用范围，使低品位铅矿、二次铅物料的经济利用成为现实，淘汰了烟化炉，而且大幅降低了铅冶炼系统的综合能耗，有效解决了铅冶炼的污染，形成了清洁、高效、短流程、高适应性、伴生金属回收率高的直接炼铅新工艺。

　　以上七种火法炼铅新技术中，与铅的闪速熔炼技术相比，铅的熔池熔炼技术具有对原料含水要求不高，原料处理简单；高铅渣的还原不使用焦炭，而使用价格低廉的煤；不使用贫化电炉，电耗低；粗铅产率高（闪速炼铅法中约有 6% 的铅进入次氧化锌中，外售时该部分铅不计价）等优点在我国占主导，尤其是氧气底吹 SKS 法，年产能已超过 300 万吨。在 SKS 法基础上开发的液态高铅渣直接还原技术，已作为鼓风炉还原的替代技术在各地广泛推广。但由于没能从根本上改变铅的生成途径，以 SKS 法为代表的熔池炼铅法只能处理含铅大于 45% 铅精矿。国内高品位铅精矿供应紧张，对外依存度超过 60%，并由此导致铅精矿和金属铅价格的几近倒挂，企业抗风险能力较差。但我国的电子铅玻璃、锌浸出渣等低品位含铅二次资源的社会积存量近年来则呈急剧增加的态势，潜在的环境污染问题亟待解决，因此，迫切需要开发适应于中低品位铅物料处理的清洁、高效、综合利用好、投资相对较低的新技术，来增强企业的盈利能力，并促使企业发挥应该承担的社会责任。

3.4　铅湿法提取新技术

　　目前，世界上铅冶炼工艺主要以火法为主，铅火法冶炼烟气中包括铅、砷、镉、汞等有害元素无法有效回收，相当部分以气态或颗粒物形式排放到环境中，对空气环境的质量产生影响，对周围环境、土壤、人群健康等都存在或多或少的破坏。尽管针对传统火法流程进行了改造，发展了直接炼铅法，在一定程度上减轻了污染物的排放，但未能彻底消除 SO_2、铅蒸气和含铅粉尘造成的环境污染。

　　随着环保要求日益严格和国际市场竞争日趋激烈，为了铅产业的可持续发展，湿法炼铅技术越来越受到铅行业的重视。

湿法炼铅技术的研究工作约开始于 20 世纪初，到 20 世纪 50 年代湿法炼铅的文章和研究报告不断发表和出版，除热力学和动力方面的基础研究外，也包括炼铅工艺的应用研究。炼铅工艺研究涉及浸出、净化和置换等各种典型的湿法冶金过程，同时也涉及水溶液电解和熔盐电解过程，有些研究还提出了火法—湿法联合及选冶联合工艺。

铅的湿法冶炼工艺与其他金属的湿法冶炼工艺一样，可归纳为原料浸出—浸出液净化—净化液提取主金属—伴生元素综合回收等四个步骤。

铅与其他金属的不同点是硫酸铅不溶于水，因此铅的浸出一般不用铜、镍、钴、锌，常用成熟的硫酸体系进行浸出。这可能是长期以来湿法炼铅未能产业化的重要原因。氯化铅、硝酸铅、硅氟酸铅均溶于水，可用于湿法炼铅。如果采用硫酸浸出，生成的硫酸铅也需要转化为可溶铅化合物，才能完成金属铅的提取过程。即使矿浆电解，也不能采用硫酸体系。铅浸出液净化可用铅置换法去正电性的金属如金、银、铜等。负电性的金属，如锌、铁，则可用萃取脱锌、水解除铁。净化液提取金属铅可用电积法、加压氢还原或者金属置换等工艺。由于氯化铅溶液可以通过冷却获得很纯的 $PbCl_2$ 结晶，可将此结晶进行熔盐电解获得金属铅。氯化浸出液冷却结晶过滤产出 $PbCl_2$ 后，溶液可以通过常用工艺将伴生元素进行综合回收。

目前，已用于湿法炼铅工艺试验的工艺有很多，按照浸出体系主要有氯盐体系、硝酸盐体系、硫酸体系和碱浸体系，见表 3-11。按照浸出方法有三价铁盐浸出法、碱浸法、固相转化法、电化学浸出法、氯盐浸出法、胺浸法、加压浸出法和氨性硫酸铵浸出法等。

表 3-11　湿法铅提取工艺

体　系	工　艺
氯盐体系	$FeCl_3$ 浸出—$PbCl_2$ 熔盐电解工艺
	$FeCl_3$ 浸出—$PbCl_2$ 水溶液隔膜电解工艺
	$FeCl_3$ 浸出—$PbCl_2$ 阴极固态还原工艺
	Cl_2 和 O_2 浸出—$PbCl_2$ 熔盐电解工艺
	高氯酸浸出—电解工艺
	铅精矿压块—高氯酸铅水溶液隔膜电解工艺
	$HCl+MgCl_2$ 浸出—Fe 置换工艺
	矿浆电解（电解液为 NaCl 或 KCl 加 $PbCl_2$）
硝酸盐体系	HNO_3+PbO_2 浸出—$Pb(NO_3)_2$ 隔膜电解工艺
硫酸体系	硫酸高铁浸出—碳酸铵转化—硅氟酸铅电解流程
	高压氧酸浸—$PbSO_4$ 乙二铵溶解—电解工艺
碱浸体系	$(NH_4)_2CO_3$ 浸出—$PbCO_3 H_2SiF_6$ 溶解—铅粉置换—不溶性阳极电解
	浓碱 NaOH 浸出

3.4.1　三价铁盐浸出法

三价铁盐浸出法是利用 Fe^{3+} 作为氧化剂浸出铅精矿，浸出后得到 Pb^{2+} 和元素硫，浸

出反应如式 (3-14) 所示。三价铁盐主要有 $FeCl_3$、$Fe_2(SiF_6)_3$、$Fe_2(SO_4)_3$ 和 $Fe(BF_4)_3$。

$$PbS + 2Fe^{3+} === Pb^{2+} + 2Fe^{2+} + S^0 \qquad (3-14)$$

采用 $FeCl_3$ 作为浸出剂浸出铅精矿得到 $PbCl_2$ 和元素硫，$PbCl_2$ 一般采用熔盐电解得到电铅。该法研究得相对较为深入，据报道，用 $FeCl_3$ 溶液在 95℃±5℃、pH＝0～1、液固比 6：1 条件下浸出 15～20min，铅浸出率为 99%。采用有机脱硫剂对浸出渣进行脱硫，脱硫率可到 98%。过滤后液中的 $FeCl_2$ 在常压下采用富氧催化氧化，再生 $FeCl_3$，可循环使用。目前，此法还处在中试阶段，工业化存在以下主要问题：氯离子易腐蚀设备；$PbCl_2$ 的熔盐电解复杂，也不利于环境保护，并且消耗大量能源，产出的铅纯度一般都小于 99.99%；银的浸出率不稳定且分散；铅在氯化体系中溶解度低，导致设备尺寸大，投资增加。

采用 $Fe_2(SiF_6)_3$ 浸出时，浸出反应速度快，可实现选择性浸出，而且铅在 H_2SiF_6 溶液中的溶解度大，可控制较小的液固比完成浸出。因此，此工艺适合于处理含锌较高的复杂铅精矿。但此法工业化最大的问题是 Fe^{3+} 还原成 Fe^{2+} 比 Pb^{2+} 还原成金属铅的反应更易于进行，铅电解需采用隔膜电解，而且电解隔膜材料和电解槽设计关键技术均未突破。

采用 $Fe_2(SO_4)_3$ 浸出时，可将 PbS 转化为 $PbSO_4$，并得到元素硫。浸出渣采用 $(NH_4)_2SO_4$ 溶液二次浸出，将 $PbSO_4$ 转化为 $PbCO_3$。$PbCO_3$ 溶于 H_2SiF_6 中进行不溶阳极电解，可得到 99.9% 的铅，但此法工艺流程长、较为复杂。

采用 $Fe(BF_4)_3$ 作为浸出剂时，此法也称为 Flubor 工艺，将在 3.4.8 节中详细介绍。

3.4.2 碱浸法

碱浸法按照碱的类型分为碳酸铵 $(NH_4)_2CO_3$ 转化法和浓碱浸出法。$(NH_4)_2CO_3$ 转化法是在碱性介质中采用 $(NH_4)_2CO_3$ 溶液浸出 PbS，在常压和 50～60℃ 温度下通入空气，可一步转化成 $PbCO_3$ 和元素硫，当 $(NH_4)_2CO_3/Pb$ 的摩尔比为 3：1 时，反应 2～5h，PbS 转化率达 90% 以上，元素硫生成率为 80% 以上。浸出过程发生如式 (3-15) 的反应。生成的 $PbCO_3$ 在 H_2SiF_6 溶液中溶解，用铅粉置换净化溶液，最后进行不溶阳极电解，在阴极沉积出致密光滑的金属铅，而且控制一定的条件可以使硫全部进入溶液中。

$$PbS + (NH_4)_2CO_3 + 1/2O_2 + H_2O === PbCO_3 + S + 2NH_4OH \qquad (3-15)$$

该工艺实现了 $PbCO_3$ 与硫的有效分离，不存在 $FeCl_3$ 浸出法中形成硫膜而阻碍反应进行的现象，易实现 $(NH_4)_2CO_3$ 的循环利用。在碱性介质中进行反应，对设备的要求低，而且铅在 H_2SiF_6 溶液中的溶解度比较大，可以满足电解沉积的要求。该工艺的小试和扩大试验比较成功，其工业化应用需要进一步研究。

浓碱法一般采用 NaOH 溶液，浸出 $PbCO_3$、$PbSO_4$、PbO 等，一般浸出 1～2h 后，对固相进行二次浸出，铅的浸出率可以达到 95.5%。

3.4.3 氯盐浸出法

氯盐浸出法是铅湿法提取技术中最早开发的技术，主要利用铅在酸性氯离子体系中可生成 $PbCl_2$，达到浸出铅的目的。若以 HCl 作为浸出剂浸出 PbS 为例，浸出过程中发生如式 (3-16) 所示的反应。但是 $PbCl_2$ 在低温下溶解度并不高，为了提高 Cl^- 的活度，在反应体系中常添加 NaCl、$MgCl_2$ 和 $CuCl_2$，使 $PbCl_2$ 与 Cl^- 络合生成 $PbCl_4^{2-}$，见反应 (3-17)，提高铅在溶液中的溶解度，增加反应 (3-12) 右向进行的速率和强度。

$$PbS + 2HCl \Longrightarrow PbCl_2 + H_2S(g) \tag{3-16}$$

$$PbCl_2 + 2Cl^- \Longrightarrow PbCl_4^{2-} \tag{3-17}$$

据报道，铅浸出速率受扩散和化学反应决定，在液固比 7∶1，浸出 2h 后，再进行二次浸出，浸出率可达 95%。但其最大的缺点是反应过程中很多杂质同时会被浸出，浸出液的净化难度较大，同时后续的熔盐电解过程容易产生 $PbCl_2$ 结晶，难以解决。另外，电解得到的铅常常沉淀聚集于电解槽底部不易收集。

3.4.4　固相转化法

固相转化法工艺思路新颖，采用铅精矿固相转化—浮选—$PbCl_2$ 隔膜电解产出海绵铅。该流程适合于处理以铅为主而硅含量低的多金属硫化物精矿，且无需对溶液进行净化。

具体工艺过程为：先用 $FeCl_3$-NaCl 溶液将精矿中 PbS 转化成 $PbCl_2$，然后通过浮选分选出含有其他金属硫化物的硫精砂和 $PbCl_2$。$PbCl_2$ 隔膜电解用 P205 阴离子膜，用石墨或钌钛网作阳极，钛极作阴极，电积产出的海绵铅落到电解槽底的涤纶布传送带上，由机械送出槽外，压密后熔铸成产品（二号铅）。

据报道，铅浮选直收率为 96%，回收率为 99.71%，电解回收率为 99.30%，电流效率为 93%，吨铅直流电耗 937kW·h，每吨铅碱耗 20.72kg，每吨铅盐酸耗为 99.25kg，此法在技术上可行。但在经济上能否与火法相比，还需要进一步研究。

3.4.5　胺浸法

胺浸法将 PbS 转化为 $PbCl_2$、$PbSO_4$、PbO 之后，在胺溶液中形成络合物，在室温下控制液固比为 (8~10)∶1，浸出时间小于 4h，铅以 $PbCO_3$·$Pb(OH)_2$ 的形式被完全浸出，然后在 600℃下焙烧得 PbO，PbO 通过电解及还原得到金属铅。

3.4.6　加压浸出法

加压浸出法分为加压酸浸和加压碱浸。加压酸浸时，在温度 110℃ 和氧压 142kPa 条件下浸出 6~8h，可使 95% 的铅和锌进入溶液。加压碱浸将铅矿与含有 NH_4OH 和 $(NH_4)_2SO_4$ 水溶液制浆，矿浆密度为 15%~20%，并通入氨气，控制 pH = 10，在温度 85℃ 和氧分压 42.6kPa 的条件下，浸出 2h，铅浸出率达 90%，生成的 Pb_2SO_4·$(OH)_2$ 用氨性 $(NH_4)_2SO_4$ 法将其回收。

3.4.7　氨性硫酸铵浸出法

氨性硫酸铵浸出法是在常温常压下，用较高浓度的氨 (145~158g/L) 和 $(NH_4)_2SO_4$ (210~224g/L) 溶液浸出 $PbSO_4$ 和 PbO，浸出液中的铅浓度可达 100~192g/L。在 15~25℃ 下浸出 1h，可把铅全部浸出，然后通过电解、蒸馏、结晶等方法从溶液中回收金属铅，但电解所得的铅纯度不高，需要精炼处理。

以上几种湿法炼铅法，尚处于探索阶段，工业规模生产还需论证，而澳大利亚康派斯公司开发出的一种新型的湿法炼铅技术——Flubor 工艺已成功实现工业化。

3.4.8 Flubor 工艺

Flubor 湿法炼铅工艺由澳大利亚康派斯公司开发，目前，该工艺已成功实现工业化。此工艺采用 $Fe(BF_4)_3$ 作为浸出剂，实际上是三价铁盐浸出法的一种。工艺过程主要包括铅精砂浸出、电解、工艺蒸汽洗涤、氟硼酸（HBF_4）的制备、阳极电解后的溶液的净化及铅火法精炼工序，工艺流程如图 3-26 所示。

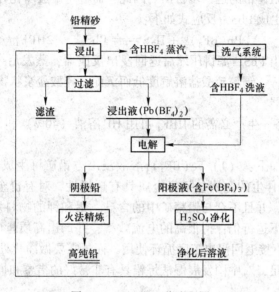

图 3-26 Flubor 工艺流程图

（1）浸出。浸出是以贫化（净化）后含 $Fe(BF_4)_3$ 的阳极电解液作为浸出液，将铅精矿中的 PbS 转化为 $Pb(BF_4)_2$，反应如式（3-18）所示。

$$PbS + 2Fe(BF_4)_3 === Pb(BF_4)_2 + 2Fe(BF_4)_2 + S\downarrow \tag{3-18}$$

$Pb(BF_4)_2$ 在反应温度下具有很好的稳定性，并且 $Fe(BF_4)_3$ 对方铅矿中铅伴生的金属包括贵金属具有选择性，对有价金属（铜、银、铋等）有着很好的富集作用，不会与铅精矿中的含硅、铝和钾的物料发生反应。而且 $Fe(BF_4)_2$ 在后续电解过程可以再生返回浸出循环利用，如反应式（3-19）所示。据报道，在 pH<1，温度高于 80℃ 时进行二次浸出，铅的浸出率可以达到 94.7%。

$$2Fe(BF_4)_2 + 2(BF_4)^- === 2Fe(BF_4)_3 + 2e \tag{3-19}$$

另外，浸出反应器为负压操作，浸出过程会产生含有 HBF_4 的蒸气，HBF_4 的蒸气经过洗气系统回收 HBF_4 溶液，将其作为后续电解车间的补充配料。

（2）电解。电解槽中放置塑料纤维袋的不锈钢阴极种板和阳极，阴极种板由 316 不锈钢材料制成，厚度为 3mm。阳极用石墨制成。槽电压为 3V，电流密度为 $300A/m^2$，电解操作温度保持在 45~50℃。每个电极下有空气起泡装置以提高电解效率。添加剂使用骨胶溶液，浸出后的富铅液贫化后加入电解槽阴极室中，在阴极发生如下反应：

$$Pb(BF_4)_2 + 2e === Pb + 2(BF_4)^- \tag{3-20}$$

铅贫化后的电解液通过隔膜进入阳极室，在阳极上发生如下反应：

$$2Fe(BF_4)_2 + 2(BF_4)^- === 2Fe(BF_4)_3 + 2e \tag{3-21}$$

总的电解反应式为：

$$Pb(BF_4)_2 + 2Fe(BF_4)_2 \Longrightarrow Pb\downarrow + 2Fe(BF_4)_3 \tag{3-22}$$

低 Pb^{2+}、高 Fe^{3+} 的阳极液收集后返回浸出工序。

（3）铅精炼。电解得到的阴极铅通过碱性火法精炼产出达到 99.99% 的精铅。

（4）H_2SO_4 净化（阳极电解后液的净化处理）。当电解液中杂质积累到一定程度时，就会在阴极上析出，阻碍铅的进一步析出。因此，需进行硫酸净化处理。净化过程为：先向反应器通入 H_2S，生成 PbS，反应式如下：

$$Pb(BF_4)_2 + H_2S \Longrightarrow PbS\downarrow + 2HBF_4 \tag{3-23}$$

然后在沉降槽中分离出 PbS，滤饼压缩后返回浸出反应器，蒸发后余液加入硫酸（98%）净化除杂。由于铁、锌、镉等硫酸盐溶解度低而沉淀。硫酸盐浆状物采用重力分离，净化的溶液返回浸出反应器。

（5）HBF_4 的制备。生产必需的 HBF_4 可用 HF 溶液（40%）和 H_3BO_3 按摩尔比 4:1 的比例混合制得。

Flubor 工艺优势如下：（1）$Fe(BF_4)_3$ 溶液浸出方铅矿可生成非常稳定的可溶铅盐 $Pb(BF_4)_2$，并且对铅伴生的金属包括贵金属具有选择性，对有价金属（铜、银、铋等）有着很好的富集作用，并且不会与铅精矿中的含硅、铝和钾的物料发生反应；（2）电解可以在高电流强度值下运行仍保持很高的电流效率，并产出高质量的阴极铅；（3）电解后的 HBF_4 溶液可以直接返回浸出工序循环使用，而不需要做净化处理。该工序克服了先前其他湿法工艺的不足，对中国发展湿法炼铅具有非常好的借鉴和推广价值。

3.4.9　电化学浸出法

铅精矿作为阳极进行水溶液电解过程中，PbS 可氧化成 Pb^{2+} 和元素硫，与此同时，在阳极产生的铅离子在阴极被还原成金属铅。铅精矿直接电解过程只有一步，既简单又无污染，是一种非常理想的湿法炼铅方法。使细粉状的铅精矿在阳极氧化理论上有以下方法：

（1）仿照高冰镍电解，将铅精矿熔化并铸成阳极。

（2）将铅精矿压制成块状阳极，称为电化学溶解。

（3）使铅精矿在电解液中悬浮并在惰性阳极上放电，称为矿浆电解法。

以上三种方法中，由于 PbS 易挥发，将其熔化浇铸成阳极的第一种方法显然不行。第二种，将铅精矿压制成 PbS 阳极，压制方法上分热压和冷压。但方铅矿属半导体，压制阳极的电阻比较大，电解期间会造成槽电压过高。为了改善导电性，在压制铅精矿阳极过程中可添加石墨。但报道称，铅精矿压制块状阳极电解过程有很多问题无法解决，与此相关的研究很少。第三种方法，即铅精矿的悬浮电解或称矿浆电解。此工艺是将 PbS 精矿细磨至小于 0.25mm 并调成矿浆，在隔膜电解槽内进行电解，铅精矿在阳极室内处悬浮状态。当精矿颗粒与阳极接触时，PbS 被氧化成 Pb^{2+} 和元素硫，Pb^{2+} 通过隔膜进入阴极室并在阴极上被还原成金属铅。电解液一般为酸性的盐溶液，除 HCl 外，还可含有其他可溶性金属氯化物。Paramguru 等人在总结前人研究结果的基础上，重点考察了 NaCl、醋酸盐、高氯酸盐和 NaOH 四种电解液以及添加剂对铅精矿矿浆电解过程的影响，得到以下结论：

（1）用醋酸盐和高氯酸盐作为电解液，阳极上除了发生 PbS 溶解之外，还有氧化物形成，使铅溶解电流效率降低。

（2）用 NaOH 溶液作为电解液，PbS 溶解效果不佳。

（3）用 NaCl 溶液作电解液不仅 PbS 溶解效果好，而且阳极反应主要产物为 Pb^{2+} 和元素硫。

（4）添加高导电性的石墨有利于改善矿浆电解过程的导电性能。

（5）矿浆电解过程的最佳条件为：铅精矿浓度 50g/L，石墨浓度 25g/L，NaCl 浓度 5mol/L，Pb^{2+} 浓度 5g/L，电解液温度 60℃，电流密度 10A/cm²。

（6）在最佳条件下，槽电压为 1.65V，铅溶解的电流效率为 79%，铅沉积的电流效率为 82%，按铅溶解电流效率计算的电耗为每千克铅 0.54kW·h。

也有报道称，当电解温度为 80℃、pH=0.3~0.8、电流密度 129A/m² 时，以 2mol/L $AlCl_3$ 造浆装入阳极室，2mol/L $AlCl_3$ 溶液作阴极液，电解回收率达 97.7%，电流效率为 90%。

矿浆电解技术更适合于处理复杂硫化矿。北京矿冶研究总院的邱定蕃等人自 1976 年来对复杂硫化矿的矿浆电解工艺进行大量研究并取得了许多研究成果。根据实验室和中间试验的结果，他们将矿浆电解技术应用于工业生产，于 1997 年在湖南柿竹园建一个处理含氟、铍的辉铋矿，年产 200t 金属铋的冶炼厂。由于该工艺的技术经济指标良好，该厂后来的金属铋年产量增加到 800t。矿浆电解技术的另一个工业应用是处理云南元阳含铅、铜、硫都较高的复杂金精矿（Pb 10%，Cu 7%~8%，Au 15g/t），年处理量为 6000t。采用盐酸加 $CaCl_2$ 溶液矿浆电解工艺，控制电解液酸度为 2，产出含 Pb 96% 的海绵铅。铜和金留在渣中，经渣选矿获得铜、金精矿出售。该生产线 2000 年投入运行，运行至 2006 年，因资源问题被迫停产。除上述两项工业应用外，北京矿冶研究总院还将此项技术用于广西复杂铅锑硫化矿的处理，并取得了较好的试验结果。

湿法炼铅技术虽然目前尚未获得广泛的工业应用，但有许多研究已进行到中间试验和半工业试验研究阶段，也有些研究已开展了工业试验。比如，由北京化工大学开发的原子经济法铅循环工艺，用于处理铅废旧电池的铅膏泥，采用 NaOH 将膏泥中的 $PbSO_4$ 转化为氧化铅，并生成 Na_2SO_4，其中部分以硫酸钠晶体析出，完成膏泥脱硫过程。生成的 PbO 再加热至 600℃ 使部分 α-PbO 转变成 β-PbO，以满足生产铅电池的要求。该工艺在超威集团研究院完成了千克级的扩大试验，具有工艺流程短的优点，省去 PbO 还原为金属再转化为电池所需的 PbO 的两个步骤。但在万吨级示范性工厂的设计中，考虑工业规模铅膏泥难免混入泥砂或其他杂物，因此在原工艺流程基础上增加了络合剂溶解铅氧化物的过程，再送入 CO_2 生成 $PbCO_3$ 沉淀以回收络合剂。$PbCO_3$ 加热分解再获得纯净的氧化铅，分解所得 CO_2 引入系统循环利用。增加脱杂后铅膏泥直接生产电池级氧化铅工艺，尤其增加了 $PbCO_3$ 的加热分解，无疑会增大能耗和单位产品成本。能否与现有火法处理工艺竞争，还有待示范厂投产验证。

此外，我国于 2016 年在湿法炼铅技术的工业化中取得了重大突破，2016 年 7 月云南祥云飞龙集团投产了年产粗铅 3 万吨的湿法炼铅厂。处理的原料不是铅精矿，而是厂里以前堆存的锌浸出渣（Pb<20%）和钢厂烟尘浸锌后留下的浸出渣（Pb 15%~20%）。两种原料中的铅均为 $PbSO_4$，采用的工艺流程是用 NaCl 和 $CaCl_2$ 将 $PbSO_4$ 转化为 $PbCl_2$，过滤分离后的 $PbCl_2$ 液用锌片置换得海绵铅。海绵铅压团送铅电解精炼。目前生产指标为大约

用 1t 锌片置换获得 3t 海绵铅。置换后液经萃取与反萃，反萃液返回锌电解，锌在系统中循环。吨锌耗电约 3600kW·h，相当于每吨海绵铅耗电 1200kW·h。吨铅加工成本为 3200 元。由于原料中铅不计价，效益相当好。

　　湿法炼铅技术将铅精矿中的硫转化为元素硫，不产生 SO_2，环保好，而且对低品位铅矿和复杂原料的适应性强。随着铅资源的消耗和环保政策的日趋严格，湿法炼铅工艺未来会成为铅冶炼的发展方向。就中国而言，应该坚持研究和推广矿产铅的湿法冶炼，并借鉴已实现工业化的先进成果。

参 考 文 献

[1] 中华人民共和国国土资源部 . 2012 中国矿产资源报告 [M]. 北京：地质出版社，2012.

[2] U. S. Geological Survey. Mineral commodity summaries 2013 [M]. Washington：United States Government Printing Office，2013.

[3] 《铅锌冶金学》编委会 . 铅锌冶金学 [M]. 北京：科学出版社，2003.

[4] 任九鸿 . 有色金属熔池熔炼 [M]. 北京：冶金工业出版社，2001.

[5] 张乐如 . 铅锌冶金新技术 [M]. 长沙：湖南科学技术出版社，2006.

[6] 王成彦，陈永强 . 中国铅锌冶炼技术状况及发展趋势：铅冶金 [J]. 有色金属科学与工程，2016，7 (6)：1~7.

[7] 彭容秋 . 铅冶金 [M]. 长沙：中南大学出版社，2004.

[8] 李若贵 . 我国铅锌冶炼工艺现状及发展 [J]. 中国有色冶金，2010 (6)：13~20.

[9] 金伟，王建潮，朱钰土，等 . 我国铅锌冶炼工艺现状及发展趋势分析 [J]. 化工管理，2017 (25)：187.

[10] 李卫峰，张晓国，郭学益，等 . 我国铅冶炼技术现状及进展 [J]. 中国有色冶金，2010 (2)：29~33.

[11] 易操，朱荣，李智挣，等 . 液态高铅渣直接还原工艺数值模拟研究 [J]. 有色金属 (冶炼部分)，2011 (5)：16~19.

[12] 孙成余，赵中伟，杨伟，等 . 液态高铅渣侧吹还原分析 [J]. 企业技术开发，2013，32 (16)：5~7.

[13] 康南京，刘振国，蒋继穆，等 . 一种采用氧气底吹熔炼—鼓风炉还原的炼铅法及其装置：中国，200310113789. 3 [P]. 2003-11-25.

[14] 李小兵，李元香，蔺公敏，等 . 万洋"三连炉"直接炼铅法的生产实践 [J]. 中国有色冶金，2011，12 (6)：13~16，23.

[15] 邓威威，邬建辉，聂文斌，等 . 富氧顶吹工艺系统优化升级 [J]. 云南冶金，2014，43 (6)：66~70.

[16] Errington B，Arthur P，Wang J，et al. The ISA-YMG lead smelting process [J]. Proceedings of the International Symposium on Lead and Zinc Processing, Kyoto, Japan, Fujisawa et al. , Eds. , MMIJ, 2005 (10)：581~599.

[17] 史学谦 . 艾萨熔炼法——一座生产能力 25 万吨/年铜熔炼炉 [J]. 有色冶金，2001 (4)：1~6.

[18] 许冬云 . 卡尔多炉生产实践 [J]. 有色金属 (冶炼部分)，2006，6：11~12.

[19] 刘金庭 . 卡尔多炉炼铅主体设备转化设计 [J]. 工程设计与研究，2006，121：33~37.

[20] 陈国发，王德全 . 铅冶金学 [M]. 北京：冶金工业出版社，2000.

[21] 游力挥 . 科明科公司特雷尔冶炼厂新的铅冶炼系统 [J]. 中国有色冶金，2004 (3)：40~46.

[22] 张乐如 . Kivcet 法与 QSL 法炼铅生产的比较 [J]. 工程设计与研究，1996 (1)：25~31.

[23] 王辉. 基夫赛特直接炼铅法的现状与进展 [J]. 世界有色金属, 1995 (8): 26~30.

[24] 王成彦, 郜伟, 尹飞, 等. 铅富氧闪速熔炼新技术 [J]. 有色金属 (冶炼部分), 2012 (4): 6~10.

[25] 王成彦, 郜伟, 尹飞, 等. 铅富氧闪速熔炼的整体运行效果及评价 [J]. 有色金属 (冶炼部分), 2012 (4): 49~53.

[26] 南君芳, 陈东峰, 张恩华, 等. 铅富氧闪速熔炼工艺在资源利用方面的优势总结 [C] //河南省有色金属学术年会论文集, 河南, 2012.

[27] 郜伟, 王成彦, 尹飞, 等. 铅富氧闪速熔炼的生产实践和指标 [J]. 有色金属 (冶炼部分), 2012 (4): 15~19.

[28] 蒋继穆. 关于湿法炼铅的几点思考 [N]. 中国有色金属报, 2017-7-18, 第 006 版: 1~5.

[29] 朵军, 冯兴亮. 湿法炼铅技术研究进展 [J]. 科技传播, 2016 (1): 46~48.

[30] 李淑梅, 刘金堂, 丛自范. 硫化铅精矿三氯化铁浸出新工艺研究 [J]. 有色矿冶, 2009 (6): 26~29.

[31] 贺山明, 王吉坤, 闫江峰, 等. 氧化铅锌矿加压酸浸试验研究 [J]. 湿法冶金, 2010, 29 (3): 159~162.

[32] 陶冶. Flubor 湿法炼铅工艺 [J]. 有色金属, 2009, 61 (4): 101~104.

[33] 俞小花, 鲁顺利, 谢刚, 等. 湿法炼铅过程中铅电积的研究进展 [J]. 矿产综合利用, 2010 (1): 33~37.

[34] 张璋, 陈步明, 郭忠诚, 等. 湿法冶金中新型铅基阳极材料的研究进展 [J]. 材料导报, 2016, 30 (10): 112~118.

[35] Prengaman R D. Recovering lead from batteries [J]. Journal of Metals, 1995, 47 (1): 31~33.

[36] 王建学, 沈海泉. 废铅酸蓄电池回收技术现状及发展趋势 [J]. 科技创新与应用, 2015 (9): 3~6.

[37] 杨家宽, 新峰, 万超, 等. 废铅酸电池铅膏回收技术的研究进展 [J]. 现代化工, 2009, 29 (3): 32~37.

[38] 马永刚. 中国废铅蓄电池回收和再生铅的生产 [J]. 电源技术, 2000, 24 (3): 165~168.

[39] 拜冰阳, 扈学文, 李艳萍, 等. 再生铅行业的现状、问题和发展对策 [J]. 环境工程, 126~130.

[40] 李忠卫, 尚辉良, 邓雅清. 我国再生铅产业发展的现状与瓶颈 [J]. 有色冶金设计与研究, 2014, 35 (3): 58~61.

4 锌冶金新技术

4.1 锌冶金概述

4.1.1 锌矿物资源

由于其良好的金属性能，锌的消费在有色金属中仅次于铜和铝。目前全球锌的主要用途：镀锌（52%）、青铜和黄铜合金（17%）、合金（16%）、锌的半成品（6%）、化学制品（6%），如图4-1所示。

自然界中的锌元素和铅元素具有类似的外层电子结构，有强烈的亲硫性，易形成易溶络合物，因此，这两种元素的矿物常常紧密共生。常见的锌工业矿物有闪锌矿、纤维锌矿、菱锌矿、异极矿、硅锌矿、水锌矿等，不同锌工业矿物中的锌含量见表4-1，可以看出，闪锌矿中的锌含量最高，达到67.1%，是最重要的锌工业原料矿物。

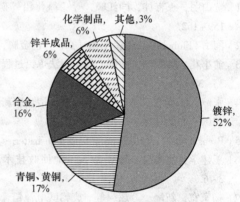

图4-1　全球锌工业用途（数据来源：ILZSG）

表4-1　自然界锌的主要矿物类型

矿物名称	化学式	锌含量/%
闪锌矿	ZnS	67.1
纤维锌矿	ZnS	67.1
菱锌矿	$ZnCO_3$	52.1
异极矿	$Zn_4Si_2O_7(OH)_2 \cdot H_2O$	54.3
硅锌矿	Zn_2SiO_4	58.6
水锌矿	$Zn_5[CO_3]_2 \cdot [OH]_6$	59.6

据美国地质调查局统计数据，截至2015年，全球已查明锌资源量为2亿吨（金属量），锌资源储量分布较为集中，储量前三的国家分别为澳大利亚、中国和秘鲁，锌储量占全球储量的比例分别为：31.50%、19.00%和12.50%，这3个国家的储量之和约占全球的63%。全球锌资源储量情况如图4-2所示。

2015年全球锌精矿产量为1340万吨，产量前三的国家为中国490万吨，澳大利亚158万吨，秘鲁137万吨，排名前三的国家锌精矿生产量占总锌精矿生产量的58.6%。世界各国锌资源产量及分布如图4-3所示。

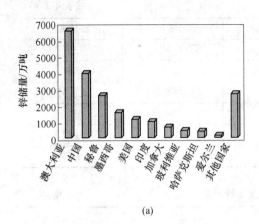 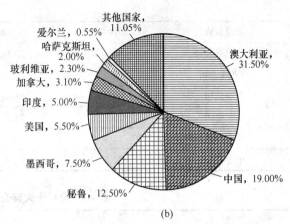

(a)   (b)

图 4-2　全球锌资源储量情况（数据来源：USGS）

（a）全球各国锌储量分布；（b）全球各国锌储量占比

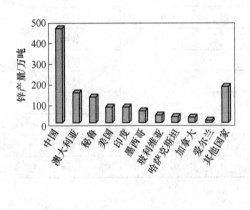 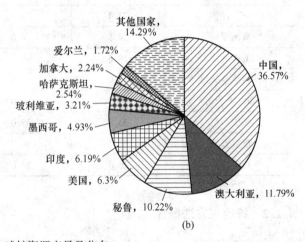

(a)   (b)

图 4-3　全球锌资源产量及分布

（a）全球各国锌产量分布；（b）全球各国锌产量占比

    表 4-2 和表 4-3 所列为全球十大锌矿业公司近年以来锌精矿产量和精锌产量。可以看出，嘉能可公司是拥有世界上最大的锌精矿和精锌产能，2016 年，其锌精矿产能为 102.7 万吨（金属量），精炼锌产量为 97.7 万吨；其次是印度的韦丹塔公司，2016 年，其锌精矿产量为 88.9 万吨（金属量），精炼锌产量为 75.9 万吨。五矿资源是中国最大的锌精矿和精锌生产企业，2016 年生产锌精矿 13.4 万吨（金属量），相比 2015 年，有大幅度的降低。另外，驰宏锌锗和中金岭南也是全球排名前十的大型锌生产企业。

表 4-2　全球十大锌矿山企业锌精矿产量（金属量）　　　　　（万吨）

公司名称	2014 年	2015 年	2016 年	国家（地区）
嘉能可	131.5	122.5	102.7	瑞士
韦丹塔	88.0	88.7	88.9	印度
泰克资源	66.0	65.8	66.2	加拿大
五矿资源	58.7	54.0	13.4	中国

公司名称	2014 年	2015 年	2016 年	国家（地区）
沃特兰亭公司	43.0	39.0	—	巴西
布立登公司	27.8	29.9	32.9	瑞典
新星公司	29.4	16.1	9.6	比利时
住友集团	23.0	23.0	—	日本
驰宏锌锗	22.9	20.0	—	中国
中金岭南	21.3	22.4	—	中国

表4-3　全球十大锌企业精锌产量　　　　　　　　　　（万吨）

公司名称	2014 年	2015 年	2016 年	国家（地区）
嘉能可	138.6	139.0	97.7	瑞士
新星公司	109.7	112.0	101.5	比利时
韦丹塔	73.4	74.9	75.9	印度
高丽亚锌	74.5	78.0	—	韩国
五矿资源	59.6	60.5	—	中国
沃特兰亭公司	85.0	85.0	—	巴西
布立登公司	47.5	48.0	46.1	瑞典
汉中有色	33.0	35.0	36.3	中国
泰克资源	27.7	30.7	31.2	加拿大
葫芦岛	26.0	26.0	16.7	中国

4.1.2　锌冶炼方法概述

锌冶金分为火法炼锌工艺和湿法炼锌工艺两大类。

（1）火法炼锌。火法炼锌是利用铅锌的沸点不同，在高温下用碳作还原剂从氧化锌物料中还原提取金属锌的过程。根据还原设备的不同，火法炼锌又分竖罐炼锌、横罐炼锌、电炉炼锌和密闭鼓风炉炼锌。早年前在边远地区采用原始的马槽炉、马鞍炉、四方炉或略微正规的平罐炉炼锌，由于其能耗高、回收率低、浪费资源、污染环境，已被国家明令禁止生产和兴建，现已关停。图4-4所示为火法炼锌原则工艺流程图。

在锌火法冶炼的4种方法中，横罐炼锌是20世纪初采用的主要的炼锌方法，一座蒸馏炉约有300个罐，生产周期为24h，每罐一周期生产锌20~30kg，残渣中含锌约5%~10%，锌回收率只有80%~90%。横罐炼锌的生产过程简单，基建投资少，但由于罐体容积小，生产能力低，难以实现连续化和机械化生产。另外，燃料及耐火材料的消耗大，锌的回收率较低，因此目前已基本淘汰。

竖罐炼锌是由横罐炼锌技术发展而来，该技术于20世纪30年代应用于工业生产，虽然实现了蒸馏过程的连续化和机械化，生产率、金属回收率均有所提高，但存在制团过程复杂、消耗昂贵的碳化硅耐火材料等不足。国外于20世纪80年代就已淘汰了该技术，但目前竖罐炼锌在我国的锌生产中仍占一定的地位。我国应用该技术的典型企业是葫芦岛锌

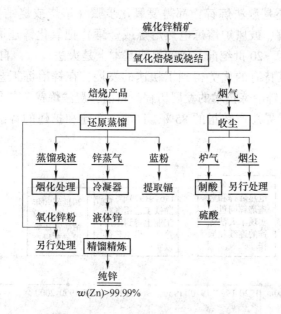

图 4-4 火法炼锌原则工艺流程图

厂，该厂经多年努力，开发了高温沸腾焙烧、自热焦结炉、大型蒸馏炉、精馏炉、双层煤气发生炉、罐渣旋涡熔炼挥发炉等新技术，将竖罐炼锌提高到一个新水平，形成了 20t/a 竖罐炼锌产能。但因单系列产能难以大型化，劳动条件差，综合回收能力差，加上能耗和环保无法与湿法工艺媲美，没有获得大规模推广应用。

电炉炼锌区别于横罐和竖罐炼锌法的间接加热炉料方式，它是一种直接加热炉料的方法，得到锌蒸气和熔体产物，如冰铜、熔铅和熔渣等。此法对原料适应性强，可处理多金属锌精矿。但此法最大问题是电能消耗过大，据报道，每生产 1t 锌约耗电 3000～4500kW·h，因此电炉炼锌不适宜大规模建厂。目前，我国建成的电炉炼锌厂均为小型工厂，规模都为年产锌 2000t 左右。该法除了电耗高，还要消耗焦炭、熔剂和耐火材料等，粗锌直接回收率相对较低（82%～85%），生产能力不能满足大规模炼锌厂的要求，所以一直未能得到发展。

密闭鼓风炉炼锌，也称为 ISP 法炼锌。该法于 20 世纪 50 年代开发，60 年代投入工业生产。此法与罐式蒸馏法间接加热的方式不同，它是将热交换和氧化锌还原过程在同一容器内进行。此法既能处理锌、铅混合硫化矿或锌铅氧化矿，也能处理铅锌烟尘等，是目前世界上火法炼锌的主要工艺，其锌产量约占世界锌总产量的 14%。该技术在我国 20 世纪六七十年代得到了较快的发展。但是，该技术烟气和返粉破碎的粉尘污染等问题难以解决。全世界共有 17 套 ISP 炼锌生产线，在发达国家因环保问题有多家已经关闭，2004 年澳大利亚的科克·克里克的 ISP 工厂也已关闭。我国应用该技术的典型企业是韶关冶炼厂，锌铅产量已超过 20 万吨，该厂经过多年的开发，目前 ISP 炼锌水平已达到世界先进。

（2）湿法炼锌。湿法炼锌是将锌焙砂中的锌溶解在溶液中，从中提取金属锌或锌化合物的过程，为现代炼锌的主要方法。其主要工序为：精矿焙烧—烟气制酸—焙砂浸出—净化—电积—熔铸。湿法炼锌环保好、劳动条件好、浸出回收率和产品质量高，易于实现大型化、自动化，但也存在流程长、铁矾弃渣难以利用等问题。

无论是火法炼锌还是湿法炼锌，都需要氧化步骤（焙烧或烧结）除硫化锌中的硫，都需要还原步骤（电解、鼓风炉熔炼电热熔炼或竖罐）把氧化锌还原为金属，都需要精炼步骤以除去杂质元素。20 世纪前，锌的提取基本上是火法技术，自从 1916 年湿法炼锌技术问世以来，由于其特有的优势得到了快速的发展，在锌冶炼工艺中占据了明显的优势。图 4-5 所示为现代锌冶炼技术的发展历程。目前，湿法炼锌工艺是世界上最主要的炼锌方法，其产锌量占世界总产锌量的 85%，目前，新建和扩建的锌冶炼企业均采用湿法炼锌工艺。

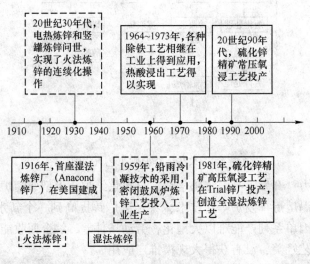

图 4-5   现代锌冶炼技术的发展历程

4.2   湿法炼锌新工艺

湿法炼锌技术有着悠久的历史，早在 1916 年，美国 Anacaonda 铜业公司和加拿大 Consolidated（现 Teck Cominco）矿冶公司即开始采用湿法工艺生产电锌。虽然"焙烧—浸出—电积"（roast-leach-electrowinning，RLE）工艺是目前锌生产的主流工艺，世界上 85% 以上的锌经 RLE 工艺产出，但 RLE 工艺在焙烧工序产出 SO_2 气体，SO_2 外泄以及制酸后低浓度 SO_2 尾气引起的环境污染问题是 RLE 工艺所面临的挑战之一。20 世纪 80 年代，锌湿法冶金出现了重大突破，加拿大 Serritt Gordon（现 Dynatec）矿业公司成功开发了氧压浸出（Zinc pressure leach，ZPL）工艺。在 ZPL 工艺中，硫化锌精矿直接浸出，硫以单质形式回收，这从根本上回避了 SO_2 污染问题。至今，国外已有 5 家锌冶炼厂或完全采用 ZPL 工艺或与 RLE 工艺并行生产，分别是加拿大科明科（Cominco）、Kidd Creek（现 Falconbridge Timins）、德国 Ruhr Zink、加拿大 HBMS 及哈萨克斯坦 Kazakhmys。中国的云南冶金集团和中金岭南丹霞冶炼厂也在采用 ZPL 工艺生产电锌。与传统的 RLE 工艺相比，ZPL 直浸工艺过程强化，锌、硫回收率高，但浸出温度多高于 120℃，压力也达到 1.6MPa，需要高压釜设备，因此存在初始投资大、设备材质要求严格、操作安全要求高等问题。

ZPL 工艺有向低温低压方向发展的趋势。在这一背景下，硫化锌精矿常压直接浸出技术（Atmospheric direct leaching，ADL）应运而生。相较而言，ADL 系统建设安装费用就比 ZPL 系统低得多，ADL 是目前最经济的湿法炼锌工艺。目前硫化锌精矿 ADL 工艺主要有比利时 Union Minière（现 Umicore）公司开发的 ADL 工艺、芬兰 Outote 公司的 ADL 工艺和澳大利亚 MIM 公司的 MIM Albion 工艺。其中，Union Minière 公司的 ADL 和 Outotec 公司的 ADL 工艺都已实现工业化。我国的株冶集团于 2009 年引进了 Outotec 公司的 ADL 工艺，建成投产了 10 万吨电锌工厂。实践证明，ADL 工艺具有高锌浸出率（99%）、产渣量少、硫以单质形式回收等优点。随着国内环保标准和要求不断提高，传统 RLE 工艺日渐失去优势，各大锌冶炼企业都感到前所未有的压力，也都对硫化锌精矿 ADL 这一新技术的动向给予高度关注。

4.2.1　ZPL 新工艺

4.2.1.1　ZPL 工艺流程

硫化锌精矿 ZPL 工艺流程分一段氧压浸出和二段氧压浸出。一段氧压浸出为加压浸出与焙烧、浸出、电积的联合流程，二段氧压浸出为自成一体的浸出工艺，其原理流程分别如图 4-6 和图 4-7 所示。

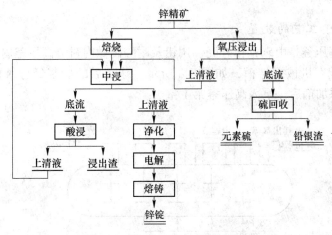

图 4-6　一段 REL—ZPL 联合流程图

ZPL 工艺过程分物料准备、浸出、闪蒸、调节及硫回收等工序。物料准备工序是通过湿式球磨使锌精矿粒度达到 45μm，球磨矿浆经分级使矿浆固含量为 70%。在矿浆中加入添加剂，其作用是防止熔融硫包裹硫化锌精矿而阻碍锌的进一步浸出。浸出是将球磨后的矿浆及废电解液加入压力釜，通入氧气，控制温度 150℃，氧压 0.7MPa，反应时间 1h，硫化锌中硫被氧化成单质硫，锌成为可溶硫酸锌。锌的浸出率可达到 97%～99%。闪蒸及调节是将压力釜浸出后的矿浆加入闪蒸及调节槽，在压力釜中生成的单质硫是熔融状态，矿浆进入闪蒸槽后，控制温度 120℃，保持熔融状态的硫。从闪蒸槽中可回收蒸汽供生产使用，矿浆再进入调节槽冷却，控制温度 100℃，使单质硫成固态冷凝。调节槽冷却后的矿浆送入浓密机浓缩，浓缩上清液送往净化、电积、熔铸生产电锌，浓密机底流送硫回收工序。硫回收工艺是将浓密机底流进行浮选回收硫精矿，浮选尾矿经水洗后送渣场堆存。含硫精矿送入粗硫池熔融，再通过加热过滤，从未浸出的硫化物中分离出熔融单质硫，然

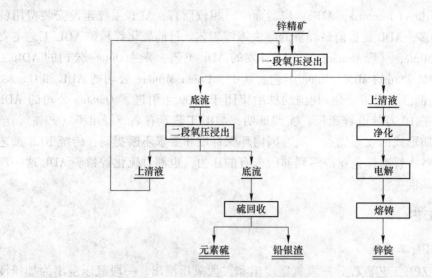

图 4-7   二段 ZPL 原理流程图

后将熔融硫送入精硫池产出含 S>99% 的单质硫。加热过滤所产的过滤渣含有的稀有金属和贵重金属待回收。

4.2.1.2   ZPL 工艺的装置

ZPL 工艺的高压釜是由碳钢作外壳，用铅及耐酸砖做内衬。高压釜内用隔板隔成 4~6 个室，每个室内配有机械搅拌槽，如图 4-8 所示。球磨后的矿浆经分级使矿浆固含量为 70%，加入浸出添加剂后，泵入高压釜第 1 室。

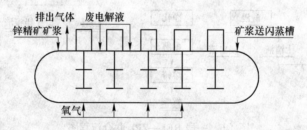

图 4-8   高压釜示意图

浸出添加剂能使熔融硫呈疏散球状，防止熔融硫包裹硫化锌精矿而阻碍浸出时锌的进一步浸出。废电解液分别泵入高压釜第 1 室、第 2 室，同时向釜内通入浓度 98% 以上的氧气，控制反应温度 150℃，氧分压 0.7MPa，釜压 1.1MPa，反应时间 1~1.5h，进行连续浸出，使硫化锌中硫被氧化成单质硫，锌成为可溶硫酸锌。浸出矿浆进入闪蒸槽降压降温，使元素硫呈熔融状态，同时回收闪蒸槽中蒸汽供生产使用。

4.2.1.3   ZPL 工艺的特点

ZPL 工艺的特点为：（1）锌回收率高，综合回收好。氧压浸出技术的锌浸出率大于 98%，锌回收率可达 97%，通过浮选及加热过滤可获得纯度为 99.9% 的单质硫，总硫回收率可达 88%，同时可回收高含量的 Pb-Ag 渣送铅冶炼系统，可对稀散金属的综合回收提供较常规湿法工艺更为有利的条件。（2）原料适应性广，生产成本低。氧压浸出对原料适应性广，可处理含铁高的低品位锌精矿、铅锌混合精矿及锌冶炼厂产出的含铁酸锌和铁氧体的残渣，生产成本低。此工艺既可结合焙烧—浸出工艺来提高生产能力，又可全部使用锌精矿独成系统生产，具有很大的市场竞争力。（3）投资省，环保效果好。氧压浸出的最大特点是以单质硫的形态回收锌精矿中的硫，工艺流程简单，不需要沸腾焙烧、烟气制酸工序。基建投资省，对大气不产生环境污染。同时，铁可以赤铁矿作为副产品回收，其铁量为60%，可外销。能够解决铁出路问题，能满足日益严格的环保要求。（4）以单质硫的形态回收硫，便于储存和运输，且不受硫酸市场的限制。（5）设备制作标准高，自动化程度高。工艺主要过程都是在密闭容器中进行，现场环境条件好。

4.2.1.4 ZPL工艺的应用

A 加拿大科明科特雷尔锌厂

特雷尔（Trail）锌厂为科明科公司的主要冶炼基地，该厂为铅锌冶炼厂，锌冶炼能力为29万吨/年，铅冶炼能力大于12万吨/年，同时还副产硫酸、硫酸铵等化工产品，并回收镉、铟等有价金属。锌冶炼主流程采用沸腾焙烧制酸，二段浸出，中性上清液送往净化、电积、熔铸生产电锌，酸浸渣送往铅冶炼系统。目前约25%的锌产量采用一段ZPL工艺浸出锌精矿，浸出液经浓密进入焙砂浸出工序的主流程，与主流程净化—电积联合作业生产电锌，其中氧压浸出的锌产量约占25%，同时对浓密底流产出的硫精矿进行单质硫的回收。加拿大科明科特雷尔锌厂是目前唯一氧压浸出回收单质硫的工厂。特雷尔锌厂自1981年建成第一套氧压浸出工业装置，原安装高压釜1台，尺寸为$\phi 3.6m \times 15m$，容量$100m^3$，设计处理锌精矿190t/d，后实际处理量达300~350t/d，年处理量5万吨锌精矿。1997年进行扩产改造，在原浸出车间高压釜侧并列安装1台釜，尺寸为$\phi 3.7m \times 19m$，容积约$130m^3$，设计日处理锌精矿480t，年处理量8万吨锌精矿。压力釜内沿釜纵向分隔为5个相互连通的工作室，每室设1台搅拌机，釜横截面呈圆筒形，由外及里分别为外壳钢板、防腐铅层、内砌两层耐酸砖。特雷尔锌厂氧压浸出工艺过程由精矿球磨、调浆、压浸、闪蒸、冷却及硫浮选、熔化过滤等工序组成，原则工艺流程图如图4-9所示。

特雷尔锌厂主要处理科明科公司Sullivan矿的锌精矿，主要成分为：Zn 49%，Fe 11%，Pb 4%，S 32%。将锌精矿湿式球磨使98%以上的精矿的粒度达到44μm，再经调浆槽加入浸出添加剂，矿浆以70%的固含量泵入压力釜氧浸。氧压浸出是在较高的酸锌摩尔比（1.5:1）~（1.7:1）下作业，釜压1.3MPa，氧分压约0.7MPa，温度150℃；釜内除泵入矿浆外，还同时加入电积返回废液，各室输入氧气，物料在釜内停留时间60~100min。浸出是连续进行的，浸出后排出浸出矿浆经闪蒸槽降压降温至120℃并回收蒸汽，再经调节槽控制调温到90~100℃。调节后矿浆经旋流器分离，上溢部分经浮选后即浸出硫酸锌溶液，含锌120~140g/L、含酸20~30g/L，铁4~7g/L，输入原系统酸浸工序。旋流器底料经3个槽浮选、洗涤、过滤，再经熔化压滤加工成为产品硫黄。熔硫过滤渣返焙烧工序再回收Zn、Pb、Ag和S。至此，锌的浸出率97%~99%，铜浸出率80%~85%，硫的综合回收率95%~97%，单质硫纯度大于99%。闪蒸槽排出蒸汽约130℃，用来加热输入压力釜的电解废液。系统运行期间自行维持热的平衡，除开车初期，正常生产不再由外部供给热量。高压釜使用氧气浓度98%以上，氧的利用率达到85%。氧的耗量随锌精矿而异，一般在250~270kg/d锌精矿，这也是浸出中主要的费用之一。精矿中硫的85%~90%以单质硫（硫黄纯度99.8%）回收，还有5%~10%氧化为硫酸盐形式的硫，硫总的回收率可达95%以上。硫的浮选不需要任何浮选药剂。表4-4所列为特雷尔锌厂ZPL工艺主要技术指标。

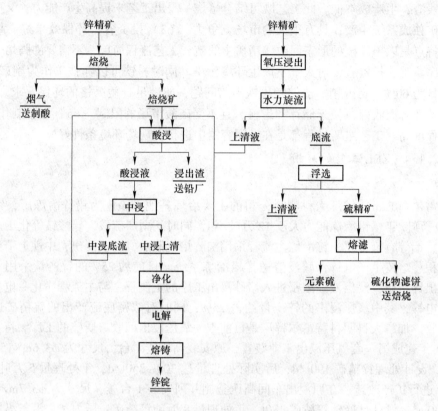

图 4-9　科明科特雷尔锌厂原则工艺流程图

表 4-4　氧压浸出主要技术指标

项　目	设　计	至 1997 年	目　前
压力釜容积/m³	100	130	
锌精矿处理量/t·d⁻¹	190	300~350	480
加入矿浆含固体/%	70		
废电解液/m³·d⁻¹	1320		
压力/kPa	1300	250	
氧气纯度/%	98		
排出口氧的体积分数/%	85		
温度/℃	145~155	150	150
停留时间/min	100	50~60	
终液成分/g·L⁻¹	H_2SO_4 30 Fe 5		H_2SO_4 20~30, Fe 7~9
锌浸出率/%	98	95~97	97

B　德国 Ruhr Zink 厂

德国 Ruhr Zink 厂位于德国鲁尔工业区北部，1968 年建成，是德国第一个用 RLE 工艺生产高品位锌的厂家。生产工艺流程包括锌精矿的焙烧、中性浸出、热酸和过热酸浸出、锌粉净化、锌电积。过热酸浸出所得滤渣将作为高品位 Pb-Ag 精矿出售给铅冶炼厂。冶炼厂在 1988 年中期开始引入 ZPL 炼锌工艺，1991 年 3 月完成工艺开发、基本设计、详细工程设计和施工并顺利投产，ZPL 和现有 RLE 工艺相结合，使锌的生产能力达到年产 5 万吨。1993 年 7 月完成整个工厂的改造之后，锌冶炼的实际年生产能力达到 5.5 万吨，其生产数据见表 4-5。

表 4-5 德国 Ruhr Zink 厂生产数据

项 目		1991 年~1993 年 5 月	1993 年 6 月~1994 年 5 月
混合料/%	精矿	50~60	100
	还原渣	40~50	
混合原料中锌含量/%		30~40	45~50
高压釜利用率/%		95	95
锌浸出率/%		>97	>97
硫回收率/%		85~90	85~90
铅精矿的分析/%	铅	30~35	20
	铁	5~6	8
	硅，二氧化硅	8~10	10~12
	单质硫	<2	<5
	锌	1~2	1~2

图 4-10 和图 4-11 所示分别为 Ruhr Zink 厂 ZPL 工艺原则工艺流程图及设备连接图。

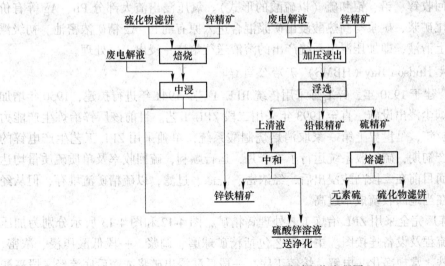

图 4-10 Ruhr Zink 厂原则工艺流程图

高压釜尺寸为 $\phi 3.9m \times 19.3m$，用碳钢作外壳，用铅及耐酸腐砖作内衬，共有 6 个搅拌器。其工艺过程为：首先将锌精矿在球磨机中进行二次研磨，经浓密后矿浆固含量 70%。再将浓密底流和还原渣混合后与浸出添加物一起加入高压釜中。矿浆和废电解液在一定氧压下接触。将还原渣在高压釜中而不是在焙烧炉中处理，目的是便于以单质硫形式

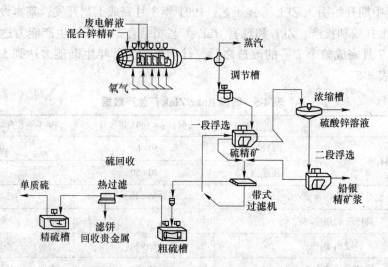

图 4-11 Ruhr Zink 厂氧压浸出设备连接图

回收渣中的硫。浸出添加物可以分散高压釜中熔化的硫以防止单质硫在未反应的硫化锌颗粒表面形成包裹层和氧压浸出排料时发生动黏结。氧压浸出后矿浆进入闪蒸槽，通过控制操作压力使温度由 150℃ 下降到 120℃ 左右。矿浆进入调节槽，温度进一步下降到约80℃，单质硫冷却成小的颗粒。用浮选方法可使其与矿浆分离。在浮选系统中，浸出矿浆进入初级浮选槽直接处理，初级浮选尾矿浆进行浓密，浓密底流进入常规二段浮选的粗选槽、扫选槽和精选槽；精选后的精矿和浮选的精矿再混合，然后将混合后的矿浆加入真空带式过滤机上过滤和洗涤。将硫精矿熔化后并经压滤得到单质硫副产品。硫化物滤饼将返回到焙烧炉中回收锌、铅、银和硫（以硫酸的形式）。氧压浸出渣大部分 Pb、Ag 等有价金属进入浮选尾矿浆，矿浆与高热酸浸出矿浆混合进入原有的 Pb-Ag 精矿浓密池。初级浮选尾矿浓密池上清液，即加压浸出系统产出的溶液送往焙烧—浸出工序处理。

C 加拿大 Hudson Bay（HBMS）矿冶公司锌厂

HBMS 锌厂建于 1930 年，锌冶炼采用传统 RLE 工艺，1941 年进行扩建，1950 年增加了一套氧化物烟尘浸出设施，直至 1993 年采用二段 ZPL 工艺。目前该厂锌冶炼生产能力已达 11.5 万吨/年，是世界上第一家取消焙烧制酸系统，单独采用 ZPL 工艺生产电锌的工厂。该厂投产初期，硫回收系统运行了 6 个月，运行顺利，硫回收率及单质硫质量均达到工艺要求。而目前在二段高酸浸出后，经浓密、洗涤、过滤，以硫精矿渣堆存，但从经济角度考虑，在当地回收硫成本过高。

HBMS 冶炼厂完全采用 ZPL 冶炼工艺处理锌精矿，图 4-12 和图 4-13 所示分别为加压浸出原则工艺流程及设备连接图。主要工艺包括精矿球磨、调浆、一段低酸压浸、浓密、上清液除钙除铁、常规净化、电解、熔铸工序。一段低酸浸出矿浆浓密后底流经二段高酸浸出，再浓密、浓密上清液进一段浸出，底流经洗涤过滤等工序。

磨矿车间配置有 500t 精矿仓及由 $\phi 3.6m \times 48.01m$ 球磨机、$\phi 150mm$ 旋流器组 10 个、振动筛、$\phi 8m$ 高效浓密机组成的闭路磨矿系统一套，日处理精矿 600t，磨矿粒度 40μm 以下的占 98%。ZPL 车间配置 $\phi 3.9m \times 21.5m$，$150m^3$ 高压釜 3 台，闪蒸槽 3 台，分别为一段浸出 1 台，二段浸出 1 台，备用 1 台；$\phi 40m \times 4m$ 真空带式过滤机 2 台，分别用于氧压

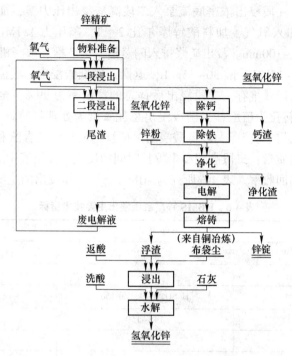

图 4-12 HBMS 锌厂二段 ZPL 原则工艺流程图

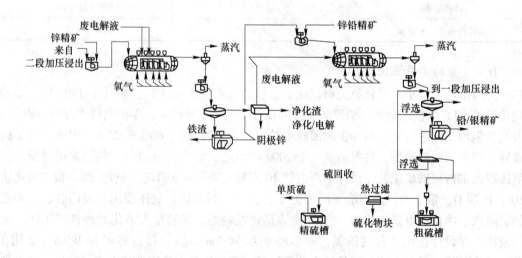

图 4-13 HBMS 锌厂二段 ZPL 工艺设备连接图

浸出尾渣、除钙渣及铁渣过滤。高压釜分 5 室 5 个搅拌器，锌精矿球磨至98%的粒度达到44μm，泵入调浆槽，加入添加剂，经柱塞式泵送入一段低酸压力釜，同时加入废电解液、二段浸出液、氧气。高压釜工作压力 1.1MPa、温度 145~150℃，物料酸锌摩尔比0.8∶1，停留时间 45~50min。浸出矿浆排入闪蒸槽、调浆槽降压降温、浓密机液固分离。上清液送去中和冷却除钙、除铁，之后溶液送去净化、电解。除钙、除铁中和剂为铸型浮渣浸出的酸锌液及工艺过程渣水洗压滤液经石灰水解的氢氧化锌浆体物。除铁阶段加富氧空气氧化 Fe^{2+} 为 Fe^{3+}，再水解除去铁。钙、铁渣由带式过滤机洗涤过滤后外排。一段浸出后液含锌 150g/L、Fe 1.5~2.5g/L、Cu 1.0~1.5g/L、酸 8~10g/L，锌浸出率75%~80%，65%

的硫转化为单质硫。一段浸出浓密底流泵入二段高酸浸出压力釜，加入质量分数约 70% 的废电解液，各室加入氧气，加料酸锌摩尔比 2∶1，釜压力 1.1MPa，工作温度 145～150℃，反应时间 90～100min。浸出矿浆排入闪蒸槽、调节槽、浓密机，浓密上清液含 Zn 100～110g/L、Fe 10～15g/L、酸 30～35g/L，返回一段低酸浸出。底流经带式过滤机洗涤过滤后以硫精矿尾渣形式堆存。二段浸出后锌总的浸出率为 99%，全部硫的 85% 转化为单质硫，10%～12% 转化为硫酸盐，两段浸出总耗氧量为处理每吨锌精矿消耗氧气 250～280kg。两段 ZPL 工艺的特点是一段低酸浸出保证浸出液较低的含酸和铁量，便于中和处理，满足净化及电锌质量；二段高酸浸出较长时间的反应，浸出液中的高酸、高铁返一段再处理，提高了锌的回收率。表 4-6 所列为 HBMS 锌厂氧压浸出的主要技术指标。

表 4-6　HBMS 锌厂氧压浸出主要技术指标

项　目	低酸浸出	高酸浸出
锌精矿处理量/t·d⁻¹	600	
酸摩尔比	0.8∶1	2.0∶1
外排溶液/g·L⁻¹	H_2SO_4 7～9、Zn 150	H_2SO_4 35～45
温度/℃	145～150	145～150
压力/kPa	1100	1100
停留时间/min	50	120
锌浸出率/%	75	99（总计）
单质硫转换率（S 至 S⁰）/%	65	>85（总计）

D　中金岭南丹霞冶炼厂

丹霞冶炼厂位于广东省韶关市仁化县，原名金狮冶金化工厂，始建于 1995 年，原采用传统的 RLE 工艺处理凡口铅锌矿生产的高镓、锗、银锌精矿，年产电锌 2 万吨、硫酸 3 万吨，但原工艺中对镓、锗和银的回收率较低，分别为 8%、60% 和 25%。因此，为了提高镓、锗和银的回收率，丹霞冶炼厂于 2009 年引进了加拿大的 ZPL 工艺，采用两段逆流氧压浸出加两段磨矿工艺，设计年产电锌 10 万吨，硫黄 4.5 万吨，电镓 30t，粗二氧化锗 20t，粗铟 1t，银 2.5t。丹霞冶炼厂 ZPL 工艺主要包括磨矿、氧压浸出、硫回收、中和置换、除铁、净化、电解、熔铸、25m² 沸腾焙烧及制酸、回转窑无害化处理铁渣工序。氧压浸出工序设计选用 3 台高压釜，外形尺寸为 φ4.2m×32m，每台容积为 280m³，2 用 1 备，互为备用，目前为国内同类最大的氧压釜。磨矿设备引进国外的立式湿磨机，确保进入一段高压釜的料浆粒度在 26μm 以下，进入二段高压釜的料浆粒度在 18μm 以下。一段矿浆固含量约 70%，反应温度不高于 120℃，釜压约 460kPa，浸出时间为 90min，产出的一段浸出液含锌约 150g/L。二段浸出则需要较高的温度、压力和较长的浸出时间。

E　西部矿业

2001 年我国西部矿业也着手引入氧压浸出技术，并在 2013 年正式投产建设了第一座 10 万吨/年的锌精炼厂。由于该公司所处地势海拔高，矿物中含铁量较高，注重回收金属铟，是其引用氧压浸出工艺的主要原因。

图 4-14 所示为西部矿业氧压浸出炼锌原则工艺流程。采用两段逆流氧压浸出，第一

段浸出是为了保证浸出液中含有较高的锌和较低的酸、铁，便于铟置换反应的进行，满足净化及电积的要求。第二段浸出是为了进一步提高锌以及其他有价金属的浸出率。

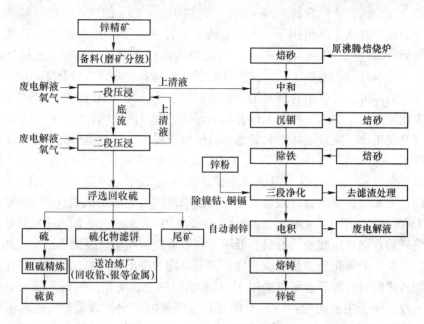

图 4-14　西部矿业氧压浸出炼锌工艺流程

锌精矿送氧压浸出之前经过湿式球磨机碾磨，然后经过旋流器进行分级后，底流重新返回碾磨，而溢流进入高效浓密机，经过球磨工序后的锌精矿要求98%以上精矿粒度达到50μm。进入浓密机的锌精矿通过浓密机泵入浸出釜，然后加入添加剂进行一段浸出，浓密机的上清液返回球磨工序。球磨后的矿浆、废电解液泵入第一段压力釜，通98%以上的氧气，使精矿中的硫氧化，锌成为硫酸锌。浸出矿浆经过闪蒸槽降压降温至120℃，使硫呈熔融状态，然后通过调节槽调温至90~100℃，使熔融状态的硫冷却呈固体。调节后的矿浆送一段浓密机分离，上清液即浸出硫酸锌溶液，送沉铟工序，底流送往二段压力釜进一步浸出。西部矿业采用两段氧压浸出工艺，锌浸出率大于98%，铟的浸出率达到80%，可以使大部分铁沉积，大多数铟和锌保留在浸出液中，通过中和、除铁、沉淀回收铟，最终通过电积工序得到锌，实践证明，该工艺优于传统的常规浸出工艺。

　　F　具有我国自主知识产权的氧压浸出工艺

　　a　我国氧压浸出工艺发展历程

　　ZPL工艺于1981年由加拿大科明科公司首次进行工业化生产应用。中国针对高铁硫化锌精矿（铁闪锌矿）的具有自主知识产权的氧压浸出工艺于2004年进入工业化生产。目前，世界上拥有此项技术产权的国家只有加拿大和中国，所有的氧压浸出炼锌工厂都由这两个国家提供技术。加拿大氧压浸出工艺拥有方为Serritt Gordon矿业公司，中国氧压工艺拥有方为云南冶金集团股份有限公司。目前，中国引进加拿大氧压浸出工艺的厂家已经有十多家，其中，中金岭南丹霞冶炼厂和西部矿业公司已经建成两个10万吨级的氧压浸出工厂。采用中国氧压浸出工艺建成的工厂有6个，分别是云南永昌公司（1万吨）、云南建水合兴公司（1万吨）、云南澜沧铅矿（2万吨）、新疆华源公司（2万吨）、黑龙江大兴安岭云冶矿业公司（2万吨）、内蒙古呼伦贝尔驰宏矿业公司（14万吨）。

　　我国蕴藏有大量的铁闪锌矿，已经探明的储量有数百万吨金属。此矿物铁锌共生，选矿工艺不能有效分离，产出含锌40%~45%、含铁15%~20%的高铁硫化锌精矿。由于浸出时铁大量溶出，除铁工序负担重，大量铁渣带走锌，采用传统的RLE工艺处理此类原料时，金属回收率很低（70%~80%），生产成本高。而采用其他炼锌工艺处理也存在许多难题。由于没有合适的冶炼工艺，铁闪锌矿资源长期未能得到有效合理利用，大量资源闲置，开采出的部分资源也未合理利用，造成资源浪费。20世纪80年代，加拿大氧压浸出进入工业化应用后，中国的科研工作者们也开始了针对高铁硫化锌精矿的氧压浸出工艺技术的研究开发工作，完成了一系列低温、低压氧压浸出工艺试验研究，由于工艺、设备等原因，低温、低压氧压浸出工艺没有工业应用。到90年代，中国研发的"低温、低压、加硝法"氧压浸出工艺技术完成了小型试验研究工作，确定了工艺技术操作参数、设备选型设计方案等重要内容，取得了阶段性成果。该工艺采用低温（约120℃，加拿大技术约为150℃）、低压（0.4MPa，加拿大技术为1.0~1.5MPa）、加入一定量硝酸进行高铁硫化锌精矿的直接氧压酸浸。低温、低压有利于节能、安全以及设备选型，加入硝酸有两个目的：一是作为催化剂加快反应速度，获得合理的浸出时间；二是解决加压釜腐蚀材质问题。加入硝酸后，加压釜可以采用316L不锈钢制造，淘汰防腐砖和胶泥的使用。该项工艺技术存在两个主要问题：一是不能有效控制铁的溶出，大量的铁进入溶液需要脱除，在铁的控制方面与RLE工艺相比优势不太突出；二是加硝酸后需要脱硝工序，并且低温低压加硝法工艺有其固有的缺点，该法一直没有得到工业化应用。20世纪90年代中后期，我国开启了新一轮的高铁硫化锌精矿加压浸出研发工作，2004年，我国第一家万吨级高铁硫化锌精矿一段加压浸出工厂在云南保山的永昌公司建成投产并获得成功。该项目拉开了我国氧压浸出工艺技术的工业化应用序幕。我国云南冶金集团公司的"高铁硫化锌精矿加压浸出工艺技术"获中国国家专利，并获得国家科学技术进步二等奖。随后，云南建水合兴矿冶有限公司采用云南冶金集团技术的万吨级一段加压浸出炼锌工厂获得成功。

　　2005年，云南澜沧铅矿启动2万吨高铁硫化锌精矿两段加压浸出项目。该项目于2008年建成投产，是我国第一家采用两段氧压浸出工艺技术的工厂。澜沧项目的建成投产，标志着我国氧压浸出工艺技术步入了完整期。该项目为我国氧压浸出工艺技术积累了宝贵的经验，为我国氧压浸出工艺技术的发展完善打下了良好的基础。2007年，新疆华源公司采用云南冶金集团氧压浸出工艺技术在新疆鄯善县建设2万吨氧压浸出炼锌工厂，该项目因故缓建，直到2013年建成投产，获得成功。2008年，云冶在黑龙江大兴安岭地区投资建设铅锌冶炼基地，一期2万吨高铁硫化锌精矿加压浸出项目启动。2010年7月建成投料试生产，一次投料成功，主要工艺技术指标位列世界先进水平。该项目充分吸取永昌公司和澜沧铅矿的经验教训，在工艺配置、操作方式、自动化控制理念、设备设计和选型等许多方面都做了有益的尝试或创新，初步形成了我国氧压浸出工艺技术的特点。大兴安岭项目标志着我国氧压浸出工艺技术进入了成熟期。2010年，呼伦贝尔驰宏矿业有限公司开工建设14万吨高铁硫化锌精矿加压浸出工厂。2014年11月建成投料试生产，获得成功。该项目是世界上单系列最大的氧压浸出炼锌工厂，拥有世界上最大的加压浸出釜，是一个具有世界先进水平的现代化大型冶炼厂。该项目结束了我国氧压浸出工艺技术没有大型冶炼厂的历史，是我国氧压浸出工艺技术发展的一个里程碑。

b 相关工艺的研发

（1）铟的综合回收工艺。我国高铁硫化锌精矿通常都含铟高，铟的回收必须充分考虑。在氧压浸出时，绝大部分铟被溶出。我国在开发高铁硫化锌精矿加压浸出工艺技术时就充分考虑了铟的回收。云南澜沧铅矿采用全溶液萃取提铟工艺流程，呼伦贝尔项目采用中和沉铟—铟渣浸出—萃取提铟工艺流程。两种工艺都能够获得高的铟回收率（80%以上，RLE工艺只能获得60%的回收率），生产成本较低。氧压浸出工艺对铟的回收具有明显优势。

（2）铜的综合回收工艺。呼伦贝尔高铁硫化锌精矿加压浸出工厂采用的高铁硫化锌精矿含有较高的铜，氧压浸出时，90%左右的铜进入浸出液。为了最大限度地回收铜，设计了浸出液脱铜工艺，采用浸出液还原—中和沉铟—置换沉铜的工艺流程，铜的综合回收率可达80%。

（3）单质硫综合回收工艺。单质硫回收采用氧压浸出渣—浆化洗涤过滤—浆化—浮选—热熔—热滤—制粒工艺流程，产出商品单质硫。此工艺流程存在选矿回收率较低、热熔设备效率低、操作环境差等问题，目前还没有良好的取代流程。呼伦贝尔氧压浸出采用了浮选前预处理工艺，选矿回收率大幅提高；热熔槽采用导热油作为热源，优化了槽体设计，改善了操作环境。目前，高效环保型熔硫器正在研发中，有望很好地解决熔硫问题。

（4）浮选尾矿渣处理工艺。氧压浸出渣经过浮选产出单质硫精矿和浮选尾矿，尾矿过滤后的废渣称为浮选尾矿渣。尾矿渣一直都是作为弃渣堆存于渣库中，随着环境保护要求的日益提高、渣库库址的日益枯竭、堆渣成本的大幅攀升等，尾矿渣问题日趋迫切，已经成为制约氧压浸出工艺应用的一大因素。高铁硫化锌精矿通常含有较高的银，氧压浸出时，绝大部分银进入尾矿渣，银的回收问题值得考虑。

呼伦贝尔氧压厂渣处理采用尾矿渣—配还原煤—制粒—燃料煤混合—回转窑还原焙烧—窑渣水淬—磁选—银精矿和铁精矿的工艺处理。回转窑焙烧工艺设备简明成熟，可充分利用当地廉价的煤炭资源，使有害尾矿渣转变成无害水淬渣，同时使渣中铁转化为金属铁和磁性氧化铁。窑渣经过水淬后磨矿再进行磁选，产出磁选精矿（铁精矿）和尾矿（银精矿）。尾矿主要成分（质量分数）是 SiO_2 40% ~ 50%、C 20% ~ 25% 等，含银为 1500~3000g/t。尾矿送至铅系统的奥斯麦特炉熔炼处理，SiO_2 作为熔剂，碳作为燃料，银富集于粗铅中得以回收。铁精矿含铁约80%，有一部分银进入铁精矿，铁精矿可作产品出售，当原矿含银量足够高时，铁精矿中银可以进行回收。尾矿渣中的铅、锌、铟富集在回转窑烟尘中，产出锌氧粉产品得以回收。回转窑产生的 SO_2 烟气采用离子液吸收工艺处理，产出高浓度 SO_2 烟气送至制酸系统。尾矿渣从固体危废物转变成了有用的工业产品，渣中的有价金属基本得到全面回收，硫也以硫酸形式得以回收。

4.2.2 ADL 新工艺

4.2.2.1 ADL 工艺技术原理

硫化锌精矿常压直接浸出过程是基于闪锌矿在硫酸介质中的氧化溶出进行的，总反应式为：

$$ZnS + H_2SO_4 + 0.5O_2 \longrightarrow ZnSO_4 + S^0 + H_2O \tag{4-1}$$

实际上，闪锌矿在硫酸中的直接溶出过程是非常缓慢的，但在铁存在情况下，闪锌矿浸出速率将有明显提高。铁在闪锌矿浸出过程中将起到氧的电子传递作用，即：Fe^{3+} 氧化闪锌矿使锌溶出，发生的反应为：

$$ZnS + Fe_2(SO_4)_3 \longrightarrow ZnSO_4 + 2FeSO_4 + S^0 \tag{4-2}$$

Fe^{3+} 被还原成 Fe^{2+}，Fe^{2+} 进而被氧气氧化，发生的反应为：

$$2FeSO_4 + H_2SO_4 + 0.5O_2 \longrightarrow Fe_2(SO_4)_3 + H_2O \tag{4-3}$$

虽然闪锌矿 ADL 工艺过程与 ZPL 工艺相近，但相较而言，ADL 工艺条件要温和得多，温度仅接近于溶液沸点（约 100℃），且总压力不超过 20kPa，因此在 ADL 工艺条件下反应（4-1）进行缓慢，耗时 10~20h 甚至更长时间才能取得 95% 以上的锌浸出率。与闪锌矿氧化浸出不同的是，来自 RLE 流程的中性浸出渣主要发生简单的酸溶反应。中性浸出渣中锌主要以铁酸锌形态存在，在近 100℃ 及硫酸浓度高于 30g/L 条件下，铁酸锌的溶解过程为：

$$ZnO \cdot Fe_2O_3 + 4H_2SO_4 \longrightarrow ZnSO_4 + Fe_2(SO_4)_3 + 4H_2O \tag{4-4}$$

通过控制酸度，使浸出液中硫酸浓度保持在 10~30g/L 时，也可使铁酸锌溶出与铁矾沉淀同步进行，化学反应式如下：

$$ZnO \cdot Fe_2O_3 + 6H_2SO_4 + (NH_4)_2SO_4 \longrightarrow 2NH_4Fe_3(SO_4)_2(OH)_6 + 3ZnSO_4 \tag{4-5}$$

浸出液在返回中性浸出前可以采用针铁矿法除铁，采用威尔兹窑（Waelz Kilns）挥发氧化锌粉中和溶液中的余酸，Union Minière 公司的 ADL 工艺即采用上述方法处理浸出液，过程中发生如下化学反应：

$$2FeSO_4 + 3H_2O + 0.5O_2 \longrightarrow 2FeO(OH) + 2H_2SO_4 \tag{4-6}$$

$$2H_2SO_4 + 2ZnO \longrightarrow 2ZnSO_4 + 2H_2O \tag{4-7}$$

沉铁过程总反应式为：

$$FeSO_4 + ZnO + 0.5H_2O + 0.25O_2 \longrightarrow FeO(OH) + ZnSO_4 \tag{4-8}$$

4.2.2.2　ADL 工艺

A　Union Minière 公司的 ADL 工艺

比利时 Union Minière（现 Umicore）公司于 20 世纪 90 年代初提出了 Union Minière 公司 ADL 专利技术，其工艺流程如图 4-15 所示。

Union Minière 公司的 ADL 工艺流程与传统 RLE 相近，也包含锌精矿焙烧、锌焙砂中性浸出、中性浸出液净化及电积沉锌等工序。但 Union Minière 公司的 ADL 处理中性浸出渣的方式有别于传统 RLE 工艺，即：将中性浸出渣与部分锌精矿一并在中等强度的硫酸（55~65g/L）及略低于溶液沸点（90℃）条件下进行直接浸出，中性浸出渣中的铁酸锌不断溶解，溶出的 Fe^{3+} 进而参与反应（4-2）。为保证闪锌矿氧化效果，矿浆中 Fe^{3+} 浓度控制在 2~5g/L。鉴于 Cu^{2+} 在反应（4-3）中具有重要的催化作用，因此，浸出过程中 Cu^{2+} 浓度保持在 1g/L 左右。此外，为保证闪锌矿浸出速率，控制铁酸锌中的锌与硫（闪锌矿及其他可反应硫化物中的硫）的摩尔比不低于 0.3 : 1。由于反应（4-4）在强氧化条件下将显著放缓，矿浆电位不得高于 610mV（vs. SHE）；而当矿浆电位低于 560mV 时，硫化物直接酸溶并释放出 H_2S，不仅腐蚀不锈钢反应容器，还将导致铜以硫化物形式沉

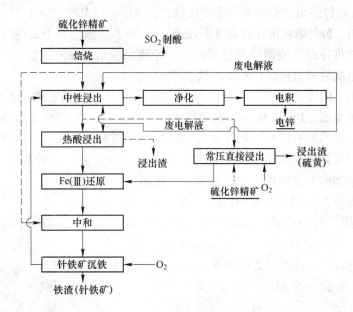

图 4-15 Union Minière 公司的 ADL 工艺流程图

淀，从而阻止反应（4-3）进行。因此，浸出过程中控制矿浆电位在 560～610mV 范围内。中性浸出渣及锌精矿经 ADL 浸出 7.5h，锌浸出率可达 95%。

浸出液经硫化锌精矿还原处理后，溶液中的 Fe^{3+} 浓度降至 5g/L 以下，经中和使游离 H_2SO_4 降至 10g/L 以下，溶液中的 Fe^{2+} 进而被氧气缓慢氧化并水解生成针铁矿沉淀，溶液除铁后再返回中性浸出工序。Union Minière 公司的 ADL 工艺只是实现部分中性浸出渣与部分锌精矿合并处理，这可以一定程度上增大产能（约增大 5%～10%），若要进一步扩大产能，则可以将全部的中性浸出渣送常压直接浸出处理。另外，Union Minière 公司还申请了一项两段浸出工艺的专利，处理工艺如图 4-16 所示。铁酸锌溶解主要在第一段中完成，耗时 5h；闪锌矿氧化溶出主要在第二段进行，耗时约 6h。除第二段的最后一个反应器外，各浸出槽均需鼓入氧气。在两段浸出过程中，硫酸及 Fe^{3+} 浓度须严格控制，如果硫酸浓

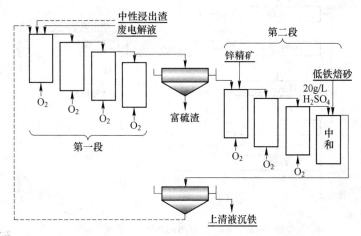

图 4-16 Union Minière 公司的 ADL 两段工艺流程示意图

度低于 10g/L，则锌溶出过程将变得非常缓慢；当硫酸浓度高于 35g/L 时，锌焙砂的消耗量又将大大提高。Fe^{3+} 浓度则保持在 0.1~2.0g/L，当 Fe^{3+} 浓度高于 2.0g/L 时，易生成细晶粒铅铁矾，这将导致浆液澄清和过滤问题。经两段浸出，浸出液中的铁主要以 Fe^{2+} 形式存在，中和余酸后可直接送针铁矿沉铁工序。

在两段浸出之间设置了浓密过滤工序用于分离富硫渣。由富硫渣可进一步回收单质硫和铅、银等有价金属。Union Minière 公司的 ADL 反应器的结构如图 4-17 所示。由图 4-17 可见，该密闭反应器配有进料、氧气鼓入、溢流出料和汲取管式搅拌器等装置。搅拌器或采用轴中空，或采用螺旋涡轮和吸泥套管。Union Minière 公司还曾提出两重搅拌设置，即：一个搅拌按轴向放置并保持恒定转速，以使固体物保持悬浮状态，并起到分散氧的作用；另一个为变速汲取管式搅拌，偏心放置，以循环利用未反应的氧。除上述外，该反应器还配备有温控及矿浆氧化/还原电位、氧气流量、搅拌转速的测量装置。

Union Minière 公司的 ADL 工艺技术最初只服务于比利时 Balen 炼锌厂，后于 1994 年转让给了韩国锌业公司（Korea Zinc）。基于该技术，韩国锌业公司昂山（Onsan）冶炼厂的电锌年产能由 1989 年的 19 万吨增至 2000 年的 40 万吨。

B　Outotec 公司的 ADL 工艺

Outotec 公司前身是 Outokumpu Technology，后独立出来并于 2007 年 4 月起改用现名。Outotec 公司于 20 世纪 90 年代中期开发了锌精矿 ADL 工艺，其初衷是为常压条件下闪锌矿溶解与赤铁矿沉淀同步进行。Outotec 公司的 ADL 工艺流程如图 4-18 所示。

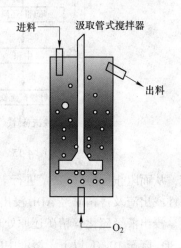

图 4-17　Union Minière 公司的 ADL 反应器结构示意图

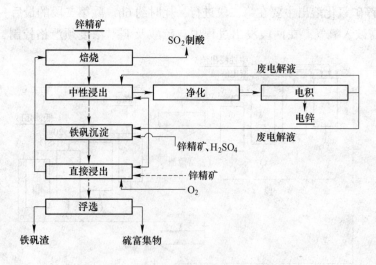

图 4-18　Outotec 公司的 ADL 工艺流程图

Outotec 公司的 ADL 工艺与 Union Minière 公司的 ADL 很相近，也是将直接浸出与 RLE

中的锌精矿焙烧、锌焙砂中性浸出及浸出液净化、电积等工序合并使用，取消浸出渣回转窑挥发，浸出渣与锌精矿一并在直接浸出槽中处理。

在直接浸出槽中，温度控制在 100℃ 左右，为保证较高的初始酸浓度（不小于 60g/L），废电解液在浸出初期引入。铁矾沉淀渣在进入直接浸出槽时，与锌精矿的料比控制在 1t 锌精矿/15m³ 铁矾矿浆。虽然矿浆中初始 Fe^{3+} 浓度高于 10g/L，但由于前一工序为铁矾沉淀，溶液中仍残余有硫酸铵，因此，直接浸出过程中铁沉淀会持续进行，导致铁浓度会逐渐降低。浸出 20h 后，硫酸浓度稳定在 20g/L 左右，此时总铁浓度也降至 8g/L 以下，其中一半以上的铁以 Fe^{2+} 形式存在。正是由于铁矾渣中的锌在直接浸出过程中又进一步溶出，才使得 Outotec 公司的 ADL 工艺锌浸出率可达 98% 左右。浸出渣经浮选以分离单质硫、未反应硫化物（主要是黄铁矿）与铁矾渣。硫富集物中单质硫品位由 20% 提高至 80% 以上。硫富集物经膜式过滤洗涤，而铁矾渣则送带式过滤洗涤，铁矾渣滤饼进一步经 Na_2S 处理以回收可溶锌。Outotec 公司的 ADL 反应器为常压搅拌浸出槽（帕丘克槽），高达 30m，在富氧空气搅拌下，借助浆液高度使浸出槽底部压力达到 0.3MPa，从而实现过去只有加压浸出设备才能完成的锌精矿的直接浸出。近年，Outotec 公司又设计出新的 ADL 塔式反应器，该反应器也是利用矿浆静压力制造出"加压"条件，其结构示意图如图 4-19 所示。位于反应器底部的是一鼓形槽，其容积约占反应器总有效容积的一半左右，鼓形槽为锌精矿"加压"浸出反应提供了充足的空间。为避免反应器初启动或中途因故停运时发生

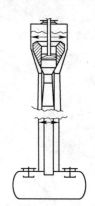

图 4-19　Outotec 公司的 ADL 塔式反应器结构示意图

固体颗粒沉降，鼓形槽内还另外配备有搅拌装置。位于反应器中部的是一反应塔，其与底部鼓形槽连接，锌精矿直接浸出所需的压力取决于反应塔的高度。反应塔内有套管，套管内外矿浆流向不同，套管外矿浆向上流动，而套管内矿浆则向下流动，最终矿浆在反应器上部实现平稳循环。在套管内的氧分散区域，虽然氧气弥散于矿浆之中且流向与矿浆相同，但气泡流速明显低于矿浆，由此，气泡在流动过程中易发生振动，气-液质量传输所需的能量得以降低，而且还可以保证氧的利用率最大化。在位于反应器上部的套管内设置有下吸式搅拌装置。搅拌设置于上部，既有利于日常保养维护，也可以起到矿浆泵的作用，套管外的矿浆流速也保持在 1m/s 左右。

就矿浆搅拌方式而言，Outotec 公司的 ADL 塔式反应器完全不同于传统的机械搅拌。Outotec 公司的 ADL 塔式反应器能耗低于 0.1kW/m³，而传统的机械搅拌反应器能耗高，约为 1.0kW/m³。当然，Outotec 公司的 ADL 塔式反应器毕竟有别于高压釜，反应器内温度低于 100℃，压力最高也不过 1.0MPa，因此，该反应器并不能满足高温高压的条件，其应用也有局限性。Outotec 公司的 ADL 工艺于 1998 年应用于芬兰科科拉（Kokkola，Finland）锌厂的扩产项目，当年就使该厂锌产能由 17.5 万/年增至 22.5 万吨/年。据报道，在科科拉锌厂扩产后，锌浸出率可增至 98% 左右。2004 年，Outotec 公司的 ADL 工艺还在挪威奥达（Odda，Norway）得以工业应用。我国的株冶集团于 2008 年引进了 Outotec 公司的 ADL 工艺，2009 年建成投产，与现有 RLE 工艺并行后，锌年产能扩大至 10 万吨以上。

株冶直接浸出采用两段逆流方式并搭配针铁矿沉铁工序，在直接浸出锌精矿的同时还处理浸出渣，并综合回收铟，设计建厂拟采用的工艺流程如图 4-20 所示。但后来对工艺进行了改进，将原设计的一段低酸浸出和一段高酸浸出，改为两段均为高酸浸出。

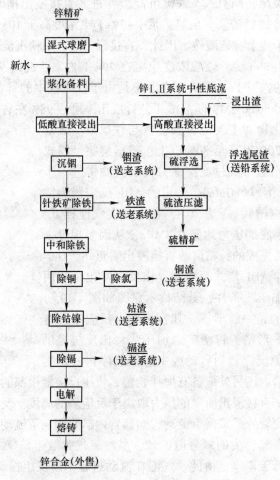

图 4-20   株冶 Outotec 公司的 ADL 工艺流程示意图

株冶直浸所采用的原则工艺流程为：

（1）锌精矿经给料输送机输送至球磨，磨到 $45\mu m$ 大于 90%，然后进入矿浆浆化阶段（1 台浆化槽），浆化过程中加入电解废液、浓硫酸及抑泡剂，浆化过程中发生的反应为：

$$CaCO_3 + 2H_2SO_4 \longrightarrow CaSO_4 + CO_2(g) + H_2O \tag{4-9}$$

$$MgCO_3 + 2H_2SO_4 \longrightarrow MgSO_4 + CO_2(g) + H_2O \tag{4-10}$$

（2）浆化完成后，将矿浆打到矿浆给料槽（1 台），然后进入 8 台 DL 反应器（见图 4-21）中进行酸性浸出（实际是高酸浸出，控制出口酸度 25~35g/L，温度 95~100℃，每吨精矿消耗氧气 100~150m³），浸出过程中发生的反应为：

$$MeS + H_2SO_4 + 0.5O_2 =\!=\!= MeSO_4 + H_2O + S_0\downarrow \quad (Me = Zn、Fe、Cu、Cd) \tag{4-11}$$

$$Fe_2(SO_4)_3 + MeS \longrightarrow 2FeSO_4 + MeSO_4 + S \quad (Me = Zn、Fe、Cu、Cd) \tag{4-12}$$

$$2FeSO_4 + H_2SO_4 + 0.5O_2 \longrightarrow 2Fe_2(SO_4)_3 + H_2O \tag{4-13}$$

$$ZnO \cdot Fe_2O_3(ZnFe_2O_4) + 4H_2SO_4 === ZnSO_4 + Fe_2(SO_4)_3 + 4H_2O \qquad (4-14)$$

（3）高酸浸出后的矿浆直接进入硫浮选阶段（温度 $80 \sim 90℃$），硫浮选阶段分一次粗选（4 台浮选机），二次精选（4 台，2 台）和一次扫选（4 台），精选溢流经过洗涤压滤后成为硫渣堆存（含硫 $70\% \sim 80\%$），精选底流回粗选，扫选溢流回粗选，扫选底流经过浓密机和压滤机后，固体成为高酸浸出渣送基夫赛特炉配料，液体（含 Fe^{3+} $6 \sim 10g/L$，Fe^{2+} $2 \sim 3g/L$，H_2SO_4 $25 \sim 35g/L$，Zn $150g/L$，Cu $0.5 \sim 2g/L$）进入还原—预中和阶段（共 6 个槽，3 个还原，3 个中和）。

图 4-21 株冶 Outotec 公司的 ADL 工艺 DL 反应器

（4）还原阶段向槽中加入 ZnS 精矿粉，将溶液中的 Fe^{3+} 尽量都转化为 Fe^{2+}，为针铁矿 FeOOH 沉铁做准备，还原后进行预中和是向溶液中加入锌焙砂，目的是控制溶液的 pH 值在 $2 \sim 3$ 之间，结束后，溶液进行沉降，底流返回进入浆化槽中，溶液进入沉铟沉铁阶段。

（5）沉铟是通过向冷却后的酸性浸出液加入挥发窑氧化锌，控制溶液的酸度，以返回的沉铟渣做晶种，将溶液中的铟离子以氢氧化铟的形式产生沉淀并去除。沉铟阶段采用 3 个反应器，主要反应：

$$ZnO + H_2SO_4 === ZnSO_4 + H_2O \qquad (4-15)$$
$$In_2(SO_4)_3 + 6H_2O === 2In(OH)_3 \downarrow + 3H_2SO_4 \qquad (4-16)$$

（6）沉铁过程主要是对沉铟后的溶液进行挥发窑氧化锌中和，控制溶液的酸度，以返回的针铁矿作晶种，同时鼓入空气，控制铁离子的氧化速度，产出针铁矿除铁。沉铁阶段采用 6 个反应器，主要反应：

$$ZnO + H_2SO_4 === ZnSO_4 + H_2O \qquad (4-17)$$
$$Fe_2(SO_4)_3 + 6H_2O \longrightarrow 2Fe(OH)_3 \downarrow + 3H_2SO_4 \qquad (4-18)$$
$$Fe_2(SO_4)_3 + 4H_2O \longrightarrow 2FeOOH \downarrow + 3H_2SO_4 \qquad (4-19)$$

沉铁过程中，少量的锌和铜也会随着铁一起沉淀。挥发窑烟灰中的铅会以硫酸铅或铅矾的形式沉淀。但同时也会有以下副反应发生：

$$Fe_2(SO_4)_3 + Na_2SO_4 + 12H_2O === 2NaFe_3(SO_4)_2(OH)_6 \downarrow + 6H_2SO_4 \quad (4-20)$$

由于针铁矿沉铁过程中放出 H^+，因此在沉铁时加入锌焙砂调节 pH 值，另外还要通入一定量的氧气，控制沉铁后溶液中全铁含量小于 $30mg/L$。之后溶液过浓密机和压滤机，渣为针铁矿渣，溶液送入二系统的中浸工段开始净化。

C MIM Albion 工艺

除上述工艺外，澳大利亚 MIM 公司于 20 世纪 90 年代末也提出一项锌精矿 ADL 专利技术（即 MIM Albion 工艺）。MIM Albion 工艺有别于 Outotec 公司或 Union Minière 公司 ADL 工艺，它并非通过在常压设备中营造"加压"浸出条件以改善锌浸出动力学，而是通过对矿石（超）细磨，增大矿石颗粒表面积以达到改善浸出的目的。在 MIM Albion 工艺中，80% 矿石被磨至小于 $20\mu m$ 甚至更细，进而在 $90℃$ 及鼓氧条件下在 H_2SO_4-

$Fe_2(SO_4)_3$ 介质（$C_{H_2SO_4} = 50g/L$，$C_{Fe^{3+}} = 10g/L$）中浸出，矿浆占比 10%，为防止起泡，浸出体系中还加入木质素（每吨锌精矿 2.0kg），经 8h 浸出，锌浸出率可达 97% 以上。2002 年，MIM 公司即宣布在澳大利亚北领地麦阿瑟河（McArthur River，Northern Territory，Australia）采用 MIM Albion 工艺扩产项目并已完成可行性研究。对于 MIM Albion 工艺而言，矿石（超）细磨是关键。虽然 MIM Albion 工艺采用艾萨磨机（Isa Mill）有助于提高能效，但矿石（超）细磨毕竟是高能耗作业，不仅成本高，而且易导致后续固液分离困难。此外，MIM Albion 工艺能否适用于锌浸出渣的直接处理也未见报道。

4.2.2.3　ZPL 与 ADL 工艺对比

从物理化学的角度看 ZPL 与 ADL 工艺没有本质区别，只是 ZPL 工艺能够实现反应温度较高、气体分压较大的条件。ADL 工艺在溶液沸点以下进行，浸出反应时间较长。两种工艺的特点：（1）两种工艺均要求把锌精矿中的硫化物硫转化成单质硫，因而能使锌的生产与硫酸的生产脱钩；（2）两种浸出方式产出的浸出液含 Zn 量基本一致，杂质元素无明显差异；（3）富氧常压浸出后产出的单质硫中的杂质略高于加压浸出；（4）常压浸出投资比加压浸出相对要低，操作控制简单，维修费用稍低，但 DL 反应器设备庞大，尤其采用底部搅拌要求密封难度较大；（5）压力浸出设备体积小，反应速度快，但高压反应器设备要求较高，建设投资较常压浸出高，运行费用也稍高；（6）从安全性角度考虑，常压浸出 DL 反应器基本无危险性，而压力浸出高压釜则易造成爆炸危险。基于以上特点，压力浸出能达到的目的几乎常压浸出都能完成。因此，在扩产改造，选择工艺技术时，企业需要综合考虑投资、生产成本、副产品回收率、质量以及直接浸出工艺与现有工艺的兼容协调等因素。表 4-7 所列为 ADL 工艺与 ZPL 工艺的指标对比。

表 4-7　ADL 工艺与 ZPL 工艺对比

工艺	ADL	ZPL
Zn 回收率/%	98	98
反应时间/h	24	2
反应容器	较大	较小
反应压力/kPa	100	1100~1300
生产控制	要求一般，安全性高	要求严格，安全性较低
原料处理	浆化设备较多，费用较高	浆化设备较低，费用较低
工艺适用性	很广，可处理复杂精矿或渣，不会带来操作和工艺调整的困难	一般，处理复杂矿或渣，对后期工艺的控制和调整的困难难度较大
维护	不影响生产，维护费用较低	需要影响生产或停产维护，维护费用较高
一次性投资	低	高

20 世纪 70 年代以来，湿法炼锌在自动化、大型化、机械化、合金化等方面取得了显著进步，如大型鲁奇沸腾焙烧炉、大型机械搅拌浸出槽、大型高效浓密机、大极板电解槽、自动出装槽、自动剥锌机和极板平整机、2000kW 电炉等设备的应用。此外，在资源回收、环境保护方面也取得了明显的成效。如玻利顿脱汞技术在株冶建成投产，生物制剂处理重金属废水等技术的使用。同时，在浸出渣综合回收及无害化处理方面也取得了显著的成果。

参 考 文 献

[1] 黄兰青，白堂谋．锌冶炼技术现状及发展探讨 [J]．企业科技与发展，2015 (5)：41~42.

[2] 杨大锦，朱华山，陈加希．湿法提锌工艺与技术 [M]．北京：冶金工业出版社，2007：347~348.

[3] 中国有色金属工业协会．新中国有色金属工业60年 [M]．长沙：中南大学出版社，2009：7~9.

[4] 高保军．锌冶炼技术现状及发展探讨 [J]．中国有色冶金，2008 (3)：12~16.

[5] 吴克明，孙大林，胡杰．湿法炼锌过程中除铁工艺的进展 [J]．矿产综合利用，2014 (6)：6~9.

[6] 张恩明．江铜铅锌金属有限公司降低常规法锌浸出渣含锌的实践 [J]．有色金属工程，2015，5 (4)：40~43.

[7] 王连勇，于海，蔡九菊．锌冶金技术综述及展望 [C] //全国"十二五"铅锌冶金技术论坛驰宏公司六十周年大庆学术交流会论文集，2011：24~31.

[8] 未立清，张宇光，肖立新．干粉粘合剂在竖罐炼锌生产中应用的研究 [J]．矿冶，2000，9 (2)：63~67.

[9] 傅志华，蒋绍坚，周乃君．竖罐蒸馏炼锌的节能技术 [J]．冶金能源，1995，14 (2)：32~37.

[10] 蒋继穆．我国锌冶炼现状及近年来的技术进展 [J]．中国有色冶金，2006 (5)：19~23.

[11] 陈德喜，段力强．我国电炉炼锌工艺的技术进步与发展 [J]．有色金属（冶炼部分），2003 (2)：20~26.

[12] 蒋开喜，林江顺，王海北，等．一种从含锌硫化矿物提取锌的方法：中国，CN01140484.1 [P]．2002-07-24.

[13] 李若贵．常压富氧直接浸出炼锌 [J]．中国有色冶金，2009 (3)：L12~15，21.

[14] Fugleberg S P, Jarvinen A E. Hydrometallurgical method for processing raw materials containing zinc sulphide：US5120353 [P]. 1992-06-09.

[15] Kammel R, Pawlek F, Simon M, et al. Oxidizing leaching of sphalerite under atmospheric pressure [J]. Metall., 1987 (41)：158~161.

[16] Van Put J W, Terwinghe FMIG, De Nys TSA. Process for the extraction of zinc from sulphide concentrates：US 5858315 [P]. 1999-01-12.

[17] Svens K, Kerstien B, Runkel M. Recent experiences with modern zinc processintechnology [J]. Erzmetall, 2003 (56)：94~103.

[18] Haakana T, Saxén B, Lehtinen L, et al. OUTOTEC direct leaching application in China [J]. Journal of the South African Institute of Mining and Metallurgy, 2008, 108 (5)：244~251.

[19] 陈永强，邱定蕃，王成彦，等．闪锌矿常压富氧浸出 [J]．过程工程学报，2009，9 (3)：441~448.

[20] 陈永强，邱定蕃，王成彦，等．常压装置富氧浸出闪锌矿 [J]．有色金属，2009，61 (4)：60~64.

[21] 乐卫和，朱挺健，衷水平，等．锌精矿常压富氧直接浸出研究 [J]．有色冶金设计与研究，2012，33 (6)：11~14.

[22] 杨征．锌冶炼湿法氧化浸出技术 [C] //2008年中国矿冶新技术与节能论坛论文集：冶金篇．西部矿业股份有限公司锌业分公司，2008.

[23] 王成，景孝德．浅析锌冶炼湿法氧压浸出技术 [J]．青海科技，2011 (5)：21~24.

[24] 张成松，赵婷．赤铁矿法除铁在湿法炼锌工艺中的应用 [J]．湖南有色金属，2014，30 (2)：39~41.

[25] 朱永良．热酸浸出—低污染沉矾工艺的生产实践 [J]．有色矿冶，2014，30 (2)，38~42.

[26] 孙天友．针铁矿除铁工艺改进 [J]．湖南有色金属，2014，30 (4)：32~35.

[27] 赵永，蒋开喜，王德全，等. 用针铁矿从锌焙烧烟尘的热酸浸出液中除铁 [J]. 有色金属（冶炼部分），2005（5）：13~15.

[28] 张元福，陈家蓉. 针铁矿法从氧化锌烟尘浸出液中除氟氯的研究 [J]. 湿法冶金，1999（2）：36~40.

[29] 李洪桂. 浸出过程的理论基础及实践 [J]. 稀有金属与硬质合金，1995（1）：14~19.

[30] Hosh B. Synthesis of zeolite a from calcined diatomaceous clay：optimization [J]. Znd. Eng. Chem. Res.，1994（33）：2107~2110.

[31] 王吉坤，周廷熙. 硫化锌精矿氧压浸出技术及产业化 [M]. 北京：冶金工业出版社，2005.

[32] 邓智和，何醒民，钟竹前，等. 酸性条件下硫化锌氧化浸出动力学的研究 [J]. 中南矿冶学院学报，1992，23（1）：36~42.

[33] 李有刚，李波. 锌氧压浸出工艺现状及技术进展 [J]. 中国有色冶金，2010（3）：26~29.

[34] 刘斌. 简述锌冶炼浸出新技术 [J]. 中国有色冶金，2011（3）：4~7.

[35] 李若贵. 我国铅锌冶炼工艺现状及发展 [J]. 中国有色冶金，2010（6）：13~20.

[36] 杨斌. 对湿法炼锌中热酸浸出—黄钾铁矾工艺的探讨 [J]. 甘肃冶金，2010（3）：56~59.

[37] 郭天立. 饭岛锌精炼厂最近的生产 [J]. 有色冶炼，2003（2）：81~86.

[38] 周玉琳. 湿法炼锌中铁的行为与控制方法 [J]. 湖南有色金属，2009（6）：18~21.

[39] 岳明，孙宁磊，邹兴，等. 锌浸出液三价铁直接水解赤铁矿法除铁的探讨 [J]. 中国有色冶金，2012（4）：80~84.

[40] 邓永贵，陈启元，尹周澜，等. 锌浸出液针铁矿法除铁 [J]. 有色金属，2010，62（3）：80~84.

[41] 刘红召，杨卉芃，冯安生. 全球锌矿资源分布及开发利用 [J]. 矿产保护与利用，2017（1）：113~118.

5 铝冶金新技术

5.1 铝冶金概述

铝是一种银白色的金属，具有密度小、耐腐蚀、良好的导热性和导电性、可加工性等优良性能，被广泛应用在交通运输、航空航天、冶金工业、农业及日常生活等诸多领域，目前已经成为应用最广泛的有色金属材料之一，被称为"万能金属"。铝在自然界中分布极广，地壳中铝的含量约为8%，仅次于氧和硅，居第三位。铝工业是世界上最大的电化学工业，目前全世界铝的产量仅次于钢铁，居各种有色金属的首位。

自从1886年Hall和Héroult提出利用Na_3AlF_6-Al_2O_3熔盐电解法炼铝以来，该法一直是工业炼铝的唯一方法，其原理是将直流电通入电解温度为940~960℃的电解槽中，在碳素阴、阳极上发生电解反应，分别生成金属铝液、CO_2和CO等产物。

进入21世纪以来，全球铝工业得到了迅猛发展，原铝产量剧增。2007年全球原铝产量达到2480.3万吨。2008年金融危机后，世界原铝产量出现了一定程度的下降，但2009年仍保持在2339.9万吨的较高水平。到了2018年，中国的原铝产量更是达到了3648.8万吨，约占全球总产量的56.7%。同时，铝工业技术、装备及管理水平也得到了大幅提高，从全世界范围内来看，呈现3个明显的趋势：一是世界铝工业的组织结构日趋规模化、集团化和国际化；二是铝电解槽日趋大型化或超大型化，其科技含量、智能化程度越来越高；三是电解铝生产的技术经济指标向着高产、优质、低耗、长寿和低污染的方向加快进步。以法国的彼施涅公司为代表，其研制的500kA特大型预焙铝电解槽，电流效率达95%，它的成功标志着世界铝工业进入了一个新的发展时期。

我国铝电解工业是新中国成立后逐渐发展起来的。尤其是20世纪90年代以来，我国铝工业进入了一个高速发展时期，大型预焙铝电解企业在国内各地相继建立并投产。我国原铝产量自2002年以来一直保持世界第一，同时，自2005年以来原铝消耗量也一直位居世界第一。目前，我国电解铝产量约占全球总产量的32.7%，原铝消费量也达到了全球消费总量的30%以上，人均铝消费量9.7kg，超过世界平均6.1kg的水平，已成为推动世界铝工业发展的重要力量并成为全球最大、最具活力的铝消费市场。与此相应，我国铝电解技术也获得了长足的发展。在预焙铝电解技术进步的基础上，国内大容量铝电解槽开发技术取得了多项成果。以中国铝业兰州分公司400kA大型铝电解槽为代表的一系列拥有自主知识产权的铝工业成套技术与装备，大幅度提高了我国铝产业的技术装备水平，为我国参与国际竞争，提供容量更大、技术更先进的电解槽技术打下了坚实的基础；此外，中国铝业公司郑州研究院和中南大学合作进行了600kA超大型铝电解槽的前期研究，它的研制成功也将能极大推动我国铝工业向前的发展。

尽管铝电解工业获得了巨大的发展，但现行原铝生产工艺仍然存在许多缺点和不足：

（1）电解过程需消耗大量的优质碳素。虽然每吨铝理论炭耗仅为 333kg，但由于发生铝的二次反应以及碳素阳极的空气氧化、CO_2 氧化及碳渣脱落，致使实际的每吨铝阳极净耗量达到 $500 \sim 600kg$。同时，频繁的阳极更换使生产过程复杂化，自动化过程受限。

（2）环境污染严重。目前世界范围内，每生产 1t 铝，平均等效 CO_2 排放量为 0.28t，而我国则高达 0.69t。发生阳极效应时，还会产生 CO、CF_n 等有毒气体；此外，铝电解用碳素电极材料的生产过程以及电解铝厂所产生的废旧内衬均会对环境造成污染。

（3）碳素阴极与铝液的润湿性差，电解槽在生产过程中不得不保持一定高度的铝液。为了防止铝液运动和界面形变影响电流效率，需采用较高的极距，这导致了生产过程能耗的提高。

（4）由于采用碳素阴极，生产过程中，碱金属渗透进入阴极碳素材料中形成插层化合物，导致阴极膨胀甚至开裂，这是导致电解槽破损的一个重要原因，直接导致电解铝厂投资和原铝生产成本的增大。

（5）单室水平式电极，单位面积的产率低，能量利用率不足 50%，生产成本高。在全世界能源日趋紧张的今天，在各国政府加快构建以低碳排放为特征的工业体系的要求下，迫切需要开发出一种具有高效率、低能耗、低成本、无污染（或少污染）的炼铝新工艺。

低温铝电解由于具有能够有效地提高电流效率、提高原铝纯度、降低能耗、延长电解槽使用寿命等一系列优点，现已成为世界铝业界最为活跃的研究课题之一。自 1979 年 Sleppy 提出低温铝电解的概念以来，学界对此展开了大量的针对性研究工作，发现 Al_2O_3 在电解质体系中的溶解度和溶解速度是低温电解质体系成功应用的最关键因素。因为在低温条件下电解时，Al_2O_3 溶解度低，即使 Al_2O_3 浓度趋于饱和，电解也只能在很小的电流密度下进行，随着阳极表面附近 Al_2O_3 浓度的降低，阳极电位升高，阳极表面氧化物与电解质反应同样会加剧。为了使电解顺利进行，在电解质中必须有过量未溶的氧化铝存在，以及时补充电极附近消耗的氧化铝，使电流密度能保持合理的大小，但是这样很容易造成大量的 Al_2O_3 沉淀。

目前，低温电解质体系的研究工作主要集中在钠冰晶石-氧化铝体系、锂冰晶石-氧化铝体系以及钾冰晶石-氧化铝体系这三种。通过电解实验发现，对于钠冰晶石体系而言，随着电解温度的降低，电解质和铝液的密度之差减小，电导率降低，局部初晶温度增高，氧化铝溶解度降低；对于锂冰晶石体系而言，虽然其电导率是三种体系中最大的，铝液在其中的溶解损失也最小，但氧化铝在其中的溶解度较低，电解时电压波动不稳定；而在钾冰晶石体系中，电导率比钠冰晶石体系略低，钾对阴极的渗透作用较强，但氧化铝的溶解度和溶解速度却占绝对的优势。比较上述三种电解质体系的理化性质，结合铝电解工业生产的实际情况，并考虑到氧化铝在电解质体系中的溶解度和溶解速度等问题，可以看出，钾冰晶石体系是一种极具优势的低温铝电解体系。然而，与普通 Na_3AF_6 电解质体系相比，该体系中所含的 K 有着更低的离子势，电解过程中更加容易渗透进入阴极内部，形成相应的 C—K 插层化合物，对阴极产生强烈的破坏作用，严重影响铝电解槽的使用寿命和正常的工业生产。有报道甚至认为，钾有着数十倍于钠的渗透能力，钾对阴极有着极强的（膨胀）破坏作用，单一钾冰晶石作为电解质时，阴极使用寿命大为缩短，槽寿命降低。而电解槽作为铝电解生产的关键装备，其使用寿命的长短，不仅影响着电解铝的生产成本及原铝产量，而且关系到废弃内衬所引起的环境污染等问题。针对这一问题并综合考虑阴极寿命和氧化铝的溶解性能，一方面，可以考虑使用钾冰晶石和钠冰晶石的复合电解质体系来降低熔体对阴极的破坏作用；另一方面，需要开发出一种具有高耐腐蚀性能的铝电解用阴极。TiB_2 基可润湿性阴极由于具有良好的铝液润湿性，电解过程中，铝液可以对阴极起到很好的保护作用，因而成为一种很有潜力的、有望能够抵御含钾低温电解质熔体强腐蚀性的铝电解惰性电极系统用阴极材料。

虽然碳素材料在熔盐电解质中有着较为稳定的理化性能，但一个至关重要的问题就是其与铝液之间的润湿性较差，在电磁力的作用下铝液会剧烈旋转波动，极易与阳极气体接触，发生氧化反应，降低电解槽的电流效率，因此阴阳极之间必须保持 4~6cm 的距离，两极的电压降达到 1.3~2.0V，高于氧化铝的分解电压 1.2V。

5.2 现行 Hall-Héroult 铝电解工艺的根本弊病

传统的 Hall-Héroult 熔盐铝电解槽，采用 Na_3AlF_6 基氟化盐熔体为溶剂，Al_2O_3 溶于氟化盐熔体中，形成含氧络合离子和含铝络合离子。由于氟化盐熔体的高温（950℃左右）强腐蚀性（除贵金属、碳素材料和极少数陶瓷材料外，大多数材料在其中都有较高溶解度），自 Hall-Héroult 熔盐铝电解工艺被发明以来，一直采用碳素材料作为阴极材料和阳极材料。在碳素阳极和碳素阴极间通入直流电时，含铝络合离子在阴极（或金属铝液）表面放电并析出金属铝；含氧络离子在浸入电解质熔体中的碳素阳极表面放电，并与碳阳极结合生成 CO_2 析出。电解过程可用反应方程式简单表示为：

$$Al_2O_3 + 3/2C \Longrightarrow 2Al + 3/2CO_2 \uparrow \tag{5-1}$$

5.2.1 碳素阳极消耗及其带来的问题

由反应（5-1）可以看出，在电解过程中，碳素阳极是消耗性的，因此碳素阳极必须周期性地更换，由此带来了多方面的问题：

（1）消耗优质碳素材料。如果按电流效率为 100%，阳极含碳量为 100% 及反应（5-1）计算，每吨铝理论碳阳极消耗量为 333kg，但是由于发生 Al 的二次反应（电流效率低于 100%）以及碳素阳极的空气氧化、CO_2 氧化及碳渣脱落，致使实际的每吨铝碳阳极净耗量超过 400kg。

（2）导致环境污染。表 5-1 所列为现行 Hall-Héroult 铝电解生产过程的每吨铝等效 CO_2 排放量。其中，铝电解过程中产生大量温室效应气体（GHG）或有害气体，主要包括 3 部分：1）电解反应过程中，产生含碳化合物（CO_2 和少量 CO）；2）发生阳极效应时，放出 CF_n；3）所用原料中含 H_2O 时，可与氟化盐电解质反应产生 HF（在现代铝电解生产中大部分 HF 被干法净化系统中的 Al_2O_3 吸收并返回铝电解槽中）。

表 5-1 现行 Hall-Héroult 铝电解生产过程的每吨铝等效 CO_2 排放量 (t)

生产工序	水电或核电	天然气火力发电	煤炭火力发电	世界平均值
铝土矿与氧化铝生产	2.0	2.0	2.0	2.0
碳素阳极生产	0.2	0.2	0.2	0.2
电解过程	1.5	1.5	1.5	1.5

生产工序	水电或核电	天然气火力发电	煤炭火力发电	世界平均值
阳极效应	2.0	2.0	2.0	2.0
发电过程	0	6.0	13.5	4.8
总排放量	5.7	11.7	19.2	10.5

电解反应所排放的含碳化合物主要来自 3 个方面：1）阳极反应每生产 1kg Al 产生 CO_2 1.22kg；2）阳极的空气氧化每生产 1kg Al 产生 CO_2 0.3kg；3）另外，每吨原铝电解消耗电能 15000kW·h，依所采用能源种类不同，发电过程中每生产 1kg Al 排放 CO_2 0~16kg，按目前能源结构，平均每吨铝耗电所引起的 CO_2 排放量为 4.8kg。因此每吨铝生产所排放的 CO_2 达到 6.32kg。

发生阳极效应时，所排放的 CF_n 主要为 CF_4 和 C_2F_6，这两种温室气体的 GWP（global warming potential，用于表征各类气体相对于 CO_2 的相对温室作用大小）分别达到 6500 和 9200，阳极效应气体的当量温室作用（平均值每生产 1kg Al 产生 CO_2 为 2.0kg）主要取决于阳极效应系数和效应时间，这又主要取决于电解槽结构，特别是下料方式及其控制系统。

在碳素阳极生产过程也产生 CO_2，按每吨铝碳素阳极消耗量，可计算出碳素阳极生产相应的每吨铝 CO_2 排放量为 0.2kg。另外，碳素阳极生产过程中，产生大量沥青烟气，主要为多环芳香族碳水化合物，也对环境造成污染。

（3）影响电解槽正常操作的稳定性。一方面是由于阳极的经常更换使电解槽的电流分布和热平衡受到干扰，维护和更换阳极需要较多的工时和劳动力，增加了生产成本。另一方面是由于碳阳极不均匀的氧化和崩落，使电解质中出现碳渣。

5.2.2 炭素阴极与铝液不润湿及其带来的问题

现行铝电解槽一直采用炭素材料作为铝电解槽的阴极材料。由于金属铝液与炭素阴极材料表面的润湿性差，为了不使炭阴极表面暴露于电解质中，电解槽中不得不保持一定高度的铝液。铝液在电磁力的作用下发生运动并导致铝液与电解质界面的变形，并且铝液高度越低，铝液运动越强烈，这就是现行铝电解槽的铝液高度必须保持在 15cm 以上的原因。为了防止铝液的运动和界面形变影响电流效率，电解槽不得不保持较高的极距（如4cm 以上），这又是现行铝电解槽必须保持较高槽电压（因而能耗高）的重要原因。据测算统计，铝电解槽两极间的电压降在 1.3~2.0V 左右，相比碳阳极铝电解电化学理论分解电压 1.2V，可以看出，现行铝电解工艺很大一部分能量消耗在两极之间，如果能够适当地减小极距，可以大幅度地节约吨铝能耗，降低原铝生产成本。

另外，金属铝与炭素阴极在电解温度下可反应生成 Al_4C_3，在铝液对阴极未覆盖好的时候，Al_3C_3 将直接与电解质接触并溶解到电解质中，进而促进 Al_4C_3 的生成和阴极的腐蚀。

5.2.3 炭素内衬材料带来的其他问题

铝电解过程中，阴极表面不仅电沉积析出金属铝，同时还会析出金属钠。现代预焙铝电解槽启动时，首先灌入电解槽的是熔融冰晶石电解质，钠的析出尤为迅速。另外，金属铝与 NaF 发生置换反应也能生成 Na。钠渗透进入阴极炭素材料中形成插层化合物，导致阴极体积膨胀，甚至开裂。这成为导致电解槽破损的一个主要原因，电解槽破损无疑增加了铝电解厂的投资和原铝的生产成本。

铝电解槽破损后产生大量废旧内衬，按目前电解槽寿命估计，每生产 1t 金属铝约产生 30~50kg 废槽内衬。废槽内衬中除了约 30% 的炭质材料外，还含有冰晶石、氟化钠、霞石、钠铝氧化物、少量的 α-氧化铝、碳化铝、氮化铝、铝铁合金和微量氰化物等。铝电解槽的废旧内衬是一种污染性固体废弃物，其中氰化物为剧毒物质，氟化钠具有强烈的腐蚀性。当废槽内衬遇水（如雨水、地面水、地下水）时，所含氟化钠和氰化物将溶于水，使 F^- 和 CN^- 混入江河、渗入地下污染土壤和水源，对周围生态环境造成长期的严重污染。为此，人们一直开展研究，力图解决或减缓由此带来的问题，大多数采用高温焚烧碳素内衬以取出其中的有毒化学物质，回收有价氟化物如 AlF_3，并使残余物质呈化学惰性。

另外，传统铝电解槽采用碳素材料为侧壁内衬，为减少侧部氧化与导电，需要强制侧部散热以形成侧部结壳，导致能量消耗。

5.2.4 Hall-Héroult 电解槽的水平式结构及其带来的问题

现行 Hall-Héroult 电解槽使用炭素阳极和表面水平的炭内衬作为阴极，电解析出的铝蓄积在槽底炭阴极上部，形成一个铝的熔池，并作为实际的阴极。阳极用卡具固定其导杆悬挂于槽上部的阳极横梁上，炭素部分的下端浸入槽内的电解质中，并接近槽底的铝液表面。阴极炭块内部嵌入方钢，一端伸出槽外，与外部阴极母线相连。电流由槽外立柱母线进入软带母线，并由软带母线进入阳极横梁，经阳极到电解质和铝液，再由阴极经阴极钢棒流到与下一个槽的立柱母线相连的阴极母线中，形成一个完整的电流通道。

现有的 Hall-Héroult 铝电解槽，尽管尺寸和电解工艺各不相同，但都存在一个普遍的问题就是电能效率较低，一般在 45%~50% 之间。除了理论上将氧化铝还原成铝所需的能量外，实际电解生产其余的电能均以热量的形式向外散失。造成理论与实际能耗如此大的差异的主要原因就在于现行 Hall-Héroult 铝电解槽采用水平式结构，并且高极距作业，使得电解槽产能低、槽电压高。

电能效率低造成了工业电解槽上巨大电能无谓的消耗，也激发了人们寻求新型铝电解槽及其他铝冶炼新工艺以降低能耗的热情。铝电解槽节能降耗的手段有两种：一种是提高电流效率，另一种就是降低槽压，降低极距。然而现有大型预焙铝电解槽电流效率最高已经达到 95% 以上，再通过各种手段提高电流效率以减少能耗，效果不会太大，或者得不偿失。而现有预焙槽极距一般在 4cm 以上，使极间压降达到 2V 以上，这为通过减小极距降低能耗提供了很大的空间。但是对于现有普通预焙槽，极距降低就会影响到电解槽的热平衡，另外即使在热平衡允许范围内极距也不能降低太大，主要是因为极距降低容易引起电解不稳定，使铝液产生波动，降低电流效率。为了能够有效降低铝电解槽极距，降低能耗，就需要对现有电解槽结构进行改进，采用新型电解槽结构。

5.3 惰性阳极的研究进展

5.3.1 惰性阳极的优点

铝电解惰性阳极，是指在应用过程中不消耗或消耗相当缓慢的电极。当使用惰性阳极材料时，阳极析出氧气，铝电解过程的反应方程式变为：

$$Al_2O_3 \Longrightarrow 2Al + 3/2O_2 \uparrow \tag{5-2}$$

　　由反应（5-2）可以看出，由于电解时惰性阳极不被消耗，消除了消耗性碳素阳极所带来的各种弊端。与碳素阳极相比，惰性阳极材料的应用主要优点体现在环保、节能、简化操作及降低成本等方面，特别是减少污染和降低原铝生产成本的潜力十分诱人，具体情况见表5-2。

表 5-2　铝电解槽采用惰性阳极后的潜在优势

环保	成本/产能	能耗	工艺/控制	安全/健康
（1）减少甚至消除 CO_2 的排放； （2）消除 PFC 的排放； （3）消除沥青烟气（多环芳香族碳水化合物和多环有机物）的排放； （4）消除羰基硫化物的排放； （5）消除焦炭干粉和阳极焙烧时糊料粉尘的排放； （6）减少废旧内衬的产生； （7）减少 HF 的排放	（1）降低阳极成本； （2）提高产品金属质量； （3）增加电解槽空间利用率； （4）增加电解槽单位体积产能； （5）减少操作人力； （6）槽结构槽设计上更加灵活； （7）提供电解技术革新机会	（1）提高电解槽的热效率，降低热损失； （2）节省碳素阳极的能量； （3）阳极生产更加节能； （4）与可润湿性阴极配合使用，可大幅度降低极间距，从而降低能耗	（1）消除了碳素阳极生产工厂； （2）降低了阳极更换频率； （3）阳极底部更加平整，便于更好的控制极间距	（1）减少阳极更换作业； （2）电解槽更加密闭； （3）改善车间工作环境

　　表面上看，惰性阳极也有其不足之处，即反应（5-2）的可逆分解电压较高。反应（5-2）在 1250K 时的可逆分解电压为 2.21V，而同温度下反应（5-1）的可逆分解电压仅为 1.18V。也就是说碳素阳极的使用可使 Al_2O_3 的理论分解电压降低 1.03V。但是值得注意的是，这一降低却需要消耗碳素材料。同时，惰性阳极上 Al_2O_3 的高分解电压可由表5-1 中的经济优势补偿，仍可达到节能的目的。N. Jarrett 指出，在使用惰性阳极的情况下，若不改变阳极距离，可以节能 5%；若改变阳极与阴极的距离，可节能 23%；若配合使用可润湿性阴极并改变极间距，最高节能可达 32%。表 5-3 列出了采用惰性阳极的新型电解槽与现行 Hall-Héroult 电解槽的电压降及能耗对比。

表 5-3　不同电极配置时铝电解槽的电压降（按 91%电流效率计算）

电压与能耗	Hall-Héroult 槽 极距 4.45cm	采用惰性阳极的新型电解槽		
		极距 4.45cm	极距 1.91cm	极距 0.64cm[①]
外部压降/V	0.16	0.16	0.16	0.16
阳极连接压降/V	0.16	0.16	0.16	0.16
阳极压降/V	0.16	0.16	0.16	0.16

电压与能耗	Hall-Héroult 槽 极距 4.45cm	采用惰性阳极的新型电解槽		
		极距 4.45cm	极距 1.91cm	极距 0.64cm[①]
电解质压降/V	1.76	1.76	0.75	0.26
分解电压/V	1.20	2.20	2.20	2.20
极化电压/V	0.60	0.15	0.15	0.15
阴极压降/V	0.60	0.60	0.60	0.60
总槽电压/V	4.64	5.19	4.18	3.68
直流电耗 /kW·h·kg^{-1}	15.2	16.96	13.66	12.0
总节能/%	—	5.4[②]	23[②]	32[②]

①配合 TiB$_2$ 阴极;
②包括阳极生产节能及无碳阳极消耗所节省的能量。

铝电解槽采用惰性阳极后,铝电解过程不但不再有 CO_2、CO 和 CF_n 的排放,而且阳极排放的是 O_2(可作为副产品利用)。从表 5-4 和表 5-1 的对比可见,采用惰性阳极后,全球铝电解生产的吨铝等效 CO_2 排放量将从 10.5t 降低到 7.1t,降低近 32%。如果考虑到每吨铝能耗的降低,等效 CO_2 排放量将降低得更多。

表 5-4 采用惰性阳极的铝电解生产过程的吨铝等效 CO_2 排放量 (t)

生产工序	水电或核电	天然气火力发电	煤炭火力发电	世界平均值
铝土矿与氧化铝生产	2.0	2.0	2.0	2.0
惰性阳极生产	0.2~0.3	0.2~0.3	0.2~0.3	0.2~0.3
电解过程	0	0	0	0
阳极效应	0	0	0	0
发电过程	0	6.0	13.5	4.8
总排放量	2.3	8.3	15.8	7.1

5.3.2 惰性阳极的性能要求与研究概况

铝电解过程是发生于温度高达 940~970℃ 的 Na_3AlF_6-Al_2O_3 熔体中的电化学反应,因而对惰性阳极性能提出了严格的要求。在惰性阳极的选材方面,Benedyk 和 de Nora 指出应该满足以下要求:

(1)足够的抗电解质腐蚀能力,年腐蚀率应小于 20mm;(2)析氧过电位较低;(3)采用惰性阳极后电解质压降不比采用碳素阳极时更大;(4)足够的抗氧化能力,在 1000℃ 氧气气氛下能稳定存在;(5)不影响产品铝的质量;(6)足够的机械强度以适应正常的电解操作;(7)良好的热震性能,能经受住预热更换及电解过程的各种热冲击;(8)可实现与金属导杆的高温导电连接;(9)价廉,易于大型化制备。

显然,全部达到上述所有要求非常困难。尽管如此,由于惰性阳极独特而巨大的优势,面对上述挑战,人们一直从电极材料研制以及与之相匹配的电解质体系选择与优化、电解槽结构与工艺优化设计、技术经济指标考核与优化等方面开展系列研究。

电解炼铝采用惰性阳极的想法由来已久，从 Hall-Héroult 炼铝法一开始，电解法炼铝的先驱者 C. M. Hall 在 1888 年就力图采用惰性阳极。最初选用 Cu 和其他金属材料，希望在金属表面形成金属氧化物层，从而用做惰性阳极材料。后来人们开始研究一些在冰晶石熔体中溶解度小，并且具有良好半导体特性的氧化物材料。Belyaev 和 Studentsov 于 20 世纪 30 年代首先尝试了使用 SnO_2、NiO、Fe_3O_4、Co_3O_4 等各种烧结氧化物之后，各种惰性阳极材料如金属及合金、硬质耐火金属（refractory hard metals，如硼化物、碳化物）、金属氧化物等都被广泛地进行研究并取得了一定的进展。

1981 年，K. Billehaug 等将在此之前的惰性阳极材料研究成果分为 4 类：耐火硬质合金阳极（refractory hard metals，RHM）、气体燃料阳极（gaseous fuel anodes）、金属阳极（metal anodes）和氧化物阳极（oxide anodes）。20 世纪 80 年代以后，惰性阳极材料的研究工作主要集中在金属氧化物陶瓷阳极、合金阳极及金属陶瓷阳极的研制和试验上。因此，本书主要介绍这 3 类惰性阳极近年来的最新研究进展。

5.3.3　金属氧化物陶瓷阳极

金属氧化物陶瓷相对其他备选材料而言，在电解质熔体中溶解度低，因而拥有腐蚀速率低的优势，各种氧化物在铝电解质熔体中的溶解度数据见表 5-5～表 5-7。Keller 等认为，在实际铝电解过程中，金属氧化物陶瓷阳极的寿命很大程度上依赖于电极组分在电解质中的溶解速度，而这种溶解速度又主要取决于阳极组分在阴极附近的还原；但较差的高温导电性、抗热震性及机械加工性能限制了它的发展，近年来研究日趋减少。所研究的金属氧化物陶瓷阳极材料可分为复合金属氧化物、单一金属氧化物及金属氧化物的混合物等几类。

表 5-5　若干氧化物在 1000℃的 Na_3AlF_6 和 Na_3AlF_6-Al_2O_3 熔体中的溶解

氧化物	在 Na_3AlF_6 熔体中溶解度/%	在 Na_3AlF_6-5%Al_2O_3 熔体中溶解度/%	氧化物	在 Na_3AlF_6 熔体中溶解度/%	在 Na_3AlF_6-5%Al_2O_3 熔体中溶解度/%
Na_2O	23.00	—	Cr_2O_3	0.13	0.05
K_2O	28.00	—	Fe_2O_3	0.18	0.003
BeO	8.95	6.43	La_2O_3	18.8（1030℃）	19
MgO	11.65	7.02	Nd_2O_3	21.3（1050℃）	—
CaO	16.3	—	Sm_2O_3	20.4（1050℃）	—
BaO	35.75	22.34	Pr_6O_{11}	31.4（1050℃）	—
ZnO	0.51	0.004	SiO_2	8.82	—
CdO	0.98	0.26	TiO_2	5.91（1030℃）	3.75
FeO	6.0	—	SnO_2	0.08	0.01
CuO	1.13	0.68	CeO_2	16.1	—
NiO	0.32	0.18	V_2O_5	1.20（1030℃）	0.65
Co_3O_4	0.24	0.14	Ta_2O_3	0.38	—
Mn_3O_4	2.19	1.22	WO_3	87.72	86.14
B_2O_3	无限	无限			

表 5-6　若干氧化物在 1100℃的 Na_3AlF_6 和 $Na_3AlF_6-Al_2O_3$ 熔体中的溶解度

ML4C	在 Na_3AlF_6 熔体中溶解度/%	在 $Na_3AlF_6-5\%Al_2O_3$ 熔体中溶解度/%	在 $Na_3AlF_6-Al_2O_3$ (饱和) 熔体中的溶解度/%
Cu_2O	0.28	0.23	0.34
ZnO	2.9	0.17	0.025
FeO	5.4	3.0	0.30
NiO	0.41	0.09	0.0076
CuO	1.1	0.44	0.56
Co_3O_4	7.3	—	—
Cr_2O_3	0.70		
Fe_2O_3	0.8	0.4	0.22
TiO_2	5.2		4.54
ZrO_2	3.2	—	
SnO_2	0.05	0.015	0.01
CeO_2	3.4	1.0	0.6

表 5-7　若干尖晶石型复合氧化物在 1000℃的 $Na_3AlF_6-10\%Al_2O_3$ 熔体中的溶解度

氧化物	溶解度/%	氧化物	溶解度/%
$MgCr_2O_4$	Mg 1.60	$ZnFe_2O_4$	Zn 0.01
	Cr 0.04		Fe 0.04
$CoCr_2O_4$	Co 0.01	$LaCoO_3$	La > 1.0
	Cr 0.01		Co 0.14
$NiFe_2O_4$	Ni 0.02　0.009	$SnCo_2O_4$	Sn 0.02
	Fe 0.05　0.058		Co 0.01

A　尖晶石型 (AB_2O_4) 复合金属氧化物阳极

尖晶石型复合氧化物陶瓷由于具有良好的热稳定性和对析氧反应有利的电催化活性 (过电位低), 所以被作为惰性阳极的备选材料得到大量研究。其中, 研究较多的尖晶石型复合氧化物有 $NiFe_2O_4$、$CoFe_2O_4$、$NiAl_2O_4$、$ZnFe_2O_4$、$FeAl_2O_4$ 等。1993 年, Augustin 等人研究了 Ni 及 Co 的铁酸盐的腐蚀行为, 结果证实了尖晶石型氧化物陶瓷在冰晶石熔盐电解质中的耐腐蚀性能较好。于先进等人研究了 $ZnFe_2O_4$ 的耐蚀性能, 发现其腐蚀率在阳极电流密度为 $0.5 \sim 0.75A/cm^2$ 时最大。

2001 年 Galasiu 等人用共沉淀-烧结方法制备 $NiFe_2O_4$ 陶瓷材料, 结果发现, 该工艺制备的惰性阳极性能比常规"固相合成-烧结"和反应烧结法有较大提高。而 Y. Zhang 等人提出了关于 $NiO/NiAl_2O_4$ 和 $FeO/FeAl_2O_4$ 在冰晶石熔体中的溶解模型, 对前者假设 Ni 在溶解后以 Na_2NiF_3 和 Na_3NiF_6 两种复杂离子存在, 对后者假设有 FeF_2、Na_2FeF_4 和

Na_4FeF_6存在，实验结果证明这些假设与实验数据吻合良好。此外2001年，Julsrud等人对$NiFeCrO_4$阳极材料进行了电解实验，并提出了铝电解槽中的阳极排布方式。

B　SnO_2基金属氧化物阳极

SnO_2基阳极曾被许多研究者作为惰性阳极的首选材料。杨建红等人对SnO_2基阳极在铝电解质中的行为进行了研究，并采用稳态恒电位法结合脉冲技术，对1000℃时，SnO_2基阳极在摩尔比为2.7∶1，含$10\%Al_2O_3$的电解质中的析氧过电位做了测量，其结果表明，掺杂微量Ru、Fe和Cr的阳极具有明显的电催化作用。邱竹贤等人研究了ZnO、CuO、Fe_2O_3、Sb_2O_3、Bi_2O_3等氧化物添加剂对SnO_2基阳极的成型及其导电性能的影响，并进行了100A电解试验。

Haarberg等人发现，SnO_2在1035℃冰晶石熔体中的溶解度为0.08%，并且在还原性条件下（如电解质中含有碳渣和溶解的金属铝等）溶解度会更高。他们认为SnO_2溶解度的增加是由于电解过程中Sn^{2+}或Sn^+的存在，溶解的锡离子在阴极上被还原为金属锡。Issaeva和杨建红测试了SnO_2的电化学性能，他们采用Pt、Au及玻璃状C为工作电极进行了循环伏安测试，电压曲线显示，其峰值与在熔盐中锡的两种氧化状态（如Sn^{2+}和Sn^{4+}）有关系。在没有其他氧化物的熔盐中，阳极上会发现SnF_2及SnF_4的挥发物；而如果有溶解的氧化铝存在，它会与溶解的Sn形成稳定物质，没有挥发物生成。

1996年，Sadus等人对掺有2% Sb_2O_3和2% CuO的SnO_2基惰性阳极在不同电解质中的行为进行了研究。他们测定了不同温度下SnO_2基阳极的腐蚀速率，通过对阳极试样的扫描电镜分析和能谱分析，发现阳极中的铜元素有损耗，而一定条件下阳极表面有富铝层的出现。Popescu等人在实验室条件下测定了与Sadus所研究的成分相同的阳极的电流效率、电解温度、电流密度和极距，讨论了阳极效应期间电解质组成和性质。Galasiu研究了Ag_2O对SnO_2惰性阳极电化学性能的影响，表明当阳极组成（质量分数）为96% SnO_2+2% Sb_2O_3+2% Ag_2O时，所获得电阻最小，抗腐蚀性能最佳。Las研究了钽、铌和锑的掺入对陶瓷导电性的影响。

2000年，Cassyre等人用透明电解槽研究了SnO_2作阳极时的阳极气体生成过程，进一步证实了使用惰性阳极时的阳极气体与电解质有较好的润湿性。

C　CeO_2涂层阳极

Eltech Systems公司在1986年申报的专利中指出，将三价Ce溶解于铝电解质中，可在阳极表面沉积形成浅蓝色的由Ce^{4+}的氧氟化合物构成的所谓Cerox涂层。Walker等人研究表明，Cerox可降低SnO_2阳极基体的腐蚀。

溶解度测试表明，CeF_3、Ce_2O_3和CeF_4都可溶于铝电解质熔体中，但CeO_2的溶解度很小。将Ce^{3+}添加到铝电解质熔体中后，可按反应（5-3）发生反应：

$$CeF_3 + 1/2Al_2O_3 + 1/4O_2 \Longrightarrow CeO_2 + AlF_3 \tag{5-3}$$

为维持阳极表面Cerox涂层的稳定存在，电解质熔体中需要保持一定的CeF_2的浓度和Al_2O_3浓度。

Cerox涂层虽可降低阳极基体的腐蚀，但是在实际应用中遇到三个方面的问题：

（1）熔体中的CeF_3不但发生阳极氧化沉积，而且还可在阴极按反应（5-4）被还原：

$$CeF_3 + Al \rule[0.5ex]{1em}{0.4pt}\rule[0.5ex]{1em}{0.4pt} Ce_{in\ Al} + AlF_3 \tag{5-4}$$

进入阴极铝液中的 Ce 对阴极产品造成污染，因此需要去除进入铝液中的 Ce，并回收返回到电解质中。

（2）所形成的 CEROX 涂层不是非常致密，电解过程中还将发生基体的腐蚀并引起涂层剥落。另外，因为 Cerox 的导电性差，为保证阳极具有较好的导电性能，需要有效控制 Cerox 涂层的厚度，这在实际操作过程中有较大难度。

1993 年，J. S. Gregg 等人以 $NiFe_2O_4 + 18\%\ NiO + 17\%Cu$ 金属陶瓷为基体，表面涂覆 CeO_2 涂层作为铝电解惰性阳极。这种阳极的耐腐蚀性能大大增强，但腐蚀性能与涂层中的 CeO_2 含量密切相关，经过长时间的电解后，涂有 CeO_2 涂层的惰性阳极仍有腐蚀裂纹出现。杨建红等人研究了以 SnO_2 为基体，表面涂覆 CeO_2 涂层的惰性阳极，发现涂有 CeO_2 的惰性阳极的电导率增大，而同时 SnO_2 基惰性阳极的抗蚀能力增强，并且带有 CeO_2 涂层的 SnO_2 基惰性阳极与电解质之间的润湿性较好。1995 年，E. W. Dewing 等人研究了 CeO_2 在冰晶石熔盐中的溶解反应，认为 CeO_2 的溶解与熔盐中的氧分压、铝和氟化铝的含量有关，并发现 Ce 在熔盐中主要是以 Ce^{3+} 形式存在，冷凝后的主要产物是 CeF_3。

D 其他金属氧化物电极

除了上述金属氧化物陶瓷材料外，若干专利曾报道过的金属氧化物陶瓷惰性阳极材料见表 5-8。

表 5-8 曾被提出作为铝电解惰性阳极的若干氧化物陶瓷材料

材料组成	电阻率（1000℃）/Ω·cm	结构及导电类型	制备工艺
$98\%SnO_2 + 1.5\%Sb_2O_3 + 0.3\%Fe_2O_3 + 0.2\%ZnO$	0.1~10	金红石（Rutile） n-型半导体	1350~1450℃下烧结 15~20h
$96\%SnO_2 + 2\%CuO + 2\%Sb_2O_3$	0.004	金红石（Rutile） n-型半导体	1350℃下 烧结 2h
$65\%Y_2O_3 + 15\%Ti_2O_3 + 20\%Rh_2O_3$	5		1200℃下 烧结 5h
$CoCr_2O_4$（$62.3\%Cr_2O_3 + 35.7\%CoO + 2\%NiO$）	1	尖晶石（Spinee）	1800℃下 烧结 2h
$LaCrO_3$（$60.2\%La_2O_3 + 33.9\%Cr_2O_3 + 5.9\%SrCO_3$）	0.1	钙钛矿（Perovskite）	1900℃下 烧结 1h
$LaNiO_3$（$65.8\%La_2O_3 + 33.7\%Ni_2O_3 + 0.5\%In_2O_3$）	1	钙钛矿（Perovskite）	预热以后在钛基体上等 离子喷涂
$PdCoO_2 + PtCoO_2$（$55.4\%PdO + 5\%PtO + 39.6\%CoO$）	0.01	赤铜铁矿（Delafossite）	900℃下 烧结 24h
$ZrGeO_4 + ZrSnO_4$（$44.4\%ZrO_2 + 3.7\%GeO_2 + 48.9\%SnO_2 + 2\%CuO + 1\%$非氧化物）	1	钨酸钙型（Scheeliti）	预热后在镀铂的钛基体上 等离子喷涂

材料组成	电阻率（1000℃）/Ω·cm	结构及导电类型	制备工艺
$Ni_{0.6}Sn_{0.4}Fe_{1.2}Ni_{0.8}O_4$	0.2	尖晶石（Spinee）	1400℃下 烧结24h
$Ni_xFe_{1-x}O+Ni_xFe_{3-x}O+$ Fe-Ni 及 $NiO-NiFe_2O_4$	—	尖晶石（Spinee）	—
$BaNi_2Fe_{15.84}Sb_{0.16}O_{27}+$ 16%（体积）金属	—	—	—

1999 年，Pietrzyk 等人对成分（质量分数）为 62.3% Cr_2O_3+35.7% NiO+2% CuO 的惰性阳极进行了实验室电解测试。结果发现阳极腐蚀率低于 1cm/a，金属铝的杂质含量小于 0.3%。

1995 年，Zaikov 等人以成分（质量分数）为 NiO-2.5%Li_2O 的阳极在氧化铝饱和的电解质中测试了 4.5h，取出的阳极表观完好无损。在实验期间，通过称取电解前后阳极的质量来计算其腐蚀率，结果表明：氧化物电极的腐蚀率取决于其制备参数，延长烧结时间和提高烧结温度有助于降低腐蚀率。

5.3.4 合金阳极

近年来，合金惰性阳极材料的研究较多，这种合金阳极具有强度高、不脆裂、导电性好、抗热震性强、易于加工制造、易与金属导杆连接等优点。Sadoway 认为合金是惰性阳极的最佳备选材料。然而，由于金属活性较高，在高温氧化条件下不稳定，所以能否在合金阳极表面形成一层厚度均匀、致密且能自修复的保护薄膜，并且在使用过程中控制各项条件使该膜的溶解速度和形成速度保持平衡等问题至关重要，也是制约合金阳极研发的主要障碍。

A Cu-Al 合金阳极

1999 年，J. N. Hryn 和 M. J. Pelin 等人提出一种成分可能是 Cu 与（质量分数为 5%～15%）Al 的"动态合金阳极"，该阳极示意图如图 5-1 所示。它是一个杯形 Cu-Al 合金容器，容器内装有含熔融铝的熔盐，这些熔融的铝会透过合金壁迁移到容器表面，被阳极电化学（或阳极气体）氧化后形成致密的 Al_2O_3 钝化膜，从而起到保护基体合金免遭氧化与腐蚀的作用；该 Al_2O_3 钝化膜在电解质作用下会不断溶解，同时可通过熔盐中铝的扩散与氧化来实现 Al_2O_3 钝化膜的再生与补充，当 Al_2O_3 钝化膜的溶解速度和扩散补充速度相等时，Al_2O_3 膜便能以一定厚度稳定存在。在保证阳极导电性的同时，避免了阳极基体的氧化与腐蚀。除上述结构外，也有大量研究直接采用板状或棒状 Cu-Al 合金为惰性阳极，通过采用低温电解质来降低 Al_2O_3 钝化膜的腐蚀。

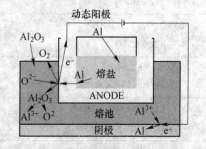

图 5-1 动态金属阳极示意图

B Ni-Fe 基合金阳极

1994 年，T. R. Beck 对 Ni-Fe-Cu 合金阳极（组成为 15%Fe-50%Cu-35%Ni 或 13%Fe-

50%Cu-37%Ni），采用低温铝电解质进行了探索。所用的电解质组成有 NaF-AlF$_3$ 或 NaF-KF-LiF-AlF$_3$，电解温度为 750℃。实验结果表明，合金阳极在电解条件下的腐蚀速度很小，与同温度下（750~800℃）合金在空气中的氧化速度相当，说明采用合金阳极进行低温铝电解的前景十分诱人。

1998 年，J. A. Sekhar 等使用 Ni-Al-Cu-Fe 合金作为阳极进行了研究，认为合金的最佳组成（质量分数）为 Ni-6%Al-10%Cu-11%Fe-3%Zn。这种合金的缺点是氧化速率较快，在电解时阳极表面容易破损从而耐腐蚀性较差。但通过往 Ni-Al-Cu-Fe 合金中加入少量添加剂如 Si、Ti、Sn 可以减缓氧化速率，如何减缓合金的氧化速度是此类惰性阳极的研究重点。

Duruz 和 de Nora 于 1999 年提出了在合金如 Ni-Fe 合金上包覆一导电层，该导电层一方面不让原子氧及氧气分子渗透，起到保护合金的作用；另一方面具有一定电化学活性，能使含氧络离子在阳极/电解质界面发生阳极氧化转变为新生态氧原子，保证阳极反应的顺利进行。为了提高金属阳极表面抗腐蚀性能，Duruz 和 de Nora 提出了含富镍的 Ni-Fe 阳极，所用合金组成为 Ni-30%Fe。该合金在空气中经 1100℃ 预氧化 30min 后在电流密度为 0.6A/cm^2、电解温度为 850℃ 的条件下进行了 72h 电解，其中所用电解质为 77%Na$_3$AlF$_5$-20%AlF$_3$-3%Al$_2$O$_3$。

1998 年到 2004 年，美国西北铝技术公司等单位在美国能源部资助下，采用 Cu-Ni-Fe 合金惰性阳极和 TiB$_2$ 可润湿性阴极，氧化铝颗粒悬浮于过饱和电解质熔体中的竖式电解槽，进行了持续 300h 的 300A 低温（740~760℃）电解试验研究，电流效率达到了 94%，原铝纯度达到 99.9%（仅考虑阳极的阴极引入的杂质元素）。在此基础上准备进一步开展 5000A 电解试验，图 5-2 所示为焊接后的阳极结构。

Moltech 公司在其前期相关研究与专利技术的基础上，研制了所谓 Veronica 的 Fe-Ni 基合金惰性阳极，合金中添加有 Cu、Al、Ti、Y、Mn、Si 等，这些元素的添加有助于合金在热处理后和电解过程中形成致密均匀的表面钝化膜，抑制晶界氧化与腐蚀，从而提高抗氧化与耐腐蚀能力；在 Veronica 阳极基础上发展出的 de Nora 阳极，合金基体表面通过在 NiSO$_4$ 和 CoSO$_4$ 溶液中电镀 Co-Ni 合金镀层，在空气中 920℃ 氧化处理后形成了 Ni$_x$Co$_{1-x}$O 活性半导体涂层，使得阳极具有良好的电化学活性（较低过电位）和导电

图 5-2 美国西北铝技术公司等建造 5000A 电解槽的合金阳极结构

性能，在随后的 100~300A 电解试验中，稳态条件下合金基体的氧化速率为 2mm/a，氧化物涂层的溶解速度为 3mm/a，外推阳极寿命可达 1 年以上，原铝中阳极组元含量小于 0.1%。在此基础上，Moltech 公司系统研究了 de Nora 合金阳极的铸造工艺、外形结构（见图 5-3）、物理化学性能（见表 5-9）、析氧电位（见图 5-4）、电解槽电热场、电磁场、铝业流场、阳极气泡扰动下的电解质流场、新型电解槽结构等，进行了不同规模的实验室电解试验（300A）和扩大规模电解试验（4kA 和 25kA），评价了相关技术经济指标，提出了据认为可供工业化试验的技术原型。

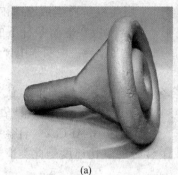

(a)　　　　　　　　　　　　(b)

图 5-3　Moltech 的 de NORA 合金阳极结构
(a) φ120mm 阳极；(b) 600mm×600mm 阳极

5.3.5　金属陶瓷（Cermet）阳极

金属陶瓷是一种由金属或合金与陶瓷所组成的复合材料。一般来说，金属与陶瓷各有

优缺点。金属及合金的延展性好、导电性好，但热稳定性和耐腐蚀性差、在高温下易氧化和蠕变。陶瓷则脆性大、导电性差，但热稳定性好、耐火度高，耐腐蚀性强。金属陶瓷就是将金属和陶瓷结合在一起，以期具有高硬度、高强度、耐腐蚀、耐磨损、耐高温、力学性能和导电性能好等优点。理想中的金属陶瓷可兼备金属氧化物陶瓷的强抗腐蚀性和金属的良好导电性及力学性能，可克服金属氧化物阳极的抗热震性差及其与阳极导杆连接困难等问题，也可比金属或合金阳极具有更好的耐腐蚀与抗氧化性能。当前所研究的金属陶瓷惰性阳极一般将氧化物陶瓷作为连续相，形成抗腐蚀、抗氧化网络，金属相分散其中以起到改善材料力学性能和导

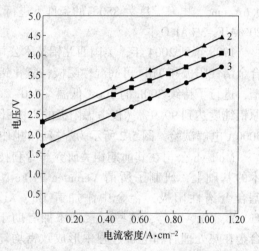

图 5-4　各种阳极在 930℃ Na₃AlF₆ 熔体中的阳极电位
1—de NORA 合金阳极；2—NiFe₂O₃ 涂层合金阳极；
3—碳素阳极

电性能的作用；但金属相的选择也要考虑其耐腐蚀性能，一般选择在阳极极化条件下可在其表面生成氧化物保护层的金属或合金，从而使电极具有更好的耐腐蚀性能。但是由于目前所用的金属氧化物陶瓷与金属之间还未能实现理想的取长补短，使得制备出的金属陶瓷材料难以充分同时拥有金属相和陶瓷相的优点，甚至有些还引入了各自的缺点，这正是金属陶瓷惰性阳极材料研究需要解决的重要课题。

表 5-9　de NORA 阳极的物理化学性能

项　目	指标	项　目	指标
合金基体电阻率/Ω·m	3×10^{-7}	氧化物涂层的溶解速率/m·a^{-1}	2.9×10^{-3}
氧化物涂层电阻率/Ω·m	3×10^{-2}	线性形变/m·a^{-1}	2.0×10^{-3}
析氧过电位/V	0.10	预期寿命/年	1~1.5
合金基体的氧化速率/m·a^{-1}	1.8×10^{-3}		

A　NiFe$_2$O$_4$ 基金属陶瓷

在美国能源部（DOE）的资助下，以开发、制备和评估不同的惰性阳极材料为目的的美国铝业公司（Alcoa）从 1980 到 1985 年针对 NiFe$_2$O$_4$ 金属陶瓷惰性阳极进行了系统研究，并于 1986 年发表了有关金属陶瓷惰性阳极材料的研究报告和学术论文。Alcoa 的报道确定，原料成分为 17%Cu+42.91%NiO+40.09%Fe$_2$O$_3$ 的 NiFe$_2$O$_4$ 基金属陶瓷（即所谓的"5324"金属陶瓷）的性能最佳，其电导率为 90S/cm，电解 30h 之后，电极形状基本无变化，在小型试验中显示出良好的抗蚀性和导电性。自此，NiFe$_2$O$_4$ 基金属陶瓷成为最主要的铝电解惰性阳极材料，得到了广泛的研究。

在能源部的资助下，美国西北太平洋国家实验室 PNL（Pacific northwest laboratory）从 1985 年开始，以 Alcoa 的研究结果为基础，继续开展 NiFe$_2$O$_3$-NiO-Cu 金属陶瓷惰性阳极的研究。与此同时，Eltech Research 公司也在美国能源部的资助下，开展了金属陶瓷惰性阳极的 Cerox 涂层的研发。从 1991 年开始，PNL 和 Eltech 分别与 Reynolds 公司合作进行了金属陶瓷惰性阳极的 6kA 电解试验。如图 5-5 所示，经过 25 天的持续电解，暴露的主要问题是大尺寸阳极的抗热震性差、电极开裂、导电杆损坏严重等，而且阳极电流分布差，槽底因形成氧化铝沉淀而导致阴极电压升高。采用 Cerox 涂层后，金属陶瓷阳极的耐腐蚀性能大大增强，但腐蚀性能的好坏与涂层中 CeO$_2$ 的含量密切相关。经长时间的电解后，涂有 CeO$_2$ 层的惰性阳极仍有裂纹出现，另外也存在原铝中 Ce 的含量较高等问题。

 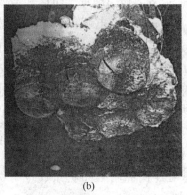

(a)　　　　　　　　　　　(b)

图 5-5　Reynolds 公司 6kA 电解试验用惰性阳极

(a) 电解前的花盆式惰性阳极；(b) 电解后的花盆式惰性阳极

尽管上述试验以失败告终，但国内外针对 NiFe$_2$O$_4$-NiO-Cu 金属陶瓷惰性阳极的研究一直持续进行。Alcoa 分别在 1997 年、1999 年和 2002 年发表了近期研究的技术报告，已在一定程度上解决了上述相关问题。Ray 在 2001 年的专利中用 NiFe$_2$O$_4$+NiO+Cu 阳极电解后得到的原铝中，杂质含量分别为 0.2% Fe、0.1% Cu、0.034% Ni。2001 年，Blinov 用阳极成分为 65% NiFe$_2$O$_4$-18%NiO-17% Cu 在熔盐氧化铝饱和、800℃ 的条件下低温电解，得到惰性阳极的年腐蚀率为 1.4cm。Lorentse 等人还研究了该种惰性阳极材料带入的杂质在阴、阳极间的迁移机理。1997 年，Blinov 等人对惰性阳极进行了低温铝电解实验。他们所用的阳极成分为 Alcoa 提供的即 NiFe$_2$O$_4$+18% NiO+17% Cu，选用的电解温度为 800℃，阳极电流密度为 0.2A/cm^2，经过 130 小时的电解试验后，发现该条件下阳极腐蚀率低于 10^{-3}g/(cm^2·h)，而相同阳极在 950℃ 下的腐蚀率高于 $8×10^{-3}$g/(cm^2·h)。该项研究表明低温电解对降低惰性阳极腐蚀率具有积极意义。

为提高金属陶瓷的导电性，Alcoa 在其前期研究的 $NiFe_2O_4$+NiO+Cu 金属陶瓷中添加 Ag，金属陶瓷中镍及铁的氧化物大约占 50%~90%（质量分数），铜和银或铜银合金含量（质量分数）最好能达到 30%，其中铜银合金包含 90%铜和 10%银。研究表明降低温度有利于提高电极的抗腐蚀性能，CR=0.8~1.0，含 6%CaF_2 和 0.25%MgF_2 的电解质的最佳电解温度为 920℃。

2001 年 9 月 Alcoa 在意大利的一个冶炼厂进行了小型工业化试验，同时它希望能在美国建立起一个完全用惰性阳极操作的工业规模电解槽。Alcoa 当时计划将其惰性阳极生产能力提高到每天可生产出 1 个电解槽所需惰性阳极的水平，在 2002 年内建立首条惰性阳极电解槽生产系列。根据它当时递交给美国能源部的报告，Alcoa 准备在 2~3 年内开始在其碳素阳极电解槽上更换采用惰性阳极。但是，Alcoa 后来宣布他们推迟了惰性阳极的下阶段研究部署，原因是材料的热脆性问题及与导杆连接问题未能很好解决。

B   其他金属陶瓷阳极

X. J. Yu 等人研究过 $ZnFe_2O_4$ 基金属陶瓷的导电率和耐腐蚀性能，认为金属相 Cu 以及氧化物如 Ni_2O_3、CuO、ZnO、CeO_2 等的加入有助于提高材料的导电性能，但同时普遍降低了其耐腐蚀性能。此外，他们还发现当电流密度为 0.5~0.75A/cm^2 时，该类陶瓷的腐蚀最严重。X. Z. Cao 等人以 Al_2O_3、TiO_2 和金属为原料制备了所谓的 Al-Ti-O-X 金属陶瓷，其陶瓷项主要为 Fe_2TiO_5，电解试验过程中表现出较好的耐腐蚀性能和平稳的槽电压。X. Z. Cao 等人又以 Al_2O_3 和 Fe、Ni 为原料制备了 Al_2O_3-Fe-Ni 金属陶瓷惰性阳极，认为采用 Al_2O_3 为陶瓷相有利于减少阳极腐蚀组元对阴极铝的污染。王兆文等人认为 $NiAl_2O_4$ 与 $NiFe_2O_4$ 一样具有尖晶石结构，因而在铝电解质中具有较小溶解度（比 $NiFe_2O_4$ 的溶解度大些），尽管其耐腐蚀性能比 $NiFe_2O_4$ 差，但可避免 $NiFe_2O_4$ 中 Fe 对原铝的污染；因此，可采用 Al_2O_3 替代 Fe_2O_3 为原料，与 NiO 合成 $NiAl_2O_4$，制备 $NiAl_2O_4$ 基金属陶瓷惰性阳极。

C $NiFe_2O_4$ 基金属陶瓷惰性阳极组成与耐腐蚀性能的关系

a   陶瓷相组成对耐腐蚀性能的影响

对不同陶瓷相组成下金属陶瓷的耐蚀性，比较具有代表性的研究始于 1980 年，Alcoa 在美国能源部支持下，开始针对 $NiFe_2O_4$ 基金属陶瓷开展了系列研究，并指出 17Cu（Cu-Ni）-18NiO-$NiFe_2O_4$ 金属陶瓷导电性和耐腐蚀性俱佳。此后，17Cu(Cu-Ni)-18NiO-$NiFe_2O_4$ 金属陶瓷逐渐成为惰性阳极研究的主要对象。然而，该类研究在确定陶瓷相成分时，很少说明 NiO 在陶瓷相中相对于 $NiFe_2O_4$ 计量比过量 18%的具体依据。

De Young 于 1986 年指出，$NiFe_2O_4$ 组元 Ni 和 Fe 在铝电解质熔体中的活度相互成反比，满足式（5-5）：

$$\kappa = 1 / [(\chi_{Fe_2O_3} \chi_{NiO}) (\gamma_{Fe_2O_3} \gamma_{NiO})] \tag{5-5}$$

而冰晶石熔体中 NiO 的饱和溶解度远远低于 Fe_2O_3（分别为 0.009%和 0.058%），因此建议 $NiFe_2O_4$ 基金属陶瓷之陶瓷相中 NiO 应适当过量，过量 NiO 不仅可降低杂质 Fe 的含量，而且可降低阳极腐蚀率，减少总的杂质含量。

Espen Olsen 等人于 1996 年研究了 NiO 在陶瓷相中分别过量 0%、17%、23% 的 NiFe$_2$O$_4$ 基金属陶瓷的电解腐蚀行为，但结果没能有效区分哪种陶瓷相组成的阳极的耐腐蚀性能最佳。

2001 年在 Alcoa 发表的研究报告中，NiO 在高 Al$_2$O$_3$ 浓度下形成 NiAl$_2$O$_4$ 使得其溶解度大大降低，可起到保护阳极的作用，而 Fe$_2$O$_3$ 并无此现象，可能这也是 NiO 过量的原因之一。此外，该报告中对一系列不同组成的阳极电解，其中部分阳极的产出铝中杂质含量见表 5-10。由表 5-10 可以看出，NiO 的过量降低了铝中杂质 Cu、Ni、Ag 的含量，Fe 的含量并未降低。所以在陶瓷相的选择上，大家比较认同 NiO 适当过量有利于降低金属陶瓷中 Fe 这一主要组元的腐蚀，进而减少材料腐蚀率和原铝中总杂质含量。

表 5-10　不同陶瓷相组成的金属陶瓷惰性阳极电解原铝中杂质含量对比

阳极编号	阳极成分	原铝中杂质含量/%			
		Fe	Cu	Ni	Ag
776705-2	3Ag +14Cu+ 83NiFe$_2$O$_4$	0.375	0.13	0.1	0.015
776673-27	3Ag +14Cu + 83 "5324"	0.49	0.05	0.085	0.009

注："5324" 指 NiO 与 Fe$_2$O$_3$ 质量比为 51.7∶48.3 煅烧后所得的 NiFe$_2$O$_4$-NiO 陶瓷相。

2004 年，秦庆伟通过对 NiFe$_2$O$_4$-NiO 复合陶瓷的致密化及其在 Na$_3$AlF$_6$-Al$_2$O$_3$ 熔体中溶解度的研究发现，NiO 不利于 NiFe$_2$O$_4$-NiO 复合陶瓷的烧结致密化，随 NiO 含量的增加，复合陶瓷的相对密度下降，孔隙率上升；电解质中 Ni 的溶解度增加，而 Fe 的溶解度下降（见图 5-6）。

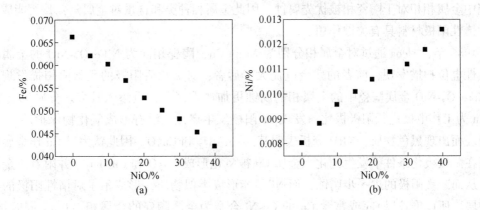

图 5-6　NiO 含量对 NiFe$_2$O$_3$-NiO 复合陶瓷在铝电解质熔体中溶解度的影响
（溶解度测试条件为：CR＝2.3，5%CaF$_2$，5%Al$_2$O$_3$，980℃，8h）
（a）Fe；（b）Ni

2005 年，段华南研究认为，提高 5Ni-xNiO-NiFe$_2$O$_4$ 金属陶瓷的 NiO 含量，可将其在 Na$_3$AlF$_6$-Al$_2$O$_3$ 熔体的电解腐蚀过程中电解质中 Fe 的稳态含量从 0.01857% 降至 0.006836%~0.009574%（见表 5-11 和表 5-12）。综合考虑 NiO 含量对 Ni-NiO-NiFe$_2$O$_4$ 金属陶瓷材料的致密度、耐腐蚀性能、高温导电性和微观形貌的影响，确定陶瓷相中 NiO 的最佳含量（质量分数）为 10%。

表 5-11　电解过程中电解质杂质 Ni 含量变化

阳极成分	电解质杂质 Ni 含量（质量分数）/%					
	0h	4h	5h	6h	7h	稳定后平均值
5Ni-0NiO-NiFe$_2$O$_4$	0.004964	0.008128	0.009204	0.008524	0.01117	0.009261
5Ni-9.5NiO-NiFe$_2$O$_4$	0.004966	0.009070	0.01004	0.008502	0.006496	0.008528
5Ni-19NiO-NiFe$_2$O$_4$	0.005104	0.007288	0.01126	0.01113	0.007974	0.009413
5Ni-28.5NiO-NiFe$_2$O$_4$	0.004956	0.009900	0.01206	0.008406	0.009248	0.009903
5Ni-38NiO-NiFe$_2$O$_4$	0.005108	0.007142	0.007592	0.007886	0.009176	0.007953

表 5-12　电解过程中电解质杂质 Fe 含量变化

阳极成分	电解质杂质 Fe 含量（质量分数）/%					
	0h	4h	5h	6h	7h	稳定后平均值
5Ni-0NiO-NiFe$_2$O$_4$	0.01527	0.023638	0.01705	0.01514	0.01846	0.01857
5Ni-9.5NiO-NiFe$_2$O$_4$	0.01553	0.007544	0.008682	0.007720	0.006982	0.007733
5Ni-19NiO-NiFe$_2$O$_4$	0.01576	0.009862	0.01090	0.009560	0.007970	0.009574
5Ni-28.5NiO-NiFe$_2$O$_4$	0.01601	0.006820	0.006852	0.006062	0.007608	0.006836
5Ni-38NiO-NiFe$_2$O$_4$	0.01570	0.006160	0.006952	0.007640	0.009938	0.007662

b　金属相组成对耐腐性能的影响

一般认为金属的加入有利于改善金属陶瓷的烧结性能、力学性能与导电性能，但金属陶瓷中金属相相对于陶瓷相被优先腐蚀，因此金属相种类和含量对金属陶瓷是否能成为合格的惰性阳极材料具有关键作用。

1986 年，Alcoa 通过对金属相分别为 Ni 和 Cu，陶瓷相同为 NiFe$_2$O$_4$-NiO 的金属陶瓷作线性电位扫描发现，前者的残余电流大于后者；对极化后阳极的元素面扫描发现，以 Ni-NiFe$_2$O$_3$-NiO 金属陶瓷中的金属相的腐蚀更加严重，电解质渗入较多。分别以金属 Ni 和 Cu 为工作电极进行阳极极化，发现 Ni 阳极发生点蚀，没有形成氧化物保护层，而 Cu 阳极表面出现黑色物质，XRD 分析表明其为 CuAlO$_2$ 和 Cu$_2$O。因此认为以 Cu 作金属相的阳极在阳极极化条件下发生钝化，金属 Cu 被氧化形成 Cu$_2$O 和 CuAlO$_2$，并附着于金属表面，从而减缓阳极的进一步腐蚀；而 Ni 不能形成类似物质，形成不了对惰性阳极的有效保护层，所以推荐以 Cu 或富含 Cu 的 Cu-Ni 合金为金属陶瓷的金属相。Tarcy 同时指出，金属相含量分别为 5%、10%、15%、17% 和 20% 的金属陶瓷的耐腐蚀性能差别不大，这也是金属含量对耐腐蚀性能影响的为数不多的报道。

1987 年，Windisch 用循环伏安法对金属 Cu、Ni 和以 Cu 为金属相的金属陶瓷惰性阳极在电解过程中电化学行为进行了研究，结果发现 Cu 和以 Cu 为金属相的金属陶瓷在电位低于氧化铝分解电压时对应的电流，即"残余电流"比较小，接近于 Pt 电极的情况；而 Ni 对应的"残余电流"较为显著，说明该条件下存在明显反应，这一结果从电化学的角度支持了 Tarcy 的上述结论。然而也有大量研究并不支持上述以 Cu 或者富 Cu 合金为金属陶瓷金属相的观点。有研究者认为，Cu 与 NiFe$_2$O$_4$ 的润湿性不佳，在保证金属相不溢出且均匀分布条件下，所得金属陶瓷的相对密度仅有 70%～80%；提高烧结温度虽可有效提高致密度但会发生图 5-7 所示的金属溢出和分布不均问题。而以 Ni 为金属相的金属陶瓷烧结性能良好，在保证金属相不溢出且均匀分布条件下，可制备出致密度高于 95%的样品。致密度的高低对材料的耐腐性能影响很大，所以从烧结致密化的角度，Cu 不利于金属陶瓷的致密化，也不利于耐腐蚀性的提高。

Olsen 对 $NiFe_2O_3$-NiO-Cu 组成元素在电解条件下向电解质和金属 Al 迁移现象的研究发现，元素 Ni 在向金属 Al 中的迁移速率约为 Cu 和 Fe 的一半，进而认为基于 Ni 的材料，不管是 NiO 或者其他 Ni 的化合物最有希望成为惰性阳极的材料。并且在对电解后的阳极 XRD 分析并没有发现如 Tarcy 所说的 Cu 的氧化物及其他钝化层化合物，因此认为金属 Cu 在腐蚀时并不发生所谓的阳极钝化。

图 5-7　$NiFe_2O_4$-Cu 金属陶瓷烧结过程中金属相溢出现象

2002 年，O. A. Lorentsen 采用 17%Cu-$NiFe_2O_4$ 进行电解实验，对电解后阳极表面 XRMA 分析发现，金属相 Cu 可能存在向阳极表面迁移现象，不存在 Tarcy 所描述的 Ni 在富 Ni 金属相中优先腐蚀现象。并且 Cu 在 Cu-Ni 合金中的迁移速率比 Ni 的大 2～3 个数量级，并推测原因可能为先生成 CuF 或 CuF_2 再迁移。

针对 $NiFe_2O_4$ 基金属陶瓷的金属相种类与含量对其耐腐蚀性能影响的上述争议，李新征研究了金属相种类及含量对 M/(10%NiO-$NiFe_2O_4$) 金属陶瓷耐 Na_3AlF_{6-} Al_2O_3 腐蚀性能的影响。结果表明，金属相含量（0～20%之间）对金属陶瓷耐腐蚀性能的影响规律依金属相种类不同而存在较大差异。随金属相含量的增加，xCu/(10%NiO-$NiFe_2O_4$) 电解后阴极铝中 Ni、Fe 含量略有增加，Cu 含量增加明显；与 10%NiO-$NiFe_2O_4$ 陶瓷比较，Ni/(10%NiO-$NiFe_2O_4$) 电解后阴极铝中 Fe、Ni 含量提高近 1 倍，但金属 Ni 含量的变化对 Ni/(10%NiO-$NiFe_2O_4$) 耐腐蚀性能影响不大；与 10%NiO-$NiFe_2O_4$ 陶瓷比较，(85%Cu15%Ni)/(10%Ni-$NiFe_2O_4$) 电解后阴极铝中 Fe 含量提高 1.5～2 倍，Ni 含量提高 2～5 倍，Cu 含量提高 2～10 倍。M/(10%NiO-$NiFe_2O_4$) 金属陶瓷惰性阳极在相同电解条件下腐蚀后微观形貌存在较大差别（见图 5-8），Cu/(10%NiO-$NiFe_2O_4$) 金属陶瓷电解后表层结构完好，材料腐蚀以各组元的化学溶解腐蚀为主，表现出比以电化学腐蚀为主的金属相为 Ni 和 85%Cu15%Ni 的金属陶瓷更好的耐腐蚀性能。综合考虑金属相种类及含量对材料烧结性能、导电性及耐腐蚀性能的影响，认为宜选择金属 Cu 作为 10NiO-$NiFe_2O_4$ 基金属陶瓷惰性阳极的金属相，且含量为 5%。

C　$NiFe_2O_4$ 基金属陶瓷惰性阳极的腐蚀机理

随着 $NiFe_2O_4$ 基金属陶瓷惰性阳极耐腐蚀性能研究工作的深入开展，对其腐蚀机理也有了初步的了解，大致可分为化学腐蚀和电化学腐蚀两大类。化学腐蚀又可以分为化学溶解、铝热还原、晶间腐蚀、电解液浸渗等；电化学腐蚀又可以分为金属相的阳极溶解和陶瓷相的电化学溶解。

(a)　　　　　　　　　　　　　　(b)

(c)　　　　　　　　　　　　　　(d)

图 5-8　电解后 M（10%NiO-NiFe$_2$O$_4$）金属陶瓷阳极的 SEM 照片

（a）17%Cu/（10%NiO-NiFe$_2$O$_4$）；（b）17%Ni/（10%NiO-NiFe$_2$O$_4$）；

（c）17%（85%Cu15%Ni）/（10%NiO-NiFe$_2$O$_4$）；（d）5%（85%Cu15%Ni）/（10%NiO-NiFe$_2$O$_4$）

化学腐蚀

（1）化学溶解在铝电解条件下（965℃），NiFe$_2$O$_4$ 陶瓷发生一定程度的离解，离解出的 NiO 和 Fe$_2$O$_3$ 可能会发生反应（5-6）和反应（5-7）而遭受腐蚀。

$$3NiO(s) + 2AlF_3 \rightleftharpoons 3NiF_2(diss) + Al_2O_3 \qquad \Delta G^{\ominus}_{1238K} = 75.51 kJ \cdot mol^{-1} \qquad (5\text{-}6)$$

$$Fe_2O_3(s) + 2AlF_3 \rightleftharpoons 2FeF_3(diss) + Al_2O_3 \qquad \Delta G^{\ominus}_{1238K} = 179.20 kJ \cdot mol^{-1} \qquad (5\text{-}7)$$

溶解产生的 NiF$_2$ 和 FeF$_3$ 又有可能按反应（5-8）和反应（5-9）被溶解于电解质中的 Al 所还原，或迁移到阴极铝液表面并被金属铝还原进入铝液，从而促进 NiO 和 Fe$_2$O$_3$ 的化学溶解以及 NiFe$_2$O$_3$ 的分解。

$$2Al + 3NiF_2(diss) \rightthreetimes 3Ni + 2AlF_3 \qquad \Delta G^{\ominus}_{1238K} = -947.83 kJ \cdot mol^{-1} \qquad (5\text{-}8)$$

$$Al + FeF_3(diss) \rightthreetimes Fe + AlF_3 \qquad \Delta G^{\ominus}_{1238K} = -481.73 kJ \cdot mol^{-1} \qquad (5\text{-}9)$$

Diep 对 Fe$_2$O$_3$ 在 Na$_3$AlF$_6$-Al$_2$O$_3$ 熔体中的溶解度进行了研究，认为 Fe$_2$O$_3$ 与 AlF$_3$、NaF 之间存在反应式（5-10）。

$$1/2Fe_2O_3 + 1/3AlF_3 + xNaF \rightthreetimes Na_xFeOF_{(1+x)} + 1/6Al_2O_3 \qquad (5\text{-}10)$$

进一步测定发现 Fe$_2$O$_3$ 的溶解度在 CR=3.0 时达到最大值。

（2）铝热还原研究发现，在电解条件下电解槽中预先存在一定的铝液时，阳极腐蚀速度明显比不存在铝液的电解槽中的腐蚀速度大。这表明，电解质中溶解或悬浮的金属铝是造成阳极腐蚀的一个重要原因，反应式（5-11）的热力学分析也证实了这一点。

$$2Al(s) + Fe_2O_3(s) \rightthreetimes Al_2O_3(s) + 2Fe(s) \qquad \Delta G^{\ominus}_{1238K} = -784.26 kJ \cdot mol^{-1} \qquad (5\text{-}11)$$

反应（5-11）的热力学计算表明，金属铝还原阳极组成中金属氧化物的反应具有相当大的趋势。

在研究惰性阳极的耐腐蚀性时发现，在同样含铝的电解质中，通电极化与非极化的情形是不同的：前者腐蚀率较小，显然是由于阳极产生的氧气把周围的铝氧化，减缓了铝热反应的进行。然而并不是只要通电就有利于阳极防腐的，电流的大小需要加以控制，因为若电流密度过小，则不足以抑制铝的还原作用；若电流密度过大，又会加剧阳极极化所引起的阳极组元电化学腐蚀和阳极气体冲刷导致的磨损腐蚀。

（3）电解质熔体浸渗和晶间腐蚀，王化章对惰性阳极耐腐蚀性能的研究发现，某些情况下，惰性阳极的腐蚀速率很大，对电解后阳极截面 SEM 分析发现，电解质已经一定程度上进入到阳极的内部孔隙中甚至微观的晶粒间隙中去了，形成所谓"晶间腐蚀"，导致电极的肿胀、剥落，直至最后的瓦解。另外，随着电解过程的进行，靠近表层的电极微粒受到电解液的浸渗，当金属相优先腐蚀掉后，陶瓷颗粒被电解质分割孤立，甚至脱离电极本体进入电解质，导致腐蚀的加速。

电化学腐蚀

自 20 世纪 80 年代以来，研究者通过各种电化学手段试图对惰性阳极在极化状态下的腐蚀行为进行研究，虽然也取得了一些有趣的结论，但是这些结论大多比较零散，至今为止，对惰性阳极电化学腐蚀过程的认识仍未统一。

1986 年，Tarcy 用线性扫描伏安法研究了不同金属相（Cu、Ni、10Ni/90Cu）的金属陶瓷，金属 Ni、Cu 和惰性金属 Pt 阳极在电解时的腐蚀情况，发现金属陶瓷阳极相对陶瓷氧化物和 Pt 阳极来说存在残余电流；Ni 阳极的残余电流大于 Cu 阳极，且结合对电解后阳极的微区分析得出，以 Cu 为金属相的金属陶瓷耐腐蚀性优于以 Ni 为金属相的金属陶瓷。

1987 年，Windisch 用循环伏安法重点研究金属 Cu 阳极在电解过程中的伏安曲线特征，对各个氧化还原峰做了分析，推测腐蚀过程中可能存在 Cu 氧化成 Cu_2O 和 Cu_2O，以及 CuO 和 Cu_2O 与 Al_2O_3 形成 $CuAlO_2$ 等反应。并简单研究了以 Cu 为金属相的金属陶瓷阳极的伏安曲线。

金属陶瓷惰性阳极的电化学腐蚀过程大致包括金属相和陶瓷相的阳极溶解。金属陶瓷阳极中的金属相是作为改善基体的电导率而加入的，但是由于它具有相对较强的电化学活性，在阳极极化条件下，阳极上不但发生熔体中含氧络合离子在阳极放电并放出氧气，也有可能发生金属相的阳极溶解并形成相应络合离子进入熔体，从而引起阳极的消耗。以 Ni 为例，当发生阳极溶解时，电解反应可表达为：

$$3Ni(s) + AlF_3(s) \rightleftharpoons 3NiF_2(s) + 2Al(l) \qquad (5\text{-}12)$$

反应（5-12）在 1238K 下的 $E^{\ominus}_{1238K} = 1.637V$，这表明在比正常 Al_2O_3 分解反应（5-2）电位更低的电位下，此类反应就可能发生，并在电化学测试时引起"残余电流"。

陶瓷相的电化学腐蚀就是陶瓷相在阳极极化条件下，发生阳极分解，氧元素在阳极被氧化产生氧气，相应金属元素与熔体作用形成络合离子并进入熔体，导致阳极的消耗。以 Fe_2O_3 为例，当发生电化学腐蚀时，电解反应可表达为：

$$Fe_2O_3(s) + 2AlF_3(s) \longrightarrow 2FeF_3(s) + 3/2O_2 + 2Al(l) \qquad (5\text{-}13)$$

反应（5-13）在 1238K 下的 $E^{\ominus}_{1238K} = 2.51V$，虽高于 Al_2O_3 的分解反应（5-2）电位，但在较高阳极极化电位和较低 Al_2O_3 浓度的条件下，该反应也有可能发生。

d　$NiFe_2O_4$ 基金属陶瓷惰性阳极的制备技术

金属陶瓷惰性阳极的制备工艺对它的耐腐蚀性能、导电性能、力学性能等起着决定性的作用。制备工艺与性能的关系可用材料的显微结构来表征，包括相的种类、数量及结构，通过不同工艺路线改变显微结构会使材料性能发生很大变化。

从 1980 年以来，有关 $NiFe_2O_4$ 基金属陶瓷惰性阳极的制备基本上还是采用粉末冶金技术，比较有代表的是 Alcoa。它的陶瓷研究组历经 3 年对大型金属陶瓷电极的制备进行了研究，成功制备出了 $\phi163mm$ 的大型电极，并在 2500A 的电解槽进行了考查。所提出的材料制备技术路线如图 5-9 所示，包括氧化物原料的选择（平均粒径 $1\mu m$）、混匀、煅烧、喷雾干燥、添加金属粉末球磨混匀（Ni、Cu 粉的平均粒径 $10\mu m$）、喷雾制粒、等静压成型、湿坯加工、烧结（控制气氛中的氧含量）等工艺过程。研究中他们也曾采用热压烧结工艺进行金属陶瓷的制备，但因氧化物原料与石墨模具反应、成本高、大尺寸、异形制备困难而在后来研究中不再采用。

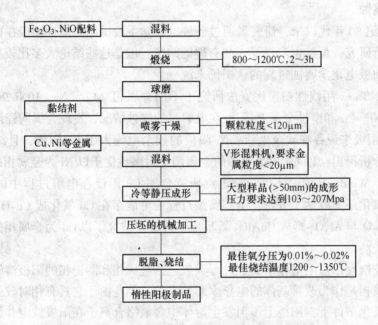

图 5-9　$NiFe_2O_3$ 基金属陶瓷惰性阳极生产工艺流程

中南大学近期系统地研究了金属陶瓷惰性阳极制备技术。在空气中以 NiO 和 Fe_2O_3 经高温煅烧合成 $NiFe_2O_4$ 基陶瓷粉体，金属相选择了铜、镍和铜镍合金，采用球磨混合、钢模双向压制成型、受控气氛烧结的方法，成功制备出大小分别为 $\phi20mm\times40mm$、$\phi50mm\times60mm$ 的圆柱形样品，以及 $\phi110mm\times130mm$（外径和外高）的深杯状样品。得出了 $NiFe_2O_4$ 基陶瓷粉体要在空气中合成，烧结 $NiFe_2O_4$ 基金属陶瓷时应注意控制氧分压，否则 Cu 易溢出，$Ni\text{-}NiFe_2O_4$ 金属陶瓷较 $Cu\text{-}NiFe_2O_4$ 和 $Cu\text{-}Ni\text{-}NiFe_2O_4$ 金属陶瓷在相同温度下更易实现材料的致密化，金属 Ni 是一种良好的烧结助剂等结论。

东北大学和清华大学用热压烧结工艺制备了成分为 $NiFe_2O_4\text{-}Ni\text{-}Cu\text{-}NiO$ 的金属陶瓷，他们发现升高温度对提高密度有利。但温度不能太高，1000℃ 被认为是上限。温度太高密度反而会下降。该阳极在电流密度为 $1.0A/cm^2$ 的电解条件下电解 6h 后，阳极表面棱角分明，无明显腐蚀痕迹。杨宝刚研究了 $NiFe_2O_4$-NiO-Ni-Cu-Fe 的烧结情况，烧结时通入高纯氩气，烧结温度为 1200~1400℃，保温时间为 4~12h，烧结气氛中含氧量保持在 0.01%~0.02%，但在高纯氩气与 0.01%~0.02% 氧分压之间有一定的矛盾。赵群将 $NiFe_2O_4$ 复合粉体湿磨 24h，平均粒度达到 5μm 左右能较好地满足成型的要求。Cu(Ni)-$NiFe_2O_4$-NiO 烧结采用 1400℃，3L/min 的氩气保护速度，能防止氧化，最高体积密度为 5.68g/cm³，1450℃烧结后试样密度下降并有金属渗出现象。刘宜汉在研究镍铁尖晶石基惰性阳极时认为成型压力 160MPa，烧结温度为 1350℃，烧结时间 6h，主颗粒直径 0.50~0.355mm（对于 50~100mm 规格的制品），氧化银添加量 10%，为最佳镍铁尖晶石基惰性阳极制品的制备条件，但对金属陶瓷烧结很重要的烧结气氛没有说明。

综上所述，对于 $NiFe_2O_4$ 基金属陶瓷的制备技术已进行了大量的研究，但为提高阳极的综合性能，在原料的处理、烧结温度、烧结气氛、金属在烧结过程中行为等方面有待进一步研究。

e $NiFe_2O_4$ 基金属陶瓷惰性阳极的烧结致密化

作为铝电解用惰性阳极材料，不仅要保证具有目标物相组成，以保证良好的导电性、抗热震性和耐腐蚀性能，还要有高的致密度以提高抗高温铝电解质熔体的渗蚀作用。材料致密度的提高，还有利于提高导电性能，增强机械强度和避免金属相的氧化等。

烧结是金属陶瓷制备过程中最重要的环节，是粉末冶金生产过程中最基本的工序之一，对产品性能起着决定性作用，是一个粉末或压坯在低于主要组分熔点温度下的加热处理，借助颗粒间联结以提高强度的过程。简单地说，烧结是坯体在高温热能激活下体系总表面积下降和缺陷浓度减少并致密化的过程。金属陶瓷在烧结过程中需要严格控制操作条件如烧结气氛、烧结温度及保温时间，以获得具有目标物相组成的高致密度金属陶瓷材料。

Berchmans 研究了 Mg^{2+} 掺杂 $NiFe_2O_4$ 的惰性阳极材料性能，生坯于空气气氛下 1000℃连续烧结 50h，认为 Mg^{2+} 嵌入到 $NiFe_2O_4$ 尖晶石的晶格，使晶胞参数增大，并形成新物质 $Ni_{0.4}Mg_{0.6}Fe_2O_4$，Mg^{2+} 优先占据尖晶石立方结构的 B 位（置换 Ni^{2+}），部分占据 A 位（Fe^{3+}）。材料的烧结性能、导电性能、抗热震性能和耐腐蚀性能都得到了提高。

田忠良通过对材料制备工艺（金属相添加方式、烧结气氛、烧结温度和保温时间）的综合研究，解决了材料致密化与金属相溢出或分布不均的问题，获得了具有目标物相组成和高致密度（高于 95%）的 $NiFe_2O_4$ 基金属陶瓷材料。张勇通过掺杂 CaO 助烧剂，2% CaO 掺杂使 $xM/(10NiO\text{-}NiFe_2O_4)$ 金属陶瓷实现了低温烧结致密化，避免了 $xCu/(10NiO\text{-}NiFe_2O_4)$ 金属陶瓷烧结过程中 Cu 的溢出，并使其致密化烧结温度降低了 50℃，使得 $xNi/(10NiO\text{-}NiFe_2O_4)$ 金属陶瓷致密化烧结温度降低了 150℃。

f $NiFe_2O_4$ 基金属陶瓷惰性阳极的力学性能

惰性阳极在应用于铝电解工业时，都必须经过预热与起动这一重要过程。惰性阳极预热的目的在于通过一定时间的缓慢加热，接近或达到电解槽正常生产温度，以免在起动中发生"热震"造成电极开裂。预热与起动过程在惰性阳极的整个使用期内虽然很短，但对惰性阳极的寿命却起着决定性影响。因此，惰性阳极的力学性能，特别是抗热震性能对惰性阳极的工业化应用至关重要。

惰性阳极在进行小样品、小电流的试验时，它的力学性能比较差可以不考虑，但是在大型试验中，氧化物以及金属陶瓷惰性阳极的力学性能非常关键。1991 年 Reynolds 金属公司在 6000A 电解槽上用 $Ni_xFe_{1-x}O_4$ 电极进行 25 天的持续电解试验，暴露的主要问题为大尺寸阳极的抗热震性差、电极开裂以及导电杆损坏严重等，并导致试验的失败（见图 5-5）。

美国 Alcoa 公司在 1986 年的惰性阳极报告中，针对 51.7%NiO-48.3%Fe_2O_3（5423）、20%Fe-60%NiO-20%Fe_2O_3（6846）、5324+30%Ni、5324+17%Cu 等材料，进行了四点抗弯强度、韦氏模量、断裂韧性、杨氏模量、剪切模量、泊松比等性能的测试，结果见表 5-13。美国 Alcoa 公司在 2001 年 7 月发表的报告中宣布，由于惰性阳极的热震开裂问题和导电连接的问题，将推迟惰性阳极的研究。可见，$NiFe_2O_4$ 基金属陶瓷惰性阳极的力学性能对于惰性阳极的大型试验起着重要作用，但是到目前为止，针对 $NiFe_2O_4$ 基金属陶瓷惰性阳极力学性能的研究还相对较少。

表 5-13　Alcoa 公司 1986 年报道的金属陶瓷惰性阳极性能

性能指标	A1-17%Cu	A1-30%Ni_b	A1-30%Ni_a	A1-66	6846	6846	5324
制备方法	煅烧+烧结	煅烧+烧结	煅烧+烧结	煅烧烧结	煅烧烧结	反应烧结	煅烧烧结
理论密度/g·cm^{-3}	6.28	6.55	6.55	6.35	6.35	6.35	5.72
体积密度/g·cm^{-3}	6.09	6.52	6.55	6.11	6.12	5.89	5.69
开孔率/%	0.06	0.09	0.11	0.2	0.3	1.94	0.16
四点抗弯强度/MPa	104.2	182.9	192.9	126.8	112.8	105.8	165.6
韦氏模量/GPa	12.4	20.9	7.8	4.9	15.4	8.0	13.1
断裂韧性/MPa·m$^{1/2}$	—	5.15	5.43	3.64	3.75	4.84	1.92
杨氏模量/GPa	145	—	—	175	—	146	155
剪切模量/GPa	55.8	—	—	—	—	56	63
泊松比	0.3	—	—	—	—	0.29	—
微观结构（金属含量）/%	20	39	40	31	30	28	3
微观结构（空隙率）/%	1.2	1.5	1.5	1.6	4	5.3	3.4
物相组成	A, NiO, Ni, Cu	A, NiO, Ni	$NiFe_2O_4$, NiO, Ni	A, NiO, Ni	A, NiO, Ni	A, NiO, Ni	A, NiO

注：A 代表 $NiFe_2O_4$，A1 代表 "5324"。

刘宜汉引入了氧化银-镍铁尖晶石惰性阳极的抗弯强度，抗热震试验的测试方法，但没有进一步的研究结果。秦庆伟测试了 5%Cu-$NiFe_2O_4$，5%Ni-$NiFe_2O_4$ 的室温抗弯强度，分别为 116.03MPa，78.90MPa，认为金属的增加一定程度上提高了抗热震能力。孙小刚从金属颗粒强韧化、晶须强韧化的角度研究了金属相含量，金属相添加方式、晶须掺杂等对 Ni-（90$NiFe_2O_4$-10NiO）金属陶瓷的力学性能的影响；结论是，0~17%范围内，随着金属相含量的提高，Ni-（90$NiFe_2O_4$-10NiO）金属陶瓷的致密度、维氏硬度呈下降趋势；断裂韧性、抗热震残余强度和抗热震循环次数呈上升趋势，但增幅不大；综合金属相含量对致密度、力学性能及耐腐蚀性能的影响，确定 10%为金属 Ni 含量的最佳值。张刚研究了 Cu 含量对 Cu/（10NiO-$NiFe_2O_4$）金属陶瓷显微组织和力学性能（抗弯强度、断裂韧性）

的影响，结论是金属含量从 0 增加至 20% 时，试样的致密度和抗弯强度随着金属含量的增加而先增后减，断裂韧性随着金属含量的增加而增加。其中致密度在金属含量为 5% 附近达到最大为 95.85%，抗弯强度在金属含量为 15% 附近达到最大为 200.34MPa，断裂韧性在金属含量为 20% 附近达到最大为 3.55MPa·m$^{1/2}$。张勇研究了助烧剂 CaO 掺杂后 10NiO-NiFe$_2$O$_4$ 基金属陶瓷的力学性能，结论是 CaO 的掺杂对 10NiO-NiFe$_2$O$_4$ 复合陶瓷力学性能影响明显，但对金属陶瓷的力学性能影响不大。

g NiFe$_2$O$_4$ 基金属陶瓷的高温抗氧化性能与导电性能

铝电解惰性阳极在应用过程中，电极表面将有大量 O$_2$ 析出，对 NiFe$_2$O$_4$ 基金属陶瓷表面区域金属相产生氧化作用，改变材料物相组成，从而影响材料导电性能等。杨宝刚对含 Cu 的 NiFe$_2$O$_4$ 基金属陶瓷抗氧化性进行了研究，认为所制备的阳极具有良好的抗氧化性能，单位面积氧化增重与氧化时间的关系近似"抛物线"，并证明阳极氧化是由金属相 Cu 的氧化所产生的。同时，抗热震性实验研究表明，其残余强度保持率最高可达 92.1%。田忠良研究认为 Ni-NiFe$_2$O$_4$ 金属陶瓷高温氧化符合气-固反应的动力学过程，主要受试样致密度影响，与金属 Ni 含量和陶瓷相组成无关。

惰性阳极不仅要有良好的高温稳定性，还要有良好导电性，且在高温下随温度的变化不宜过大。否则将导致阳极电流密度分布不均匀，有时甚至出现阳极与金属导杆连接处因电流过度集中而开裂。

NiFe$_2$O$_4$ 陶瓷在 950℃ 下导电率约为 2S/cm，与现行铝电解工业碳阳极导电性能相比（电解条件下导电率约为 200S/cm），其导电能力明显较差，温度的变化无法使其满足作为惰性阳极材料的要求，使用过程中因阳极自身过高的电压降而无法达到节能降耗的效果。金属 Fe 的加入，材料中将有 Ni-Fe 相生成，可提高材料导电性，高温下的导电率达到 700S/cm，17%Cu 的金属陶瓷在 1000℃ 时的导电率约为 90S/cm。Alcoa 通过添加金属 Ag 来提高金属陶瓷惰性阳极导电性能。Lai 针对文献报道的有关惰性阳极高温电导率差异大的问题，建立了如图 5-10 所示的高温电导率测试装置，系统地测量了不同金属相及含量的 NiFe$_2$O$_4$ 基金属陶瓷导电率随温度的变化，认为 Cu-Ni 合金的加入对提高 NiFe$_2$O$_4$ 陶瓷的导电性能更为有利，20%Ni/NiFe$_2$O$_4$ 金属陶瓷在 960℃ 时的导电率为 69.41S/cm。

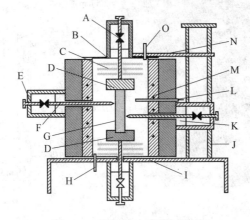

图 5-10 高温导电率测试装置

A—压力传感板；B—密封盖；C—隔热电流导杆；D—导电加压器；E—压力手柄；F—侧部探针；G—检测试样；H—进气管；
I—钢制基座；J—升降轨道；K—绝缘管；L—热电偶；M—加热原件；N—密封盖与升降轨道连杆；O—出气管

　　h　金属陶瓷惰性阳极与金属导杆的连接技术

　　在惰性阳极技术中，电极与阳极导杆的可靠连接是设计和制造中迫切需要解决的关键问题之一，也是业界的难点问题，主要是材料使用环境对连接材料提出了严酷的要求：（1）在900~1000℃的使用温度下，要求接头不但有足够的使用强度，还要求接头具有较长的使用寿命；（2）要求钎料抗蠕变、热疲劳、热震及耐腐蚀性能好，以保证连接界面在高温及存在氧气、氟化物等腐蚀性气体的环境下稳定工作；（3）钎料要具有良好的塑性、屈服强度低、抗拉强度高、热膨胀系数与所连接材料相近，以保证在温度循环过程中，连接界面不产生较大的残余应力；（4）由于陶瓷的热导率低，导电性差，抗热冲击能力弱，因此还要求钎料的导电导热性能尽量与之匹配，以避免产生残余热应力及连接界面处出现电阻热现象。事实上，同时满足上述各个条件是相当困难的。当前，陶瓷与金属间的连接方法有三种：机械连接、焊接连接和化学黏结，其中焊接又分为钎焊和扩散焊接。下面对惰性阳极制备过程中常用的机械连接和扩散焊接方式进行评述。

　　机械连接

　　机械连接是一种较为常用的材料连接方法，主要包括螺栓连接和钎焊+弹簧压紧机构连接两种类型，如图5-11所示。Alcoa采用惰性阳极在2500A电解槽进行电解试验后，认

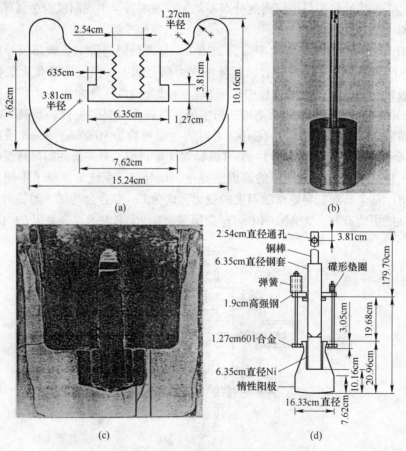

图 5-11　惰性阳极与金属导杆间机械连接示意图

（a）螺纹连接的阳极加工样图；（b）螺纹连接实物；（c）电解后的螺纹连接阳极剖面；（d）钎焊+弹簧压紧连接机构

为采用机械连接——钎焊的连接效果要好于螺纹连接。栓接是指采用螺栓进行连接，其特点是方法简单，接头具有可拆性，图 5-11 展示了采用螺纹连接惰性阳极试样的加工图、实物及电解后样品的剖面图，结果表明，采用螺纹连接的接头气密性差，连接稳定性差，而且由于金属陶瓷材料加工性能不好，导致机加工成品率低、费用高。电解试验结果表明，阳极机加工区域是电解过程中最容易产生缺陷并导致阳极失效的区域（见图 5-11 (c)）。Strachan 采用钎焊+弹簧压紧机构对阳极和导电连杆进行连接（见图 5-11 (d)），该方法先将导杆与阳极基体采用钎焊连接，再采用弹簧机构对连接部分进行加固，从而获得相对较为稳定的连接，但由于钎焊层较薄，而且焊料要求的使用温度无法满足铝电解试验的要求，另外在接头始终受到压应力的作用，容易产生应力集中。

近期在国内有关惰性阳极电极机械连接方面的公开报道较少。在早期的惰性阳极研究中，刘业翔和杨建红等人也曾采用机械连接方式解决惰性阳极与金属导杆的高温连接问题，即用铂丝缠紧电极上的沟槽，并用导电的铂水泥涂布，使接触良好，铂丝的另一端压接在钢棒上。这样的接触比较稳定，在高温及阳极极化的情况下电阻变化很小。很显然，贵金属铂的使用会增加成本，不适合大型电极的使用。

焊接连接

为获得耐高温陶瓷——金属接头，目前主要采用钎焊、固相扩散焊和瞬间液相扩散连接。采用耐高温钎料钎焊是获得耐高温陶瓷——金属接头研究得较多且接头性能较好的方法，存在的主要问题是钎焊温度高、适用面窄及高温强度不太理想等。钎焊连接的特点是连接界面为扩散、物理力、化学键作用，接头强度高，有一定的气密性，耐高温，可靠性较高，但其工艺成本高，接头存在内应力。

在金属陶瓷惰性阳极与导电钢棒的扩散焊接方面，Weyand 和 Peterson 分别报道了采用固相扩散焊接对金属陶瓷惰性阳极和导电杆进行连接的试验方案和结果，如图 5-12 所示。图 5-12 (a) 所示为 Weyand 等人开发的扩散焊接连接惰性阳极的模型，采用 Ni201 作为连接金属陶瓷和阳极钢棒的中间过渡层，在实施扩散焊接前需对阳极连接部位进行表面金属化处理，主要是采用还原剂在材料表面构造一个金属层，人为构造一个从金属陶瓷—过渡金属层—Ni201 的梯度结构。该方案受加工工艺及材料本身特性等因素的影响，在金属陶瓷表面金属化的过程中，很容易在过渡金属层中产生孔洞和夹杂氧化物，并将成为材料内部主要的空位源，这种显微结构长时间工作于高温条件下工作时是极不稳定的，高温下空位的运动将导致连接部位强度的下降，甚至造成连接失效。

图 5-12 (b) 是 Peterson 等人开发的采用金属 Cu-Ni 连接阳极与阳极钢棒的扩散焊接结构及单个惰性阳极组装示意图。其预先烧结一块 Cu-Ni 合金，然后再采用扩散焊结的方式实现阳极钢棒与 Cu-Ni 合金及阳极杯的连接。该连接方式具有连接稳定、连接强度高等特点，但是工艺过于复杂。Alcoa 曾在 60A 电解槽上考察了金属陶瓷阳极与 Ni 棒的扩散焊，短时间的电解试验表明，扩散焊非常成功；但 2500A 电解实验结果表面，所采用扩散连接接头在使用过程中存在强度下降的问题，甚至直接造成阳极脱落。

在国内，秦庆伟采用含金属 Cu 的中间层，在实验室成功进行了 5%Ni-NiFe$_2$O$_4$/Fe 的部分瞬间液相连接。田忠良将熔融金属渗入法引入惰性阳极研究领域，来解决 NiFe$_2$O$_4$ 基金属陶瓷与金属导杆的高温导电连接问题；通过工艺技术条件的优化，实现了两者间的冶金结合，室温连接强度达到 17.45MPa，避免了普遍采用的机械连接和扩散焊接等方法由

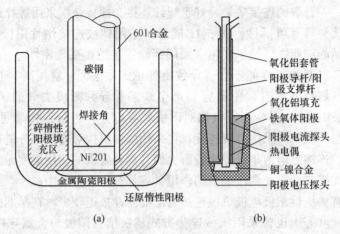

图 5-12　惰性阳极与金属导杆间扩散焊接示意图
(a) 采用金属 Ni 连接件；(b) 采用金属 Cu-Ni 合金连接件

于材料热膨胀性能差异所导致的使用过程中极易开裂的问题。张雷采用压力扩散焊接工艺成功实现了 $NiFe_2O_4$-10NiO/17Ni 金属陶瓷型惰性阳极与阳极导电钢棒的梯度电连接，焊接接头平均拉伸强度为 15.15MPa。

5.3.6　低温铝电解—惰性阳极的必由之路

　　低温铝电解是指实现铝电解工业在 800~900℃ 甚至更低的温度下进行，被认为是最具潜力的节能降耗技术，更是解决惰性阳极耐腐蚀性能的主要途径，已成为当今国际铝冶金界最关注、研究最活跃的课题之一。

　　铝的熔点为 660℃，为了制得液态铝只需要铝电解温度控制在 700℃ 左右就可以满足，因此自从铝电解产生以来，它的发明者就曾经设想过低温电解，低温电解可以减少电解槽的热损失，提高电流效率，从而表现为降低铝生产成本。但是，由于低温电解质最致命的弱点是氧化铝溶解困难（低溶解速度和溶解度），这严重阻碍了它的发展与应用。

　　多年来，无论哪一种惰性阳极（陶瓷、合金或金属陶瓷）都表现出一个共同的难题，即惰性阳极的耐腐蚀性（对于陶瓷和金属陶瓷还有抗热震性）还无法满足现行铝电解质体系和电解工艺（以高温低氧化铝浓度为特征）的要求。惰性阳极上述问题的解决除了进一步提高材料性能外，还需要为其提供更加"友善"的环境，主要是具备"低温、高氧化铝浓度"特征的新型电解质体系及其电解新工艺，电解温度的降低不但可显著降低金属相（或基体）的氧化速率（温度每降低 100℃，金属的氧化速率可降低一个数量级），也可显著降低陶瓷相的溶解速度，而这两方面是惰性阳极失效的主要原因。这一需求极大地推动了低温电解质的研究，可以说低温电解研究主要是为了给惰性阳极的工业化应用创造更佳服役环境而进行的。

　　本节主要介绍针对惰性阳极需要而开展的有关低温铝电解质的相关研究进展。

　　针对惰性阳极的低温电解质基本可分为 NaF-AlF_3 和 KF-AlF_3 两大体系，并且这两种体系都是通过降低电解质分子比或添加其他添加剂来降低熔体初晶温度，从而实现低温电解。

5.3.6.1 NaF-AlF$_3$低温电解质体系

1994 年，Beck 采用 Fe-Cu-Ni 合金阳极，在 750℃ 的 NaF-AlF$_3$（或添加部分 KF 和 LiF）低温电解质中进行电解实验，研究了相关电解工艺，认为阳极气泡的扰动可使未溶解的 Al$_2$O$_3$ 悬浮于电解质熔体中，使电解过程中消耗的 Al$_2$O$_3$ 得到有效补充；并且竖直式多室电解槽设计可使电解槽的空间利用率超过传统电解槽 20 倍以上。1995 年又进一步开展了 300A 电解试验，电解槽启动初期原铝中杂质 Cu 含量达到 0.3%，但两天后杂质 Ni、Fe 和 Cu 的含量低于 0.03%（达到了原铝质量要求）。此后，有一系列研究均采用低摩尔比 NaF-AlF$_3$ 进行合金阳极的低温电解，提出了多种 Al$_2$O$_3$ 悬浮电解槽（也称为料浆电解槽），特别是 1998 年到 2004 年，美国西北铝技术公司等单位在美国能源部资助下针对"低温电解中合金阳极寿命研究"具有里程碑式的意义。

在 21 世纪初 Alcoa 在美国能源部资助下，采用所开发的 5324-17%Cu 金属陶瓷阳极，在其认为较理想的低温电解质 36%NaF-60%AlF$_3$（CR = 1.12）中进行了长时间（200h）电解腐蚀试验，电解温度为 800℃，阳极电流密度为 0.5A/cm^2，电解过程中可通入气体搅拌熔体以加速氧化铝的溶解，并且分别采用高纯氧化铝坩埚溶解消耗和加入过量的不同种类 Al$_2$O$_3$ 来保持较高的 Al$_2$O$_3$ 浓度，电解过程中测得的氧化铝含量分别为 4.05% ~ 4.5%。但是，试验结果并不理想（尽管有的试验中可获得 0.1~0.3cm 的较低年腐蚀率），主要问题是：循环运动的电解质虽有利于 Al$_2$O$_3$ 的溶解，但同时使得电解质熔体中含有金属 Al 并直接对阳极产生还原腐蚀；为此，以 O$_2$ 代替 Ar 作为搅拌气体，结果可减缓金属铝对阳极的还原，但又引起阳极表面形成不导电层。最终认为需要把氧化铝的溶解区和电解区分开来解决这个问题。

5.3.6.2 KF-AlF$_3$低温电解质体系

KF-AlF$_3$ 体系相对于 NaF-AlF$_3$ 体系来说，最大的优点是氧化铝在其中溶解更快、溶解度更高。但是 K 对碳素材料的渗透膨胀现象严重，约为 Na 的 10 倍，这对以碳素材料为电极和槽内衬的电解槽而言是致命的。正因如此，前期针对 KF-AlF$_3$ 体系低温铝电解的研究报道极少。但是，近年来人们越来越认识到惰性阳极的成功开发必须要有可提供"低温、高氧化铝浓度"服役环境的低温铝电解质体系，而 NaF-AlF$_3$ 低温电解质体系较难获得高氧化铝浓度；并且针对 KF-AlF$_3$ 体系对碳素内衬渗透破坏的问题，人们已期望有新的阴极材料（如 TiB$_2$ 阴极）和内衬材料（如刚玉）出现。因此，2010 年来 KF-AlF$_3$ 体系下惰性阳极的低温电解已有较多研究。

2004 年，J. H. Yang 在 700℃ 的 50%AlF$_3$-45%KF-5%Al$_2$O$_3$ 电解质中，用 Cu-Al 金属阳极和 TiB$_2$ 阴极分别进行了 10A、20A 和 100A 的低温电解实验，电解过程最长持续 100h，阳极电流密度为 0.45A/cm^2，电流效率达到 85%，所得原铝纯度可高于 99.5%，杂质 Cu 的含量可低于 0.2%（见表 5-14）。基于这一结果认为，Cu-Al 合金阳极在 KF-AlF$_3$-Al$_2$O$_3$ 电解质体系中有望成功应用，并持续开展研究。2006 年，J. H. Yang 采用 Al-Cu 合金阳极和 TiB$_2$ 可润湿性阴极在 KF-AlF$_3$ 低温电解质熔体中进行了系列 100A-100h 电解试验，研究了 NaF 含量、电流密度和电解温度对阳极耐腐蚀性能的影响，并认为具备了进行更大规模电解试验的要求。2007 年，J. H. Yang 为更好进行电解工艺调控，研究了 Al$_2$O$_3$ 在 KF-AlF$_3$ 电解质熔体中的溶解度。

表 5-14　不同电解条件铝金属中的杂质含量

实验编号	电流/A	时间/h	杂质含量（质量分数）/%								
			Cu	Fe	Si	Ni	Cr	Mo	K	Na	Mn
AlT22	10	31	0.51	0.032	<0.01						
AlT25	10	100	0.51	0.0359		0.0276			0.0006	0.002	0.0051
AlT53	20	32.5	0.1	0.24	<0.01	0.03	0.05		<0.025		
AlT55	20	56.4	0.16	0.19	<0.01	0.02	0.04		<0.025		
AlT57	100	50	0.09	0.03	<0.01	<0.01		0.03	0.021	<0.01	

Moltech 公司近期的惰性阳极电解试验中，为了增强电解质熔体的氧化铝溶解能力，也开始采用含 KF 的电解质：$Na_3AlF_6 + 11\% AlF_3 + 4\% CaF_2 + (5\% \sim 7\%)KF + (7\% \sim 8\%)Al_2O_3$ 或 $Na_3AlF_6 + (10\% \sim 14\%)AlF_3 + (2\% \sim 6\%)CaF_2 + (3\% \sim 7\%)Al_2O_3 + (0 \sim 8\%)KF$，$Na_3AlF_6 + 11\% AlF_3 + 4\% CaF_2 + 7\% KF + 9\% Al_2O_3$。

J. W. Wang 开展了 $5\%Cu$-$9.5\%NiO$-$85.5\%NiFe_2O_4$ 阳极在不同低温电解质中的电解腐蚀研究，包括 K_3AlF_6-Na_3AlF_6-$AlF_3 + 5\%Al_2O_3$ 和 $50\%AlF_3 + 45\%KF + 5\%Al_2O_3$。

俄罗斯在 21 世纪初也有关于 KF-AlF_3 低温电解质体系的研究报道。Kryukovsky 针对 KF-AlF_3 低温电解质体系温度降低后导电性能变差的问题，研究了 $680 \sim 770$℃ 下 KF-AlF_3-Al_2O_3（$CR = 1.3$）、KF-AlF_3-LiF（$CR = 1.3$）和 KF-AlF_3-Al_2O_3-LiF（$CR = 1.3$）电解质熔体电导率随温度、Al_2O_3 含量（$0 \sim 4.8\%$）和 LiF 含量（$0 \sim 10\%$）的变化，结果表明尽管 KF-AlF_3 低温电解质的电导率较现行电解质有明显降低，但添加 LiF 后有明显改善，认为添加 LiF 的低摩尔比 KF-AlF_3 熔体可望用作新型电解槽的低温电解质。Zaikov 研究了一种高温氧化铝水泥，以解决 KF-AlF_3 熔体对碳素内衬渗透破坏的难题。

5.3.6.3　惰性阳极低温铝电解需要解决的主要问题

A　氧化铝溶解问题

低温条件下 Al_2O_3 溶解困难一直是惰性阳极在 NaF-AlF_3 低温电解质体系应用的最大障碍，随着温度的降低，氧化铝溶解度显著降低（NaF-AlF_3 体系大约由 10% 降低到 3%），溶解速度也明显降低。尽管悬浮电解可提高熔体中 Al_2O_3 浓度，但又会引起新的工程技术难题，特别是气体扰动不利于金属 Al 的汇集，不仅影响到电解槽的高效运行，也会加剧阳极的腐蚀。有研究者提出用高表面积的活性 Al_2O_3，但是其吸水性极强，较难满足工业上运输、贮存、下料等要求。从目前结果来看，KF-AlF_3 低温电解质体系中 Al_2O_3 溶解相对较快，可能会更好地解决这一难题。另外，也需要开展新型电解质体系下的 Al_2O_3 下料技术，以使 Al_2O_3 在电解质熔体中有效分散，促进溶解。

B　电解质阴极结壳问题

低温电解主要通过降低电解质体系摩尔比来实现，从 NaF-AlF_3 和 KF-AlF_3 相图可看到，在低摩尔比区间体系的液相线变得更加陡峭。电解过程中，由于 Na^+（或 K^+）电迁移和含铝络离子的阴极还原，阴极区域产生 Na^+（或 K^+）的富集，导致阴极区域的熔体摩尔比升高，初晶温度提高，过热度降低，导电性能变差，严重时有固态电解质在阴极析出，结成一层硬壳，即阴极结壳。阴极结壳能使阴极导电性变差、槽电压增大，严重时能阻止电解过程的运行。一般认为解决此问题的办法就是提高过热度，这也是确定最佳低温电解温度的依据之一。另外，适当控制阴极电流密度也可减少阴极结壳现象。

C 新型阴极与内衬材料

低温电解条件下可能需要维持比现行电解质更高的过热度，这将使得电解槽侧部难以形成炉帮，侧壁材料将直接与电解质熔体接触。另外，采用惰性阳极后，阳极气体的氧化性大大增强，再加上钾冰晶石的强烈渗透破坏作用。因此，需要开发新的抗氧化、耐腐蚀的绝缘侧壁内衬材料和新的阴极材料。解决上述问题的办法是采用富含 Al_2O_3 的氧化物耐火材料或表面有抗氧化耐腐蚀氧化膜的金属材料作为电解槽内衬，采用不含炭的 TiB_2 材料作为阴极。

D 其他问题

随着电解温度的降低，由于温度对铝液和电解质密度的影响程度不一致引起电解质和铝液的密度之差变小，同时电解质黏度增大，这对铝液和电解质的有效分离带来困难，从而对电流效率带来负面影响。随着电解温度的降低，电解质的导电率也会降低，这将不利于降低铝电解能耗这一目标的实现。另外，还有电解质挥发、电解质界面性质等都可能对电解过程产生影响。

因此，在进行惰性阳极低温铝电解试验研究的同时，需要系统研究低温电解质体系的物理化学性质及其调控方法，以更好地指导低温电解质体系及其电解工艺的选择与控制，真正做到既有利于降低惰性阳极的腐蚀率，也能维持电解过程的高效稳定运行。

5.4 惰性可润湿性阴极的研究进展

5.4.1 惰性可润湿性阴极的优点

采用惰性阴极，又称可润湿性阴极，铝离子可以直接在惰性可润湿性阴极材料上放电生成铝，这是惰性阴极的主要优点。此时仅仅挂上一层 3~5mm 厚的铝液膜即可形成平整稳定的阴极，通过电解槽结构改变（如导流槽），阳极和阴极之间的距离可以明显缩短（从现有工业槽的 4~5cm 缩短到 2~3cm），因此节能潜力巨大。惰性阴极也是惰性阳极成功应用，并实现铝电解过程节能与环保目标的必要基础。

另外，铝液能够良好地润湿惰性阴极，使槽内氧化铝沉淀物不能停留在阴极表面上，阴极电流分布更加均匀，并降低炉底压降；由于熔融铝与这种阴极表面能够很好地润湿，铝液涌动所致的波峰减弱，可将 20cm 左右的阴极铝液高度适当降低，或减轻槽生产操作中磁流体搅动的各种干扰，相同极距下可望提高电流效率；铝液与惰性阴极的良好润湿性能可减少电解质和金属钠对阴极的渗透与破坏，起到提高电解槽寿命的作用。

5.4.2 惰性可润湿性阴极的要求与研究概况

惰性阴极是一种新型电极，由于阴极是潜没式的，它的上面覆盖着铝液层，所以它的工作环境稍好于阳极。理想的惰性可润湿性阴极应满足：（1）能很好地与熔融金属铝湿润；（2）难熔于高温氟化物熔盐与熔融金属铝，并能耐其腐蚀和渗透；（3）良好的导电性；（4）高温下具有良好的机械强度、抗磨损性以及抗热震性；（5）能够和基体材料良好地结合，从而阻止电解液渗透；（6）容易加工成型，便于大型化生产，原材料来源广泛，生产制造、安装施工应用成本低。

元素周期表中第Ⅳ～Ⅵ副族过渡金属元素的硼化物、碳化物、硅化物和氮化物通常称为 RHM（Refractory hard metals）。20 世纪 50 年代，英国铝业公司（The British aluminium company LTD.）研究观察发现，TiB_2 能与熔融金属铝良好的润湿，并且设想 TiB_2 等化合物能成为铝电解槽用惰性可湿润性阴极材料。之后，经过研究，人们发现 RHM 尤其是 Ti 和 Zr 的硼化物和碳化物具有高熔点、高硬度、良好的导电性和导热性，与熔融金属具有良好的润湿性，能抵挡熔融金属铝和冰晶石-氧化铝熔盐的腐蚀与渗透，具有惰性可湿润性阴极材料所要求的主要性能，但是，这类化合物脆性大、抗热震性差。表 5-15 列出了 TiB_2 和 ZrB_2 的相关物理化学性质。从表 5-15 可以看出，TiB_2 和 ZrB_2 两者的物理特性相差不多，由于在价格上后者比前者更为昂贵。因此，人们主要针对 TiB_2 陶瓷及其复合材料用作惰性可润湿性阴极进行研究。

表 5-15　TiB_2 和 ZiB_2 的物理性质

化合物	熔点 /℃	密度 /g·cm⁻³	电阻率/μΩ·m		导热系数 /J·(cm·s·℃)⁻¹	热膨胀系数 /℃⁻¹	弹性模量(25℃) /GPa
			25℃	1000℃			
TiB_2	2850~2980	4.52	0.09~0.15	0.60	0.24~0.59	$4.6×10^{-6}$	253~550
ZrB_2	3000~3040	6.09~6.17	0.07~0.166	0.74	0.24	$5.9×10^{-6}$	343~491

以 TiB_2 为基本原料的惰性可润湿性阴极材料，在过去几十年中，发展相当迅速。人们通过不同的制备方法制备了多种多样的 TiB_2 惰性可润湿性阴极材料，但归纳起来主要有三种：（1）将纯 TiB_2 制成板、棒、管等形状的陶瓷材料；（2）将 TiB_2 与碳素材料制备 TiB_2-C 复合阴极材料；（3）含有 TiB_2 的阴极涂层材料。

5.4.3　TiB_2 陶瓷可润湿性阴极材料

TiB_2 的烧结性能较差，较难通过无压烧结获得相对密度大于95%以上的 TiB_2 材料，通常通过热压烧结或添加烧结助剂冷压烧结获得较高致密度的 TiB_2 陶瓷材料。热压烧结 TiB_2 陶瓷阴极材料的相对密度可达到 95%～100%，但是，制备费用高，并且难以制备成复杂形状的材料；冷压烧结的费用相对较低，通常需要添加烧结助剂，比如过渡金属 Co、Ni 和 Cr 等。采用 TiB_2 陶瓷作为可润湿性阴极材料，在使用过程中暴露出比较严重的问题：（1）电解过程中电解质和液铝易往陶瓷材料的孔隙中渗透，腐蚀固相晶界，引起黏合力的严重削弱，产生裂纹和破坏，使导电部件使用相当短的时间后就损坏。采用纯度极高的高纯 TiB_2 作原料，虽然晶间腐蚀可削弱，但它的成本是工业纯的 3～4 倍，成本极其昂贵。（2）TiB_2 陶瓷材料和阴极碳块热膨胀系数相差较大，抗热震性能极差，致使难以和基体良好黏结，加上 TiB_2 易脆裂，在铝电解高温环境中容易破裂。（3）制作陶瓷材料需要使用大量 TiB_2 粉末，由于 TiB_2 价格较高，因此成本很大。上述原因导致 TiB_2 陶瓷阴极一直处于实验室研究阶段。

1957 年美国的 Norton Company 为 Reynolds Metals Company（RMC）生产出热压烧结 TiB_2 棒材。Reynolds 将这种 TiB_2 棒与阴极钢棒连接，由电解槽底部穿过内衬伸入电解槽中, 并与铝液接触, 以降低炉底压降。在 68kA 电解槽上试验 6 个月后检测发现, 热压烧结 TiB$_2$ 棒材破裂较为严重, 并且伴随着晶间腐蚀。碳热法生产的 TiB$_2$ 粉末含有少量的 C、O 及 Fe 等杂质, 这些杂质大部分集中在晶界上, 随着铝电解的进行, 电解质、钠及铝液就渗透进入用这种 TiB$_2$ 粉末制备的阴极材料的晶间, 导致 TiB$_2$ 阴极材料破裂。

20 世纪 70 年代, Pittsburgh Plate Glass Corporation (PPG) 开发出一种非碳热法生产的高纯 TiB$_2$ 粉末, 这种 TiB$_2$ 具有完好的晶粒结构, 晶界上没有杂质, 被认为是较好的可润湿性阴极用原料, 但是制备费用太高, 而且也没有解决 TiB$_2$ 阴极材料脆性大、抗热震性差的问题。TiB$_2$ 等 RHM 陶瓷材料的温度梯度达到 200℃ 就会破损。为了克服脆性, 提高抗热震性及其他力学性能, TiB$_2$ 复合物成为了研究对象。一些研究探索了如 TiB$_2$/BN-B、TiB$_2$/AlN-Al、TiB$_2$/AlN 等材料, 但是非导电化合物与 TiB$_2$ 形成复合材料, 会使电阻居高不下, 同时阴极破裂的问题也仍需进一步研究。

前人对 TiB$_2$ 陶瓷作为铝电解阴极的应用形式做过许多的尝试, 曾经把 TiB$_2$ 制成板、棒、管及格栅等形式突出于铝液上, 也有以片状、块状形式结合在阴极碳块表面进行使用的, 提出了图 5-13 所示的多种固定方案。但是在实际应用中, 解决 TiB$_2$ 陶瓷阴极材料在碳基体上固定的问题是一项艰巨的任务。

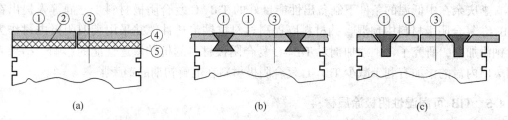

图 5-13　阴极基体上固定 RHM 元件的结构示意图
(a) 热压和/或水泥黏结形式; (b) 键扣形式; (c) 销钉形式

5.4.4　TiB$_2$-C 复合可润湿性阴极材料

添加碳素材料与 TiB$_2$ 制备成复合阴极材料, 降低了对 TiB$_2$ 原料纯度的要求, 从而能大幅度降低 TiB$_2$ 可润湿性阴极材料的成本, 提高抗热震性和机械强度, 易大型化制备, 而且还不会影响材料的导电性能。

1980 年, Great Lakes Research Corporation (GLRC) 开发出铝电解用 TiB$_2$-石墨 (TiB$_2$-G) 复合阴极材料。这种材料具有良好的抗热震性, 在铝液中的溶解度低, 抗腐蚀性好, 与铝液完全润湿, 置入铝液后的样品经过扫描电镜检测发现, 从其表面到材料的内部大约 1mm, 渗透了一层金属铝, 形成了所谓的障碍层, 对下面的材料起到保护作用。1985～1986 年, GLRC 与 RMC 合作, 综合考查了 TiB$_2$-G 复合可润湿性阴极材料, 所用的 TiB$_2$-G 材料含 TiB$_2$ 约为 (30%～40%), 经过对不同形状的 TiB$_2$-G 材料进行筛选, 选定了 "蘑菇" 型的 TiB$_2$-G 阴极构件, 并于 1991 年, 在 Kaiser Mead Smelter 的两台 70kA 预焙铝电解槽上进行工业试验。此后, 有关 TiB$_2$-G 的研究和工业试验一直在继续进行, Tabereaux 说明了相关工艺条件和操作过程, 试验进行了 4～5 个月, 结果表明, ACD 可降低 2～2.5cm, 试验槽比对比槽 (按照传统工艺操作) 降低能量消耗 7%～9%; 但是, 最大问题是 TiB$_2$-G 阴极构件存在断裂与破损问题, 这导致能耗降低不能达到预定的目标; 启动 12

天后，TiB_2-G 构件大量破损，随后逐渐破损；制造缺陷是 TiB_2-G 阴极构件断裂的原因之一，出铝、换阳极对 TiB_2-G 阴极构件产生的机械压力也是构件破损的重要原因，加上高温熔盐环境下电解质的作用，都促成了 TiB_2-G 阴极构件的破损。因此尽管经历了多年的研究和工业试验，认为 TiB_2-G 阴极具有很大的应用前景，但是仍然存在许多难以解决的问题。

事实上，除了制造缺陷和机械冲击外，钠和电解质的渗透与侵蚀也是造成 TiB_2-C 复合可润湿性阴极材料破损的重要原因。电解过程中，阴极材料在钠和电解质渗透侵蚀作用下，发生变形膨胀，从而导致材料的破损断裂。很多研究者研究了电解过程中钠和电解质对 TiB_2-复合可润湿性阴极材料的作用及其影响因素。有关研究表明 TiB_2-C 复合阴极材料中 TiB_2 含量为 10%~30%（质量分数）时，提高 TiB_2 含量会加速铝液开始润湿的速率，TiB_2 含量为 40%~70%时，材料与铝液有良好的润湿性，TiB_2 含量大于 70%时，材料与铝液完全润湿。

国内也有 TiB_2/C 复合阴极材料研究与应用的报道，成庚等人开发了一种一体化成型的 TiB_2-C 复合阴极，即利用碳素厂生产阴极碳块的震动成型设备在原来的阴极碳块上加压制备一层 TiB_2/碳素复合材料，并报道了 TiB_2-C 复合阴极在电解槽上试验的情况，试验表明，这种 TiB_2-C 复合阴极在现行槽上能起到一定的节能效果。

李庆余在中低温的条件下制备出性能良好的 TiB_2-C 复合阴极材料。方静等人提出在 TiB_2-C 复合阴极材料中预混含钠材料以提高材料抗钠渗透性，并采用废旧阴极内衬作为含钠添加剂，研究了含钠添加剂对 TiB_2-C 复合阴极材料的抗钠渗透性能的影响，结果表明废旧内衬的添加有利于减少 TiB_2-C 复合阴极材料在电解初期的钠膨胀率。

5.4.5　TiB_2 可润湿性阴极涂层材料

TiB_2 阴极涂层是目前所研究的铝电解惰性可润湿性阴极材料中最具代表性的一种，由于它使用涂层的形式与碳素阴极结合在一起，因此，既可以用于新型电解槽中用作惰性可润湿阴极，也可以用于现行电解槽中，提高金属铝液与碳阴极内衬的润湿性，阻挡或延缓钠和电解质的渗透，改善电解槽工作状态，降低炉底压降，提高电流效率，达到延长电解槽工作寿命、节能降耗的目的。

TiB_2 涂层的概念最早由美国 Martin Mtinia 公司提出，即利用 TiB_2 材料与铝优良的润湿性，以树脂作黏结剂，涂敷于现行工业铝电解槽碳阴极表面。自此以后，对该涂层开展了广泛的基础研究，特别是耐蚀耐磨机理、性能、制备技术等。当前，TiB_2 涂层研究较多的有两种：一种是含碳 TiB_2 涂层阴极材料，如 TiB_2(70%~90%)+碳质黏结剂+树脂等；另一种是不含碳的非碳 TiB_2 涂层阴极材料，如胶体氧化铝料浆 TiB_2 涂层。

胶体氧化铝料浆 TiB_2 涂层的代表是 Moltech 公司的 Tinor 涂层，它已进入了工业化试验，与荷兰 Hoogovens 公司合作在电解槽上的实验表明，可减少 Na 对阴极碳块的渗透，并能控制阴极碳块的电化学腐蚀。涂层主要是利用无机物氧化铝溶胶作为黏结相将 TiB_2 粉末黏结在碳素基体材料上形成非碳 TiB_2 涂层阴极。Sekhgar 在 158kA 铝电解槽上对非碳 TiB_2 涂层阴极进行了工业试验，结果表明涂层在使用过程中变得非常硬，具有优良的抗钠渗透性和铝液润湿性；试验证明，涂层槽电流分布均匀，阴极压降低，没有因钠渗透引起的破损。另外还认为，这种涂层既能用于现行铝电解槽，也能用于新型导流铝电解槽。Oye 进行了胶体氧化铝增强 TiB_2 涂层的实验室研究和工业试验，认为涂层有良好的抗磨损能力和好的铝润湿性，对钠渗透能起到一种屏障的阻挡作用。但是，氧化铝溶胶与基体碳素材料的结构和性能都存在差别，在一定程度上会增加阴极的电阻，并且在铝电解槽内严酷的环境中，其黏结性能的持久性有待进一步证实。

碳胶涂层的典型代表是澳大利亚 Comalco 公司，该公司自 1987 年来一直致力于碳胶涂层的研究，并在此基础上发展了应用此种涂层的导流槽。该公司于 1987~1998 年经过 10 余年的研究和开发，已经建立了 25 台导流槽，电流强度为 90kA，槽底为两侧向内倾斜的 TiB_2 涂层阴极，采用相应的倾斜底面的碳素阳极，槽底中部为聚铝沟，阴极上析出的铝液可以汇集到此处，定期出铝。阴极上铝液层的厚度为 3~5mm，极距为 2.5cm（常规为 4~4.5cm）。为了保持热平衡，阳极电流密度增至 $1.15A/cm^2$，电流强度提高到了 120kA，因而产量提高了 40%，能耗达到了 $13200kW \cdot h/t$ 铝。后来公司又对涂层材料配方进行了改进，认为 TiB_2 涂层的工业化已经获得了成功。

我国对于 TiB_2 可润湿性阴极涂层材料的研究起步与国际上相近，并在试验研究基础上开展了工业电解试验。但是，由于涂层需要高温固化，加热时需要庞大的加热设备，在现行铝电解厂推广应用困难。针对这一问题，李庆余开发了一种新型的常温固化 TiB_2 阴极涂层材料，省去涂层高温固化工序，常温放置一定时间（约 24h）就可进行焙烧炭化，节约了高温固化所需的加热设备，缩短了涂层施工时间，降低了应用成本，有利于 TiB_2 阴极涂层技术的推广应用。工业应用结果表明，常温固化 TiB_2 阴极涂层材料的固化与炭化效果良好，电解槽启动平稳，炉底洁净，炉膛规整，炉底压降降低，钠及电解质渗透明显减缓，对延长电解槽寿命具有显著效果。

除了上述两种主要的 TiB_2 涂层材料之外，还有许多其他方式可制备 TiB_2 涂层材料，包括电沉积 TiB_2 镀层、等离子喷涂 TiB_2 涂层、激光喷涂 TiB_2 涂层、气相沉积 TiB_2 薄层和自蔓延 TiB_2 薄层等。这些方法因设备复杂、大面积施工困难、成本较高，目前未见应用于工业铝电解槽的报道，更难以满足新型铝电解槽用可润湿性阴极材料的性能与成本要求。

参 考 文 献

[1] 于先进，邱竹贤，金松哲. $ZnFe_2O_4$ 基材料在 $NaF-AlF_3-Al_2O_3$ 熔盐中的腐蚀 [J]. 中国腐蚀与防护学报，2000，20（5）：275~279.

[2] 刘业翔. 功能电极材料及其应用 [M]. 长沙：中南大学出版社，1996：142.

[3] 王兆文，罗涛，高炳亮，等. $NiFe_2O_4$ 基惰性阳极的制备及电解腐蚀研究 [J]. 矿冶工程，2004，24（6）：61~66.

[4] 秦庆伟. 铝电解惰性阳极及腐蚀率预测研究 [D]. 长沙：中南大学，2004.

[5] 段华南. $Cu-Ni-NiO-NiFe_2O_4$ 金属陶瓷在冰晶石-氧化铝熔体中的电解腐蚀行为研究 [D]. 长沙：中南大学，2005.

[6] 张刚. 半导体 $Cu-Ni-NiFe_2O_4$ 金属陶瓷的制备与性能研究 [D]. 长沙：中南大学，2003.

[7] 李新征. $xM/（10NiO-NiFe_2O_4）$ 金属陶瓷的烧结性能、导电性能与耐腐蚀性能研究 [D]. 长沙：中南大学，2006.

[8] 杨建红. 铝电解惰性电极暨双极多室槽模拟研究 [D]. 长沙：中南大学，1992.

[9] 李国勋，王传福，屈树岭，等. 铝电解惰性阳极材料的制备及抗腐蚀研究 [J]. 有色金属，1993，45（2）：53~57.

[10] 孙小刚. $Ni-NiFe_2O_4-NiO$ 金属陶瓷惰性阳极的致密化及力学性能研究 [D]. 长沙：中南大

学，2005.

[11] 田忠良．铝电解 $NiFe_2O_4$ 基金属陶瓷惰性阳极及其相关工程技术研究 [D]．长沙：中南大学，2006.

[12] 张雷．铝电解用 $NiFe_2O_4/Ni$ 型金属陶瓷惰性阳极制备技术研究 [D]．长沙：中南大学，2006.

[13] 张勇．$10NiO-NiFe_2O_4$ 基金属陶瓷的低温烧结致密化 [D]．长沙：中南大学，2007.

[14] 杨宝刚．金属陶瓷基惰性阳极材料与铝基碱土金属母合金的研制 [D]．沈阳：东北大学，2000.

[15] 赵群．铝电解金属陶瓷阳极的制备与性能测试 [D]．沈阳：东北大学，2003.

[16] 刘宜汉．镍铁尖晶石基惰性阳极制品的研究 [D]．沈阳：东北大学，2004.

[17] 焦万丽．$NiFe_2O_4$ 及添加 TiO_2 的尖晶石的烧结过程 [J]．硅酸盐学报，2004，32（9）：1150～1153.

[18] 席锦会．V_2O_5 对镍铁尖晶石烧结机理及性能的影响 [J]．硅酸盐学报，2005，33（6）：683～687.

[19] 姚广春，等．添加物对镍铁尖晶石惰性阳极微观结构和性能的影响 [J]．东北大学学报，2005，26（6）：575～577.

[20] 邱竹贤．预倍槽炼铝第三版 [M]．北京：冶金工业出版社，2005：384.

[21] 刘业翔．铝电解惰性阳极与可湿润性阴极的研究与开发进展 [J]．轻金属，2001（5）：25～29.

[22] 李庆余．铝电解用惰性可润湿性 TiB_2 复合阴极涂层的研制与工业应用 [D]．长沙：中南大学，2003.

[23] 成庚．铝用 TiB_2-C 复合阴极碳块的开发与应用 [J]．轻金属，2001（2）：50～52.

[24] 李庆余，赖延清，李劼，等．中低温烧结铝电解用 TiB_2-碳素复合阴极材料 [J]．中南大学学报，2003，34（1）：24～27.

[25] 方静．铝电解用惰性可润湿性复合阴极材料的制备与性能研究 [D]．长沙：中南大学，2004.

[26] 李冰，邱竹贤，李军，等．在石墨基体上电沉积 TiB_2 镀层的研究 [J]．稀有金属材料与工程，2004，33（7）：764～767.

[27] 向新，秦岩．TiB_2 及其复合材料的研究进展 [J]．陶瓷学报，1999，20（2）：111～117.

6 钒冶金新技术

6.1 钒冶金概述

6.1.1 钒矿物资源

钒是一种十分重要的战略物资，在钢铁、电子、化工、宇航、原子能、航海、建筑、体育、医疗、电源、陶瓷等在国民经济和国防中占有十分重要的位置。

自然界中，钒很难以单体存在，主要与其他矿物形成共生矿或复合矿。目前发现的含钒矿物有 70 多种，但主要的钒矿物有钒钛磁铁矿、钾钒铀矿和石油伴生矿，如图 6-1 所示。钒钛磁铁矿是目前世界上最主要的提钒矿物。钒钾铀矿主要产自美国，是美国等地提钒的主要矿物。石油伴生矿寄生在原油中，中美洲国家拥有大量的石油伴生矿。现在已探明的钒资源储量的 98% 赋存于钒钛磁铁矿中，V_2O_5 含量可达 1.8%。

(a)   (b)

图 6-1 钒钾铀矿（a）和钒钛磁铁矿（b）

根据美国地质调查局（USGS）统计，2015 年全球钒资源量已超 6300 万吨，全球钒储量约 1500 万吨，主要分布在中国、南非和俄罗斯。中国蕴含 510 万吨钒资源储量，占全球总量的 34%，居世界第一。我国钒矿资源主要有两种形式，即钒钛磁铁矿和含钒石煤。最新勘查表明，仅攀枝花境内钒钛磁铁矿保有储量达 237.43 亿吨，其中钒资源储量达 1862 万吨，居国内第一、世界第三。湖南、广西、甘肃、湖北等省份也有钒资源。此外，中国还拥有丰富的石煤钒资源，属于低品位的含钒资源，石煤钒矿的含钒量与世界非石煤钒矿资源总储量相当，含钒石煤主要分布在我国湖南、广西、湖北等省份。石煤总储量 618.8 亿吨，其中已探明工业储量 39 亿吨，V_2O_5 含量大于 0.5% 的储量为 7707.5 万吨。除我国外，世界上其他国家在工业上开采利用的还不多见，因此石煤是我国的特色原料。在现有技术下，V_2O_5 品位达到 0.8% 以上的石煤才具有工业开采价值，约占石煤总储量的 20%~30%，其可开采储量大于钒钛磁铁矿，因此，以石煤为原料生产钒制品在我国具有良好的发展前景。

6.1.2 钒提取概述

钒矿物中的钒多以三价氧化物状态存在，不溶于水，不具备磁性，分离提取困难。作为复杂矿的提取冶炼，必然要经历多个过程：第一步是物理富集，以获得高品位的精矿；第二步是冶炼的前处理，对钒钛磁铁矿而言，可以用烧结作为原料的准备，以便适应下一步高炉冶炼的需要。如果是非铁矿含钒原料，则采用焙烧过程，在此过程中，主要是使钒的价态由低价转变为高价，从而使钒由非水溶性转变为水溶性，为下一步直接进入湿法冶金过程做准备。

钒的提取一般都采用低温湿法冶炼工艺，先浸取使钒转入水溶液中，再经固液分离，所得溶液，净化除去杂质，得到相对纯净的含钒溶液，最后在微酸性条件下水解生成五氧化二钒沉淀物或在弱碱条件下加入铵盐生成钒酸铵沉淀，再经煅烧，五氧化二钒作为最终产品。

制取金属钒的首选原料应为钒的氧化物，其次是钒的卤素化合物。还原剂则可以是C、H 以及碱金属，如 K、Na、Ca、Mg、Al 等，其中 K、Na 过于活泼，反应不易控制，且价值昂贵，因此不适用。Ca、Al 则适于还原氧化钒，Mg 则适于还原卤化钒，C、H 等则可适用钒的多数化合物。

6.2 五氧化二钒生产工艺

工业上一般将 V_2O_5 的生产称为提钒，提钒原则工艺路线如图 6-2 所示。根据原料的不同，可以通过磁选、电选、浮选等方法，使金属在矿石中富集得到精矿。含钒的铁矿，可以先通过磁选富集，再进入下一步冶炼提取有用元素。

目前，提钒的原料种类较多，主要有钒矿、含钒磷铁、废钒催化剂、钢渣和石煤等，因此提钒的原理和方法也不同。一般钒品位较高时，适合采用先提钒后炼铁。结合国内外提钒生产实践和研究，主要有冶炼工艺、焙烧工艺等。

6.2.1 冶炼工艺

通过处理铁精矿，进入高炉冶炼，得到高炉铁水，进行提钒炼钢，提钒方法有所不同。

6.2.1.1 雾化提钒法

雾化提钒法是将高炉炼出的含钒生铁在雾化炉中用压缩空气将铁水雾化成细小的液滴，使铁水中的钒充分被氧化，而碳则只有少量被氧化，称为脱钒保碳。吹钒后的生铁称为半钢，半钢温度为 1331℃，进入转炉进一步吹炼为碳钢，铁的回收率约为 90%。得到的钒渣含五氧化二钒可达 20%（但铁含量较高，不仅影响质量，也使成本提高）；钒的氧化率达 84%，钒回收率为 70%~75%。

6.2.1.2 转炉提钒法

雾化提钒法，从铁水到钒渣，铁损比较大，钒的回收率接近 75%，损失较大。为了解决雾化提钒铁损高、钒回收率低的问题，攀钢在 1995 年改用转炉提钒代替雾化提钒。

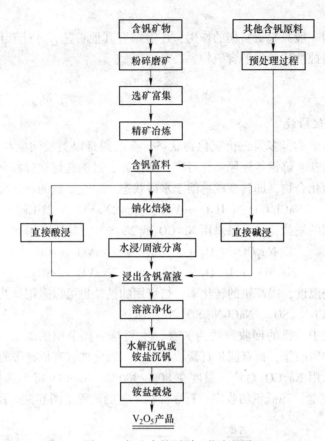

图 6-2 钒生产的原则工艺流程图

从雾化提钒到转炉提钒，核心目标都是"脱钒保碳"。为了在攻克这一难点的同时取得优良的效果，增加了多项技术措施，其中包括：铁水撇渣、留渣操作、二氧化硅调渣、专用氧枪、"铁块+复合球+铁矿石"作为提钒冷却剂、挡渣出半钢、优化提钒的温度和冷却制度以及用镁炭砖综合砌炉等。

6.2.1.3 含钒钢渣法

含钒钢渣法是将含钒铁水在转炉中炼钢时，钒作为杂质转入渣中，得到的是高钙钒渣。渣中的氧化钙高达 45%~60%。目前研究成功的方法之一是加纯碱、造粒、进行氧化钠化焙烧，然后水浸提钒，再水解沉钒。

6.2.1.4 钠化钒渣法

钠化钒渣法系将纯碱直接加入高炉铁水中进行吹炼，使钒进入渣相，同时也有利于脱除铁水中的硫、磷、硅。钠化吹钒后的半钢含硫、磷很低，可进一步作为无渣或少渣炼钢而得优质钢，这是该法的最大优点。生成的钠化钒渣进一步水浸，浸取液通入 CO_2 使其碳酸化、析出 $NaHCO_3$ 以回收钠盐。最后加入碳酸氢铵使五氧化二钒形成偏钒酸铵沉淀。铁水钠化试验装置的脱钒率可达 80%~90%，脱磷率大于 75%，脱硫率大于 70%，钠化渣中钒的转浸率为 95%~99%，但出于纯碱的消耗量较大，经济上还不能过关。

有些钒钛矿，不适合高炉冶炼，因此用直接还原铁方法，例如南非海维尔德钢钒公司、新西兰以及俄罗斯流程等。俄罗斯流程可获得钒渣、高钛渣和天然合金化钢，从而得到富集钒渣。

冶金工艺流程一般只起钒富集的作用，还需结合其他工艺，才能获得较纯的钒产品，且不适合于酸碱腐蚀性比较强的含钒物料。

6.2.2　焙烧工艺

6.2.2.1　钠盐焙烧

自然界中的钒矿物，多为三价氧化物状态，有的则是以类质同象与其他金属元素共生，如果不经过炼铁、炼钢等还原氧化过程，则需先经过钠盐焙烧过程，以使矿物中的钒被氧化成高价钠盐化合物，即转变成易溶于水的状态。钠盐焙烧的典型反应如下：

$$2NaCl + O_2 + H_2O + V_2O_3 = 2NaVO_3 + 2HCl$$

钠化焙烧使用的钠盐，也可以采用 Na_2CO_3 或 Na_2SO_4，其反应如下：

$$Na_2CO_3 + O_2 + V_2O_3 = 2NaVO_3 + CO_2$$

$$Na_2SO_4 + 1/2O_2 + V_2O_3 = 2NaVO_3 + SO_2$$

为了降低焙烧温度，提高钒的转化率，焙烧用的钠盐也可以采用低共熔点的盐对，如 $NaCl\text{-}Na_2CO_3$、$NaCl\text{-}Na_2SO_4$、$NaCl\text{-}Na_2SO_4\text{-}Na_2CO_3$ 等。

钠盐焙烧过程中，钒的回收率约为 85%，主要与一些杂质的副反应消耗钠盐有关，其中，如硅酸盐和磷酸盐，再有就是石膏、石灰石、氧化铁、有机物等的分解都会形成钠盐及燃料的消耗。用 Na_2CO_3 焙烧，温度在 800～900℃，Na_2CO_3 将无选择地生成 Si、P、Al 的盐类，消耗钠盐，降低钒的收率。石煤提钒工艺的流程如图 6-3 所示。

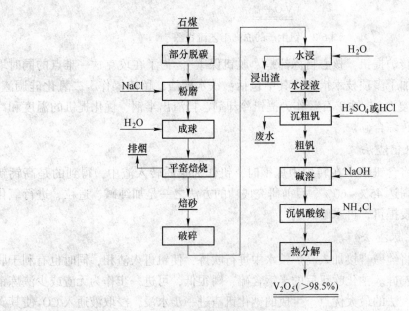

图 6-3　石煤提钒的钠化焙烧工艺流程

用 Na_2SO_4 焙烧，温度须在 900～1000℃，另外 Na_2SO_4 价格较贵，因此只对少数类型的矿石如芬兰的磁铁矿才使用。焙烧过程中，矿石中的硅和石灰石是主要的不利成分。硅易使之形成低熔点的钢铁硅酸盐，它在较高温度下，在碱（Na_2CO_3）的参与下，与钒的氧化物形成不溶于水的固溶体。如果有铝存在，则可以缓解此现象的发生，因为形成的硅酸铝钠、铁铝钠硅酸盐，其熔点较焙烧温度要高。

在焙烧过程中，硅、钙是不利的组分，但原料中如果二者的含量分别不超过3%和1.5%，则仍可获得满意的结果。在焙烧过程中，首要的是保持氧化气氛，气相中的氧含量应保持在4%以上，以使钒足够氧化为五价状态。有些工艺则采用两段工艺，第一段在特定温度下，使钒充分氧化；第二段在较高温度下与钠盐形成可溶性的钒酸钠盐。颗粒应较细，并需不停地搅拌，细料应先造粒，并保持25%左右的孔隙率，以利于气体的扩散。焙烧温度取决于料的成分，在接近进料的熔点下焙烧，效果会比较好。当矿石或精矿中含钒量在2%以下，则钠盐的加入量为3%~7%，焙烧0.5~3h，钒回收率可得满意效果。

6.2.2.2 钙盐焙烧

钙盐焙烧的原理与钠化焙烧工艺基本相同，添加剂为石灰、石灰石或其他含钙化合物的一种或多种，添加剂与石煤造球后进行焙烧，使钒氧化为不溶于水的钒的钙盐，再碳酸化浸出，浸出后的含钒溶液的后续处理工序与钠化法相同。由于钙盐较便宜，在经济上比较合算、技术上可行。石煤钙盐焙烧工艺，如图6-4所示。

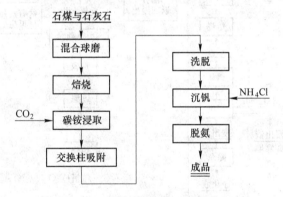

图6-4 石煤钙化焙烧工艺流程图

Song等人利用纯氧氧化，CaO作为添加剂，采用硫酸浸出熟料，对熔融态钒渣直接氧化钙化提钒新工艺进行了研究，发现CaO的增加能促进五价钒在熔渣中的稳定，且熔渣中钒的氧化反应在供氧充足的情况下存在一定限制。李兰节等人通过钙化焙烧对承德地区的钒钛磁铁矿进行研究，钒的浸出率达72.1%。该工艺提钒后的渣相可进行配矿炼铁或直接还原提铁。

钙盐焙烧的优点：（1）用钙盐（石灰、石灰石）替代食盐，完全消除了钠法焙烧工艺的含HCl、Cl_2等有毒有害气体的废气污染问题；（2）焙烧过程添加的钙盐，基本都和浸出过程的硫酸反应生成少量的硫酸钙沉淀，工艺水中的水溶性离子含量低，利于工艺水的循环利用，每生产1t五氧化二钒产品，外排或需处理的工艺废水仅为60m^3左右，加盐焙烧提钒工艺的1/5；（3）焙烧料为低酸浸出（配酸浓度1%~2%，硫酸），硫酸消耗低，每100t矿石耗酸仅为4t左右，生产成本低、液体含杂质较少，利于工艺水循环利用。

钙盐焙烧工艺也有一定的缺点：（1）钙化焙烧提钒工艺对焙烧产物有一定的选择性，对一般矿石存在转化率偏低，成本偏高等问题，不适于大量生产；（2）装置投资比加盐焙烧工艺高。钠化焙烧工艺可以采用水浸方式得到含钒液体,中小企业普遍采用料球直接浸泡法,设备投资低。钙化焙烧工艺必须采用酸浸出的方式,焙烧料需再次粉碎,再采取机械搅拌浸出,然后采用带式真空过滤机进行矿渣分离,过程需考虑设备防腐。

6.2.2.3　空白焙烧

空白焙烧提钒工艺也叫无盐焙烧提钒工艺,焙烧过程不添加任何添加剂。以四价态钒形式存在的石煤或其他钒资源。可不加任何添加剂,通过在适当温度下焙烧,钒可氧化转化成五价,再以酸或稀碱溶液在85~95℃浸出。酸浸所需酸度不高,酸用量约为矿石量的5%~10%。后续工艺的选用随浸出液的杂质情况而定,或采用水解沉钒,或采用溶解萃取,或用离子交换,然后采用热解工艺精制钒。石煤空白焙烧的工艺流程如图6-5所示。

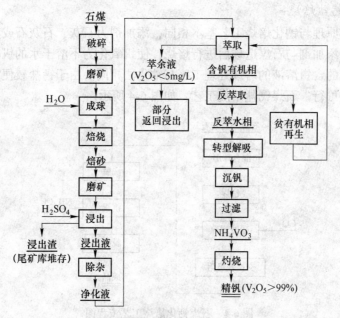

图6-5　石煤空白焙烧工艺流程图

空白焙烧的优点是:无添加物,烟气污染少;酸浸浸出率较高;采用萃取或者离子交换工艺富集钒,工艺成熟。缺点是:酸浸浸出杂质较多,需在沉钒前净化除杂,工艺流程较为复杂;对矿石适用性较差,只适用于个别含钒石煤矿种效果明显,难于推广。

6.2.2.4　复合添加剂焙烧

复合添加剂工艺是以工业盐、无氯钠盐和无氯无钠盐类等两种或两种以上盐类为添加剂,与破碎至一定细度的含钒石煤矿混合均匀后经焙烧、酸浸、离子交换富集等工艺过程,从含钒石煤中提钒的工艺过程。国内采用复合添加剂焙烧进行了一定研究。傅立等人以碳酸钙、碳酸钠混合物为复合添加剂,经焙烧、酸浸、沉钒等工序提取石煤中的钒发现,以1.5%的碳酸钙和4%碳酸钠为混合添加,经焙烧、酸浸,可使钒的转化率达70%。该法钒的浸出率较低,焙烧过程对环境有一定的污染,其应用前景较差。

此外,也出现新型复合添加剂的工艺,它们可以很大程度上解决很多单一盐焙烧中存在的问题。郝恩坤等人利用氢氧化钠、氯化钠、碳酸钙为复合添加剂,解决了环境污染问题,使氯气等有害气体达到排放标准,减少了添加剂用量,钒的转化率提高到80%左右。

6.2.3 湿法提钒

根据钒物料的特点，采用湿法提钒，一般分为酸浸、碱浸、直接浸出等。与焙烧工艺相比，具有三废减少等优点。

6.2.3.1 中性浸出

经过高温下氧化钠化焙烧的熟料，钒已转化为五价钒的钠盐，易溶于水。焙烧后的熟料先经冷却，然后在湿球磨中进行磨碎浸取。冷却可以采用自然冷却，但容易由于缓慢冷却而产生相变，使钒的浸取率下降，因此，多采用水淬的办法快速冷却，这样，大部分钒均可溶解，浸出渣进过滤、洗涤后，钒的回收率为 65% ~ 85%。由于熟料中残留少量的碱，故溶液呈碱性，pH 值约为 7.5~9。一些可溶性离子如铁、铬、锰、铝等离子均将水解而形成沉淀，而与浸出渣一起被排除。

6.2.3.2 酸性浸出

当焙烧料中的钒为非水溶性时，则需用酸浸。另外，如果第一段水浸的浸出率偏低，残渣在第二段浸出时将采用酸性浸取，以提高钒的浸取率。其典型的工艺流程如图 6-6 所示。

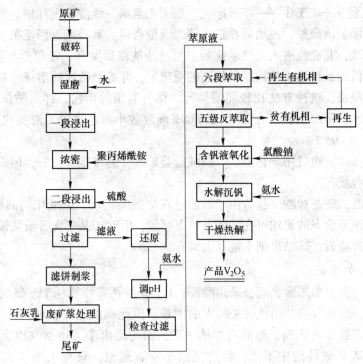

图 6-6 钒矿酸浸工艺流程图

常用的溶剂为硫酸，有时也添加盐酸（因其为焙烧的副产物），四价钒用硫酸浸取时，可生成稳定的 $VOSO_4$，反应如下：

$$H_2SO_4 + VO_2 = VOSO_4 + H_2O$$

提高酸度虽使钒浸取率提高，但浸取液中的杂质也相应增加，给净化工序增加了困难。

6.2.3.3 碱性浸出

含钙高的原料及添加氧化钙焙烧的熟料中，焙烧中会形成钒酸钙，可采用碱性溶液水淬，并在湿球磨中浸取钒。例如

$$Na_2CO_3 + Ca(VO_3)_2 \Longrightarrow 2NaVO_3 + CaCO_3$$

$$2NaHCO_3 + Ca(VO_3)_2 \Longrightarrow 2NaVO_3 + CaCO_3 + CO_2 + H_2O$$

由于 $CaCO_3$ 的溶度积小于 $Ca(VO_3)_2$，因此在上述复分解反应中，使 $Ca(VO_3)_2$ 分解形成 $CaCO_3$ 沉淀，而 VO_3^- 被浸取。通入二氧化碳可使溶液 pH 值降低，更有利于 $Ca(VO_3)_2$ 的分解和浸取。

6.2.3.4 直接酸浸

含钒原料的直接酸浸，主要用于处理含钒铀矿，同时回收铀和钒。浸取时添加氧化剂如二氧化锰或氯酸钠。铀较钒易溶，一般情况下，每吨矿石用硫酸 20~60kg 时，铀的浸出率可达 95%~98%，而钒的浸出率则只有 35% 左右。为此，欲提高钒的浸出率，硫酸用量达到每吨矿石 100kg 以上，使用浓硫酸在接近沸点下浸取，铀、钒的浸取率可分别达到 98%、85%，但此时由于很多杂质的溶解，浸出液质量很差。此时宜采用二级逆流浸取流程，第一级浸取使用搅拌槽，用直接蒸汽加热，浸取后用分级机或浓密机固液分离，溢流即为富液，送至下一步工序——溶液净化；底流送至第二级浸取搅拌槽，加入洗涤残渣回收的洗液，并添加浓硫酸；浸取后再进入第二级浓密机，其溢流返回至第一级浸取槽，并补加适量浓硫酸，其底流进入洗涤系统后，经过滤洗涤后抛弃，溢流返回第二级浸取槽。如此可使用较低的酸耗量，从而获得较高的浸出率，并抑制杂质的溶解。对此类物料也可以采用拌酸堆浸法，这种方法比较简便易行，即将磨细的矿粉，拌入质量分数为 20% 的硫酸，配成含水分 10% 的料，在 100~150℃ 下堆放数小时后水浸，液固比为 1:1，可得钒的浸出率 90%~95%。

直接硫酸浸出，也曾用于钒酸盐、磷酸盐类矿物，通常是有效的，但选择性不佳，故浸出液内杂质含量较高。

不论是硫酸，还是盐酸，都曾用于石油燃灰中钒的提取、废催化剂的循环再利用等，其中正四价和正五价态的钒均可在强酸条件下溶解，但对于某些含有硫酸铵或含有硅、铝的燃油灰、沥青砂岩，其结果则不能令人满意。

6.2.3.5 加压碱浸

对铀钒矿而言，如果含钙高，采用酸浸，1kg 碳酸钙需要消耗 1kg 硫酸，而且浸出液中含大量杂质，给浸取液的净化带来很大的困难。因此碱浸比较有利，使用碳酸钠溶液，选择性较好，需要加氧化剂，对低钙的铀钒矿，铀的浸出率可达 90% 以上，但是钒的硅酸盐和氧化物矿在碱性液中不溶，因此浸出率不够理想，只有 15% 左右，为此需升温加压。

含钒原料的直接碱浸，可在高压下 200℃ 左右进行，通入压缩空气，使低价钒氧化为五价钒而溶解，最后以 $Na_3VO_4 \cdot (5~12)H_2O$ 的结晶回收。

在处理锅炉灰与烟灰中，也曾用 NaOH 进行选择性浸取，浸出率也不能达到最大。飞灰、锅炉灰的碱浸，需要用浓 NaOH 或 $NaCO_3$ 溶液，在 100℃ 下经数小时，逆流浸取。对废催化剂中钒的回收，也需要在高温、高压下浸取。

含钒原料中的钒若以五价钒的状态存在，则可用氨浸取法提取。

6.2.4 其他新工艺

传统工艺存在的不足日益暴露出来，人们展开了一些新型方法提钒的研究。

6.2.4.1 HF 酸浸出

HF 酸具有非常强的腐蚀性，可以破坏矿石晶体结构。冯其明等人对此进行了研究，对比了硫酸和 HF 浸出，发现在 60℃用 3.5mol/L 浸出石煤原矿 8h，可以完全破坏含钒矿物的晶体结构，可使钒的浸出率达 97.91%，该过程浸出率较高，但污染较严重。

6.2.4.2 微生物选择性浸出

某些微生物具有独特的选择性，也可以浸出石煤中钒。冯孝善、Bredberg 等人进行了利用氧化硫硫杆菌和氧化铁硫杆菌等提钒的研究。采用氧化铁硫杆菌等细菌处理石煤等含钒资源，可以达到较高的浸出率，但这些微生物难以大量培养，处理矿物数量有限，工艺难以工业应用，即使有大量该类微生物，其对环境安全的影响尚待进一步研究。

综上，我国钒资源提钒的工艺技术水平仍然较低，废弃物较多，环境污染较严重；伴生矿或元素利用较低，钒资源综合利用程度较低。此外，钒资源种类较多，尽管提钒工艺很多，不能说某一种工艺是最优的，它也很难适用于各种钒资源。技术人员应根据钒资源本身的特点，选择适宜的、技术上可行、污染较少、经济效益较好的提钒工艺。新的环境污染较少、钒资源综合利用程度较高的提钒工艺将成为研究热点。

6.2.5 浸出液净化

若浸出液为碱性，则杂质含量较低。若为中性，特别是酸性，则杂质含量较高。净化除杂质的常规手段是水解沉淀或加沉淀剂，某些情况下也应用萃取剂或离子交换树脂。

6.2.5.1 化学沉淀除杂质

化学沉淀包括水解沉淀、离子沉淀、氧化还原沉淀。水解沉淀指的是金属离子与水分子或由它离解产生的 OH^- 反应而析出氧化物、氢氧化物或碱式盐等沉淀的过程。离子沉淀则指的是金属离子与加入的沉淀剂产生的离子结合，形成难溶化合物而析出沉淀的过程。氧化还原沉淀则是借助氧化还原反应改变离子的价态，再借助水解反应形成难溶沉淀物的过程。例如酸性溶液中除铁的过程，就是利用空气将二价铁氧化为三价铁，在适当的酸度下形成沉淀。

（1）铁的水解沉淀。铁是钒的浸出液中最常见的杂质，特别是酸性浸出液。通常铁离子以 Fe^{2+}、Fe^{3+} 两种价态存在，但是 Fe^{2+} 在极强的碱性条件下，也很难水解形成沉淀，为此在一般的情况下，都需要先将 Fe^{2+} 氧化成 Fe^{3+}，再水解除铁。

氧化还原电位和 pH 值是控制铁水解沉淀的重要因素，氧化环境有利于铁的沉淀，还原环境则促使铁溶解；酸性条件有利于铁溶解，碱性条件有利于铁沉淀；温度对铁的沉淀行为也有重要影响，高温会促使铁沉淀，可使沉淀在更低的 pH 值下发生。因此诱发水解反应的两种主要方法即为加热溶液和加碱中和。但是如果过快地提高溶液的 pH 值，则会使沉淀物形成过饱和状态，形成胶体沉淀，使固液分离困难。目前工业上主要的沉铁方法有：黄钾铁钒法、针铁矿法、赤铁矿法。

（2）离子沉淀法。金属阳离子如铁、镁、锰等大多可水解产生沉淀后除去。阴离子如 CrO_4^{2-}、SiO_4^{2-}、PO_4^{3-} 等则可加入离子沉淀剂去除。净化效果主要取决于 pH 值及沉淀剂的种类及用量。表 6-1 所列为净化效果与水解 pH 值、沉淀剂种类和温度的关系。

表 6-1 净化效果与水解 pH 值、沉淀剂种类和温度的关系

杂质	CrO_4^{2-}	SiO_3^{2-}	PO_4^{3-}	PO_4^{3-}
水解 pH 值	9~10	9~10	9.5~11	8~9
沉淀剂	Mg^{2+}	Mg^{2+}	Mg^{2+}、NH_4^+	Ca^{2+}
温度/℃	90	90		
沉淀物	$MgCrO_4$	$MgSiO_3$	$MgNH_4PO_4$	$Ca_3(PO_4)_2$

6.2.5.2 溶剂萃取法

用溶剂萃取剂可以有效地将钒萃取到有机相，最后经反萃而得到钒溶液。同时可以使原始低钒溶液得到浓缩富集。萃取法提钒最初是用于从含铀的溶液中提取钒。有许多萃取剂对钒都有良好的选择性，可用以提取钒。目前已在工业上应用的钒的萃取剂，包括中性含氧酯类化合物、中性磷酸酯类化合物、酸性含磷类化合物以及中性胺类化合物，例如磷酸三丁酯（TBP）、二-2 乙基己基磷酸（D2EHPA）、季铵盐、叔胺类化合物等。

代表性萃取钒的反应如下：

对四价钒 $\qquad nVO^{2+} + m[HA]_2 \Longrightarrow (VO)_nA_2 \cdot n[HA]_{2(m-n)} + 2nH^+$

对五价钒 $\quad HV_{10}O_{28}^{5-} + 5[R_3N] + 5H^+ \Longrightarrow [(R_3NH)_5HV_{10}O_{28}]$

在式中，[HA] 代表 D2EHPA，萃取剂浓度一般在 0.4mol/L，pH=2。因 D2EHPA 对四价钒选择性更高，因此可在萃取前加还原剂如铁粉、Na_2S、NaSH、SO_2 等，使五价钒还原为四价钒；此外，在酸性溶液中，当 pH=2 左右时，若存在三价铁离子，也将被萃取，加入还原剂后，可使三价铁离子被还原为二价铁离子，从而避免被萃取。反萃剂可使用稀硫酸或 10% 的碳酸钠溶液。

使用醋酸戊酯从盐酸、硫酸混合液中萃取分离钒、铀具有很高的效率。当 HCl 与 V 的浓度比为 3:1 和 6:1 时，对萃取前液可配加等体积的浓硫酸，则钒对铀的分离因子可分别达到 150:1、1000:1，因此可优先萃取钒，从而使铀、钒得到高效分离。

当使用胺类萃取剂时，可使用仲胺、叔胺、季胺类萃取剂。水相介质为盐酸、硫酸，酸浓度为 0.5mol/L，pH=3，金属为 1g/L，有机相 0.1mol/L，稀释剂为正辛烷，此时钒的分离系数 $D>200$，因此极易被萃取。

当使用阴离子型胺类萃取剂时，它只能萃取阴离子型的钒酸根，即五价钒离子。为此萃取前应使用过氧化氢（可避免带入其他金属杂质离子），将低价钒全部氧化成五价钒。胺类萃取剂可以在较宽的 pH 值范围内萃取钒。典型的萃取反应如下：

$$H_2V_{10}O_{28}^{4-} + 4R_3NH\text{-}HSO_4 \Longrightarrow [R_3NH]_4H_2V_{10}O_{28} + 4HSO_4^-$$

叔胺（N235）在 pH 值为 2~3 时的萃取性能优于季铵，但季铵（N263）则可在更宽的 pH 值范围（5~9.5）内萃取。因此季铵盐更为有效，因其可在酸、碱条件下萃取，可使分离杂质更为有效。前面已谈到，胺类萃取剂对五价钒的萃取更为有效，但五价钒易氧化胺类，因此在萃取时应尽量缩短其与萃取剂的接触时间。季铵盐在有机相中浓度低时，萃取率低，高时易离析、分相，萃取速度加快，但分相慢。

反萃可以使用含 NH_4^+ 的氨性溶液，反萃后 $HV_{10}O_{28}^{5-}$ 在较高的 pH 值下会转变成偏钒酸铵结晶而析出。如果使用弱酸性（pH = 6.5）溶液反萃，则反萃液中的钒仍为十聚体（$V_{10}O_{28}^{6-}$），此后可加氨，使 pH 值升高并加热，则使其迅速转变为 NH_4VO_3，此后可加沉淀剂将硅酸盐、磷酸盐沉淀过滤去除，净化溶液，加入铵盐，制取 NH_4VO_3 结晶。

6.2.5.3 离子交换法

离子交换作为现代科学技术，已有百余年的发展史，早期使用的离子交换剂是矿物性原料如硅酸铝盐和磺化煤。20 世纪初，这些离子交换剂最先用于水的软化、脱盐及海水中金的回收等，第二次世界大战期间，人类成功合成出有机离子交换树脂。战后离子交换技术在放射性元素的提取分离、稀有元素和稀土元素的分离与提取以及回收并分离溶液中的金属离子、净化污水等作业中取得了迅速的发展。

离子交换在塔内通常分三步进行，第一步是使含有金属离子的溶液，先从塔内流过以使其被吸附，也称负载；第二步是将溶液与固体树脂分离；第三步是使用淋洗液反洗，使被吸附的金属离子解析，而溶于淋洗液中，也称再生。

吸附作业一般是液体经上分布板，自上而下流动，最后经下分布板收集后，从底盘流出。解吸作业一般是逆向流动，即自下而上，最后从顶部流出。

溶液中的五价钒，一般是以钒酸根阴离子存在，可以使用阴离子交换树脂，能被有效地吸附。常用的树脂有 Amberlite、IRA-400、IRA-401、IRA-402、IRA-410、IRA-420、DOWEX-1、DOWEX-2 等，都属于强碱性、含 Cl^- 或 SO_4^{2-} 离子的高交换容量树脂。其交换反应如下：

$$V_4O_{12}^{4-}(aq) + [RCl_4] \Longrightarrow [R\text{-}V_4O_{12}] + 4Cl^-(aq)$$

式中，R 代表树脂。

上述反应是可逆的，当溶液中氯离子浓度较低时（1mol/L），pH 值为 6 ~ 7.2，有利于反应向右进行。当氯离子达到足够高时（4mol/L），上述反应将使树脂解吸，有利于反应向左进行，$V_4O_{12}^{4-}$ 将被淋洗而返回溶液。

若溶液中钒以四价存在，则 VO^{2+} 系阳离子，因此不能被上述阴离子交换树脂吸附。为此需加氧化剂如 $NaClO_3$，使四价钒氧化成五价钒才能被吸附；此时含钒树脂的淋洗、再生，则可以利用还原剂，例如 SO_2 水溶液进行淋洗，则五价钒被还原，同时会从树脂上解吸下来。

6.2.6 沉钒

6.2.6.1 水解沉钒

含钒溶液经净化后，钒多以五价钒酸根形式存在（个别情况下也会以四价钒离子存在）。随溶液酸度增加，钒酸根会以钒酸的暗红色沉淀析出，俗称红饼。钒的水解沉淀主要取决于酸度、温度、钒浓度及杂质的影响。析出的沉淀也会因 pH 值、钒浓度的变化呈不同的聚合状态。

V_2O_5 的溶解度与 H_2SO_4 的浓度有关，随硫酸浓度的增加 V_2O_5 的溶解度也增加。因此为了使钒沉淀完全，取得较高的沉钒率，终酸浓度不宜太高。

对钒水解有重要影响的因素有温度、酸度、钒浓度及杂质含量等。

（1）温度。钒水解沉淀应在 90℃ 以上进行，最好在沸腾状态，高温不仅使沉钒速度加快，高温也可获得粗大的沉淀，有利于过滤洗涤。

（2）钒浓度。溶液中含 V 以 5~8g/L 为宜。浓度过高，则结晶成核过快，含较多的结晶水，吸附较多杂质，易形成疏松的滤饼。沉钒前液一般含钠离子也比较高，因此红饼组成实为 $xNa_2O \cdot yV_2O_5 \cdot zH_2O$（通常认为是六聚钒酸钠 $Na_2H_2V_6O_{17}$ 或 $Na_2O_3 \cdot V_2O_5 \cdot H_2O$），若成核速度过快，则式中的 x/y 偏大，红饼质量下降。

（3）杂质。磷与钒形成稳定的络合物 $H_7[P(V_2O_5)_6]$，还与铁、铝离子形成磷酸盐沉淀，会污染红饼。为此要求净化后液含 P 小于 0.15g/L。当酸度较高时，可使 $FePO_4$、$AlPO_4$ 的溶解度提高，而减少磷对红饼的污染。浸取液除磷的方法，是加入镁、钙、氨等阳离子，在 pH=10 左右，使之形成磷酸盐沉淀。

硅、铬、铝、铁等离子浓度较高时，会水解生成胶体沉淀物，妨碍 V_2O_5 晶体的长大，使水解速度变慢，生成的红饼沉降、过滤困难。适当提高酸度，可以改善此类不良的影响。

如果浸取液中 CrO_4^{2-}、SiO_3^{2-} 含量过高，则可以添加镁、钙等阳离子，在 pH 值为 9~10 时使之形成硅酸盐、铬酸盐沉淀。而铁、铝离子含量过高时，则主要靠调整 pH 值，使它们水解沉淀去除。

氯离子可以加快钒水解沉淀的速度。而硫酸钠含量在 20~160g/L，会使钒水解沉淀速度下降，主要表现为延长晶核孕育期。溶液中氯化钠或硫酸钠含量过高，都会使红饼中 Na_2O 含量增加，V_2O_5 含量降低，产品的质量下降。

钒的水解沉淀是一个伴有热量传递和质量传递的水解反应过程，因此必须保持适宜的搅拌速度，以达到临界悬浮状态，没有任何死角为宜。工业用的机械搅拌沉钒罐为圆柱形，内径为 2~5m，容积为 4~5m³。罐内壁衬耐酸瓷砖或辉绿岩。中心安装不锈钢搅拌器。罐壁附近设不锈钢蒸汽加热管，搅拌桨的设计可采用不锈钢或搪瓷锚式搅拌桨，也可以采用带中心管的气体提升式搅拌器。

水解沉钒是间歇作业，先加入 25% 的沉钒前液，开始搅拌，再加入所需的硫酸，然后通蒸汽加热到 90℃ 以上接近沸点。继续添加剩余的 75% 的沉钒前液。最后分析溶液中游离酸及钒的浓度，调整酸度或补加沉钒前液，以使最后溶液中含 V 小于 0.1g/L 为终点。停止加热、搅拌，再静置 10~20min 后过滤，即得红饼。根据生产规模，过滤设备可采用吸滤盘、压滤机或鼓式真空过滤机。

如果沉钒前液是溶剂萃取所得反萃液，则杂质含量很低，溶液呈酸性，钒以四价存在（例如 0.75mol/L H_2SO_4，0.4mol/L $VOSO_4$），加入 NH_4OH，调整酸度，当 pH 值达 3.5 时，开始水解沉淀，到 pH=7 时沉淀完全。此四价钒沉淀，在 600℃ 煅烧，形成灰黑色产品，纯度高，V_2O_5 含量达 99.5%，钠含量低是其最大优点。

6.2.6.2　铵盐沉钒

水解沉钒早期用得比较普遍，但所产红饼实为 $xNa_2O \cdot yV_2O_5 \cdot zH_2O$ 复盐，熔片含 V_2O_5 仅为 80%~90%，纯度较低，且耗酸量大，污水量大，因此现已基本为铵盐沉钒所取代。净化后的含钒溶液，主要是 $Na_2O\text{-}V_2O_5\text{-}H_2O$ 体系，根据浸取条件的不同，可以是酸性或碱性。由于钒酸铵盐的溶度积小于钒酸钠，因此加入 NH_4Cl、$(NH_4)_2SO_4$ 等含 NH_4^+

离子的物质，可以生成偏钒酸铵或多钒酸铵沉淀，其条件取决于溶液的酸度。

6.2.6.3 钒酸钙、钒酸铁盐沉淀法

钒酸钙、钒酸铁盐沉淀法主要用于低浓度含钒溶液中回收钒。

（1）钒酸钙法。通常在强烈的搅拌下加入沉钒剂，氯化钙、氢氧化钙、氧化钙，随着溶液 pH 值的增大沉淀物依次为偏钒酸钙、焦钒酸钙、正钒酸钙，在这三种沉淀物中，偏钒酸钙的含钒量最高，但是由于它的溶解度偏大，故沉钒率低，此外，当 pH 值提高后，加钙离子后磷酸根等杂质也会进入沉淀，硅胶也混入沉淀。因此，最经济有效的沉淀物为焦钒酸钙，沉钒率一般可达 97%～99.5%。

（2）钒酸铁法。用铁盐或亚铁盐作为沉淀剂，在弱酸性条件下，将含钒溶液倒入硫酸亚铁溶液中，并不断搅拌、加热，便会析出绿色沉淀物。由于二价铁会部分氧化成三价铁，V_2O_5 会部分还原成 V_2O_4，所以沉淀物的组成多变，其中包括 $Fe(VO_3)_2$、$Fe(VO_3)_3$、$VO_2 \cdot xH_2O$、$Fe(OH)_3$ 等。若沉淀剂采用 $FeCl_3$ 或 $Fe_2(SO_4)_3$，则析出黄色 $xFe_2O_3 \cdot yV_2O_5 \cdot zH_2O$ 沉淀。该法钒的沉淀率可达 99%～100%。

钒酸铁及钒酸钙均可作为冶炼钒铁的原料，或作为进一步提纯制取 V_2O_5 的原料。

6.2.7 钒沉淀物处理

沉钒所获得的产物，如红饼、钒酸铵，须先经干燥去除水分，再在反射炉内熔化，从炉顶的加料口加入干料，炉内用重油或煤气燃烧，打开炉门以保持氧化气氛，在 800～1000℃温度下，从炉门口流出，在水冷旋转浇铸盘上铸成厚度 5mm 薄片，既可作为炼钒铁的原料，又可作为产品出售。

在此过程中多钒酸铵将按下式分解、氧化，部分会生成低价钒，但大部分会再氧化为五价钒：

$$(NH_4)_2V_6O_{16} \Longrightarrow 3V_2O_5 + 2NH_3 + H_2O$$
$$(NH_4)_2V_6O_{16} \Longrightarrow 3V_2O_4 + N_2 + 4H_2O$$
$$V_2O_4 + 1/2O_2 \Longrightarrow V_2O_5$$

沉钒产物熔化的同时，某些杂质如 S 和 P，也会部分挥发。最后熔片中五氧化二钒含量可达 99% 以上，主要杂质是氧化钠，含量为 0.1%～1%，其他如硫、磷、铁、硅等均在 0.1% 以下。

6.3 高纯五氧化二钒制备进展

冶金级五氧化二钒产品含有较多的铝、铁、硅、磷等杂质，其纯度仅能达到 98% 左右。高纯五氧化二钒是指纯度在 99.5% 以上的产品，近年来，随着钒应用领域不断扩大，一些行业（如航天航空、电化学、电子工业等）对钒制品纯度的要求越来越高，所以对高纯度精钒制备工艺的研究是十分有必要的。钒铝合金、钒电池、钒触媒等均是如今十分热门的研究领域，而作为这些产品重要原材料的高纯五氧化二钒，逐渐成为了世界未来钒销量增长最有潜力的重要领域之一。

高纯五氧化二钒其制备过程与冶金级五氧化二钒制备过程相近，但是增加了除杂工序，根据除杂工艺的不同，又可分为化学沉淀法、离子交换法和萃取法。

　　离子交换法是利用交换剂与溶液中的同性电荷离子发生交换作用，使溶液中的离子进入交换剂，而交换剂中的离子进入溶液中，从而达到除杂的目的。该方法具有吸附效果好、交换率大、选择性好等优点，但由于生产能力较小、交换周期长，并不适用于大规模工业化生产。

　　萃取法是在萃取剂的作用下，利用物质在溶剂中溶解度的差异进行分离的方法，是稀有金属提取分离的主要工艺方法。该方法虽然具有产品质量高、钒回收率高等优点，但是反应所用萃取剂价格昂贵，用于稀释的有机相溶剂易燃、有毒、在水相与有机相接触后排放萃余液难免有少量有机物混杂，使排放的萃取液造成污染，且萃取条件较苛刻，操作不稳定，易形成三相使萃取失效，因此在工业上应用的并不多，多用于稀有金属的富集。

　　化学沉淀法是指向钒浸出液中加入铝盐、铁盐、镁盐或钙盐，加入的离子与溶液中杂质离子反应生产沉淀，与溶液分离，进而起到净化除杂的作用。彭穗等人使用粗钒经多级碱溶法制备高纯五氧化二钒，产品纯度可达到 99.99%。此种工艺是将粗钒返溶于碱溶液中，过滤得到第一级返溶液倒入硫酸溶液中，调节 pH 值，进行固液分离；所得固体洗涤后，再次返溶于碱溶液中，获得第二级返溶液；向所得的第二级返溶液加入硫酸铵进行沉钒制取高纯度五氧化二钒。此种制备方法工艺简单，易于操作，成本低。刘新运等人用红矾碱溶法制备高纯五氧化二钒，试验中将 95.86% 的次品红矾溶解于 7.5% 氢氧化钠碱溶后，使用氯化镁除杂试剂进行净化除杂，并配合 JY114B 专用絮凝剂。试验结果表明，除杂后的富钒液绝大多数杂质含量不大于 1%，制备的五氧化二钒纯度高达 99.9%，沉钒率在 99% 以上。吴随周等人以红钒为原料，经碱溶后加 V-NWG-1 型除杂剂，得到产品纯度可达 99.7% 以上，该种除杂方法除杂试剂用量仅为红钒原料的 0.5%~1%，并经后期处理可以循环使用，有效地降低了生产成本。两种制备方法相比，第一种方法虽然成本相对较高，但是产品纯度也相对较高。

　　相比较而言，化学沉淀法具有操作简单、工艺稳定的优势。

6.4　钒铁研究进展

　　五氧化二钒为钒的初级制品，其中 85% 以上用于炼制钒铁，然后作为炼制合金钢的原料。

　　钒铁是由钒和铁组成的铁合金，常用的有含钒 40%、60% 和 80% 三种，其中含钒 80% 的钒铁又称高钒铁。钒铁常用于碳素钢、低合金高强度钢、高合金钢、工具钢和铸铁生产中。高钒铁还可用作有色合金的添加剂。

　　钒铁的冶炼，主要是利用还原剂还原五氧化二钒，常用的还原剂有碳、硅、铝等，其基本反应为：

$$2/5V_2O_5 + 2C = 4/5V + 2CO$$
$$2/5V_2O_5 + Si + 2CaO = 4/5V + 2CaO \cdot SiO_2$$
$$2/5V_2O_5 + 4/3Al = 4/5V + 2/3Al_2O_3$$

从还原能力上看，铝的还原能力最强，其次是硅，碳最弱。

　　钒铁的工业生产主要采用电硅热法或电铝热法，其中优质的高钒铁一般采用电铝热法。

电硅热法在电弧炉内进行，冶炼作业分为还原期和精炼期。

（1）还原期。还原作业的第一步是先将钢屑、硅铁熔化，加入精炼期返回的精炼渣，再加入少量五氧化二钒，熔炼结果形成的渣称为贫渣（五氧化二钒含量小于0.35），倒出贫渣，转入还原期第二步冶炼，加入铝粒，控制合金中的钒、硅含量。

（2）精炼期。其目的在于脱硅，提高钒的含量，继续加入五氧化二钒与石灰，使与过量的硅一起转入渣中，提高合金中的钒含量，达到FeV40的要求。精炼期产生的富钒渣返回还原期第一步再炼。钒的回收率为97%~98%。

电硅热法为放热反应，合适的温度是1600~1650℃，温度过高会使钒挥发损失增大。炉渣合适的碱度为2.0~2.2，碱度低则硅的还原能力下降，碱度高则氧化钙与五氧化二钒结合，生成钒酸钙，使硅还原五氧化二钒变得困难，另外碱度高，使炉料黏度增大，操作困难。

电铝热法所用的原料包括五氧化二钒、铝粒、钢屑、石灰和返回渣等，由于原料均为粉粒，炉温较高，反应激烈，从上部缓慢加入，避免喷溅。主要产品为高钒铁FeV80，钒的回收率为80%~90%，每生产1t高钒铁消耗五氧化二钒1.88t，铝粒0.77t。

钒铁的生产工艺相对成熟，目前研究主要集中在降耗、提高钒回收率和生产自动化等方面。

范晋平等人针对以V_2O_5为原料，存在放热量大，反应喷溅严重，而以V_2O_3为原料，自热量偏低，需要电耗较多的问题，以V_2O_5和V_2O_3的混合物为原料，采用电铝热法进行了钒铁的制备。研究结果表明，采用混合钒氧化物为原料，可以实现钒铁的顺利生产，产品质量同样可以符合要求。研究还确定了电铝热法制备高钒铁的较佳工艺：铝用量为理论量的103%，以铝钙铁为精炼剂，精炼时间30min，在此条件下高钒铁的回收率可达98%。

杨波等人针对钒铁冶炼炉存在人工点火工作强度大、操作危险的问题，研究了远程点火、火焰在线监测、连锁保护、声光报警的PLC控制系统，构建了钒铁冶炼炉安全自动点火装置。生产实践表明，采用该点火技术，点火燃剂耗材消耗减少了80%，耗时减少了85%以上。

杨亚明等人研究了喷粉工艺对高钒铁冶炼的影响。分析了喷粉工艺对高钒铁熔渣密度、黏度、界面张力的影响，对钒铁采取喷粉工艺前后熔渣中的钒回收率进行了对比，图6-7所示为喷粉前后贫渣中的钒含量图。研究结果表明，该法可在很短时间内有效地脱氧并提高钒回收率，熔渣中全钒降到了1.5%，钒回收率提高到了95%以上。

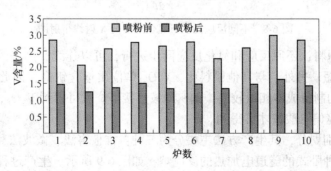

图6-7　喷粉前后贫渣含钒量对比

6.5　氮化钒研究进展

氮化钒在钢中可以有效地发挥其细晶强化和析出强化作用，不但能显著提高钢的强度和韧性，而且与添加钒铁相比，可显著减少钒的用量，大概可以节约 20%~40% 的钒，成本还可下降 30%~50%。因此，作为一种高强度低合金钢最经济有效的添加剂，氮化钒具有积极的应用价值。

目前，氮化钒的生产门类繁多，所用钒原料基本上是钒氧化物。主要工序是将钒原料与碳制粉剂、黏结剂混合均匀并压制成球，然后送入炉内加热，经还原、渗氮过程得到氮化钒产品。目前，关于氮化钒的研究主要集中在生产原料和生产设备两大方面。

氮化钒的生产从钒原料划分，主要分为 NH_4VO_3、V_2O_3 和 V_2O_5 法。以 NH_4VO_3 为原料，反应温度不高，一般控制在 775~1200℃，产品含氮量可达到 4.2%~16.2%。但是由于该法制块反应不充分，因此一般以粉状物料进行反应，这样制备的氮化钒产品表观密度小，作为添加剂直接应用困难，因此研究还只停留在实验室阶段。

V_2O_5 熔点（675℃）较低，饱和蒸气压高，在高温下极易挥发损失。因此以 V_2O_5 为原料制备氮化钒，为了降低钒的损失，需要增加低温预还原段，预还原阶段是在 V_2O_5 的熔点以下进行加热，以使 V_2O_5 先还原为低价的钒氧化物。董江等人研究表明，以 V_2O_5 为原料，原料配碳比直接影响氮化产物氮含量，当配碳比增加时，氮化产物氮含量会减少。按理论配碳比添加炭黑，可以获得成分合适的氮化产物。随着反应温度的升高，氮化产物碳含量迅速降低，氮含量逐渐增加，反应温度在 1300~1500℃ 范围内时，氮化产物的物相组成均为 VN，如图 6-8 所示。

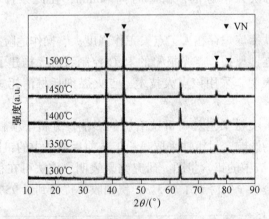

图 6-8　不同反应温度下氮化产物的 X 射线衍射图

以 V_2O_3 为原料，还原反应和氮化反应同步进行，可以连续、迅速的升温，反应步骤少，反应时间缩短。另外，与其他原料比，V_2O_3 单位质量含钒高，因此具有产率高的优势。但是 V_2O_3 的制备成本相对较高，偏钒酸铵直接焙烧就可得到 V_2O_5，但是 V_2O_3 需要在 CO 气氛下焙烧偏钒酸铵才可得到。

从设备的区别划分，其生产方法主要分为三种：推板窑法、微波法和中频炉法。

推板窑是一种卧式的隧道电加热的反应炉，如图 6-9 所示。生产过程中，生料球放在石墨料盘内，石墨料盘放置于石墨推板上，通过底部传动装置推动推板，料球在隧道窑内依次穿过预热段、高温段、冷却段。隧道窑内通氮气，料球在氮气气氛下发生还原、氮化反应，最终从隧道窑另一端出来，得到钒氮合金产品。推板窑法是目前应用较广泛的一种钒氮合金生产方法，作为比较成熟的生产工艺，推板窑法有其自身的优点，该法是在非真空条件下生产，可实现钒氮合金的简单、快捷生产，另外，因为该法还能实现较高的自动化程度，所以可减少操作人员，

图 6-9 推板窑炉体图

节约人员成本。但推板窑法也存在着较多缺点：（1）能耗高。由于隧道窑的长度很长，而炉内反应温度又很高，达到 1400~1500℃，存在加热量大、热损失大的问题。（2）损耗高。炉内温度高，用于加热的硅钼棒、硅碳棒和其他耐火材料的消耗量很大，在高温下进行反应，所用石墨盘、推板使用寿命低，损耗量大，维修的费用高。（3）氮气气氛差。推板窑密封性差，炉内氮气压力难调节，产品的氮含量不高。另外，炉内空间主要为横向空间，氮气分布空间广，但利用率不高，造成氮气的浪费。（4）占地面积大。推板窑为卧式结构，反应炉占地面积大。（5）大修时间长。停炉和开炉时，为了保证炉体和耐火材料不变形，需要缓慢降温和升温，推板窑每次降温和升温时间均需 20 多天，加上 45 天左右的大修期，每次大修需要停炉 3 个多月，停炉、开炉期间，不能断电，电力空耗加上大修费用冲减了生产期的利润，给企业造成巨大的经济负担。

微波法是指在工业微波炉中进行微波加热合成，同时向炉内通入 N_2，炉内保持中性或还原性气体气氛，物料先低温预热、预还原一段时间，然后升温至 1000~1500℃，反应一段时间后冷却出炉。该工艺提供了一种新的加热方式，缩小了设备的占地面积。但是采用间歇生产，生产效率低下，能耗高，不适于大规模工业化生产。

中频炉加热又分为卧式加热和竖式加热。卧式加热的工作原理和推板窑相近，只是将热源换成了电磁感应加热，此加热方法减少了加热体、耐火材料的损失，因此维修费用较低，另外由于密闭性较好，炉内氮气气氛较好控制，可以保证钒氮合金产品质量，但该方法采用卧式加热同样存在占地面积较大的问题。竖式加热可以通过加高炉体的方式增大生产规模，因此具有节省占地面积的优点，如图 6-10 所示。另外竖式加热，可以实现氮气的底进顶出，氮气和物料逆向流动，增加了反应物的接触面积，降低了反应活化能。同时，烟气从顶部排出的过程，要经过物料，烟气的热量可起到加热物料的作用，提高了能源利用率。但竖式加热炉采用人工辅助重力下料，生产的连续性较差。另外，采用竖式中频炉生产钒氮合金，在加热反应工序完成后，炉料往往随炉体一

图 6-10 竖式中频加热炉

同冷却，因为炉体保温性好、散热面积小，所以炉料冷却非常缓慢，有的生产冷却周期甚

至长达几十小时，严重影响生产效率。因此，若采用竖式中频炉生产钒氮合金，则需要对生产的自动化程度进行改进，并对炉料的冷却工艺进行重新设计。竖式中频炉加热生产钒氮合金，反应烟气和氮气自下而上排出，既符合工艺要求，又符合自然规律，是钒氮合金生产工艺和生产装备的创新。相比较而言，该工艺在降低生产能耗和氮气用量等方面都存在一定的优势，但生产的连续性技术还需要进一步改进。

6.6　氮化钒铁研究进展

氮化钒铁与钒氮合金的作用机理比较相近，在炼钢时均起到细晶强化和析出强化的作用，进而提高钢的强度和韧性。但与钒氮合金相比，氮化钒铁又具有一定的应用优势。氮化钒铁含有铁元素，密度较大，因此在炼钢过程中，可以更有效地穿越渣层，进入到钢水内，起到微合金化的作用。而钒氮合金由于密度小，对于大量未配置炉外精炼的中小型冶炼炉来说，钒的稳定性和精确控制较为困难。因此，应用氮化钒铁进行微合金化更合适。

目前，氮化钒铁的制备方法总体分为两种：钒铁的高温熔体液态渗氮和钒铁粉的固态渗氮。两种方法使用的原料均为50钒铁（V含量50%左右）或80钒铁（V含量80%左右）。

钒铁的高温熔体液态渗氮是指在电炉或电子束炉内将钒铁合金加热到熔化状态，然后通入氮气进行渗氮。因为钒铁合金熔点很高，所以对炉温要求很高，一般要加热到1600℃以上，能耗较高。另外，此种方法的渗氮量较低，在3.5%以下，工业应用价值不高。

钒铁粉的固态渗氮要先将钒铁破碎、球磨至一定粒度，然后与黏结剂混合压制成球，烘干后，在氮气气氛下加热到1000~1300℃，进行固态渗氮。应用此方法，如果条件控制合适，可制得氮含量为11%~13%的氮化钒铁产品。

目前我国氮化钒铁的工业制备大多采用固态钒铁粉渗氮，但无论采用液态渗氮还是固态渗氮，其原料均为钒铁，而钒铁的制备多采用电硅热法或电铝热法，即在矿热炉内熔炼，熔炼过程能耗较高，并且会产生大量含钒的废渣，造成了钒资源的浪费，同时给环境带来了压力。

针对产渣量大、成本高的问题，王乖宁以V_2O_3和铁粉为原料进行了氮化钒铁的制备研究。结果表明，此方法可以制得氮含量高并且密度大的产品。氮化钒铁中，氮含量可达12%~14%，密度可达3.5g/cm³。与传统的钒铁氮化法相比，该工艺具有流程简单环保、钒回收率高的优点。

6.7　金属钒的制取

6.7.1　钙热还原法

用钙还原钒氧化物的反应为：

$$V_2O_5 + Ca \Longrightarrow V_2O_4 + CaO$$
$$V_2O_4 + Ca \Longrightarrow V_2O_3 + CaO$$

$$V_2O_3 + Ca \Longrightarrow 2VO + CaO$$

$$VO + Ca \Longrightarrow V + CaO$$

$$V_2O_5 + 5Ca \Longrightarrow 2V + 5CaO$$

以上各反应的自由能变化均为负值，且为放热反应，如果还原剂 Ca 量充足，则可以得到金属钒。但是因为生成物氧化钙和金属钒熔点过高，所以熔炼时需加入熔剂，并另外添加放热剂，以降低渣的熔点并提高熔炼的温度。碘化钙、硫化钙可起到降低渣熔点的作用。

早在 1927 年，Marden、Rich 就已用钙热法还原五氧化二钒制得金属钒。将五氧化二钒、金属钙和氯化钙按化学计量数配好，装入钢罐，密封，加热至 900~950℃，1h 后冷却，将粒状产物溶于蒸馏水，钙盐溶解，固体金属钒分离后，用盐酸洗涤，再用乙醇、乙醚冲洗，然后真空干燥，得金属钒，纯度可达 99.3%~99.8%。

此后的研究者在配方、工艺条件等方面做出改进，制得了纯度更高、延展性更好的产品，其中改进较明显的工艺是向原料中加入硫或碘。

6.7.2　铝热还原法

用铝作还原剂，钒氧化物的还原反应如下：

$$3V_2O_5 + 2Al \Longrightarrow 3V_2O_4 + Al_2O_3$$

$$3V_2O_4 + 2Al \Longrightarrow 3V_2O_3 + Al_2O_3$$

$$3V_2O_3 + 2Al \Longrightarrow 6VO + Al_2O_3$$

$$3VO + 2Al \Longrightarrow 3V + Al_2O_3$$

$$3V_2O_5 + 10Al \Longrightarrow 6V + 5Al_2O_3$$

以上各反应自由能变化均为负值，且为高放热反应，有利于形成熔渣和金属钒锭。但当铝过量时，钒容易参加反应，形成钒铝合金，使脱除铝的难度增大。

1966 年，Carlson 采用两步法制取了金属钒，第一步先制取 Al-V 合金，第二步再精炼制取高纯钒。采用钢罐内衬氧化铝，抽真空，充氩气，用燃气炉外源加热至 750℃，点燃反应，反应迅速，冷却后分离渣与合金，合金再用硝酸溶液浸洗，然后粉碎成 6mm 的块。

此后，Peerfect 对二步法做出改进，改用铜坩埚，并用夹套水冷，取代有内衬的钢罐，避免了内衬耐火材料带来的污染，铜坩埚也用高纯材料制成。抽真空充氩气，加入五氧化二钒、铝屑，混匀压紧；上部添加启动料少量五氧化二钒和高纯铝粉，用一个金属钒丝盘条埋入启动料中，抽真空、排氮气、充氩气；钒丝充电启动点燃，升温至 2050℃，反应迅速完成，冷却后通过重力分离渣和合金。

6.7.3　钒氯化物的镁热还原法

从原则上讲，镁也可作为钒氧化物的还原剂制取金属钒，但由于还原产物 MgO 的熔点（2825℃）较氧化钙、氧化铝都要高，反应中若欲使氧化镁熔化，在此温度下，镁（沸点 1090℃）将大量挥发，若欲防止挥发，则需密闭高压，难度较大，因此钒氧化物的镁热还原法难于实现。从这方面来看钒氯化物的镁热还原法则具优势。

VCl_4、VCl_3、VCl_2 均可以作为镁热还原的原料，反应式为：

$$VCl_4 + 2Mg \Longrightarrow V + 2MgCl_2$$
$$2VCl_3 + 3Mg \Longrightarrow 2V + 3MgCl_2$$
$$VCl_2 + 2Mg \Longrightarrow V + MgCl_2$$

反应产物可通过蒸馏的方式，除去金属镁，得到纯钒。

6.7.4　氯化钒的碳热还原

碳作为最常用、廉价、优质的还原剂，对氧化钒也应该有效。由于碳还原的历程比较复杂，用起来比较困难。用碳还原氧化钒直接制取金属钒，只有当温度在 1700℃ 以上时，热力学才是可行的，而原料氧化钒、产品金属钒易挥发，另外，在碳热还原的几个反应历程中，每一个阶段要求的 O/C 摩尔比都不同，因此难于一步完成。为此要求采取多级作业，逐级取出中间产品，破碎、磨细、脱氢、配料重新混合、调整 O/C 比例，制成球团重新转入下一级作业，直至制得金属钒为止。

6.7.5　钒化合物的氢还原

钒氧化物的氢还原反应如下：

$$V_2O_5 + H_2 \Longrightarrow V_2O_4 + H_2O$$
$$V_2O_4 + H_2 \Longrightarrow V_2O_3 + H_2O$$
$$V_2O_3 + H_2 \Longrightarrow 2VO + H_2O$$
$$VO + H_2 \Longrightarrow V + H_2O$$

前两个反应在 400~2005K 的温度范围内，自由能变化为负，反应可自动进行。而后两个反应则不能进行，所以用氢还原钒氧化物在 400~2005K 范围内得不到金属钒。

用氢还原氯化钒的反应如下：

$$2VCl_4 + H_2 \Longrightarrow 2VCl_3 + 2HCl$$
$$2VCl_3 + H_2 \Longrightarrow 2VCl_2 + 2HCl$$
$$VCl_2 + H_2 \Longrightarrow V + 2HCl$$

热力学计算表明，高于 573K 时，只有前两个反应可以进行，第三个反应要高于 1773K 时，才可进行。但是实际中，可以通过加大氢气流速，使反应系统内氯化氢分压降低的方法，降低反应发生的温度。

6.8　钒的精炼

由钙、镁、铝等金属以及碳、氢等非金属还原剂制得的金属钒，统称为"还原钒"，其纯度还不够高，性质也不够完美，为此仍需精炼以取得纯度更高、性能更好的纯品，以满足更高的要求，如优质合金、原子能工业、微电子工业等高、精、尖产品以及科研方面的要求。

还原钒中的杂质，基本上可分为两类，一类是由于原料的夹杂物残留引起，另一类是由生产环境引起的，包括反应器、耐火材料衬里、坩埚等，以及气相环境中的非惰性气体污染，如氮气、氧气等。去除杂质的方法，仍需借助高温熔炼、真空蒸馏等手段，所用设备则需借助电阻炉、电弧炉、感应炉、电子束炉、等离子束炉等。需根据对最终产品的质量、性质的要求而确定设备及工艺路线。

6.8.1 热真空处理

6.8.1.1 蒸馏

钒中的金属，如铝、钙、铬、铜、铁、钼、镍、铅、钛、锌等，当抽真空加热时，多数都可以除去，其净化度取决于该金属的蒸气压，2200K 时各金属的蒸气压列于表 6-2 中。

表 6-2 2200K 条件下各金属的蒸气压

金属	V	Al	Ca	Cr	Cu	Fe	Mo	Ni	Pb	Ti	Zn
蒸气压/Pa	3	3000	130000	800	3000	300	0.003	160	120	10	130000

实际的金属钒中，金属杂质是以溶质的形式存在，因此其分压明显降低，如果含量很少的话，即使蒸气压很高，也很难脱除。

6.8.1.2 脱氢

在非金属杂质中，首先需要脱除的是 N_2、H_2、O_2 等气体杂质，脱除的方法首选是高真空、热处理，N_2、H_2、O_2 等气体杂质在还原钒中是以晶隙化合物存在，其分压与它们在金属中的浓度和温度有关；脱气的速度与其分压、扩散系数、扩散表面积、颗粒的大小等有关。在 N_2、H_2、O_2 三种气体中，扩散系数最大的是 H_2，常温下气体的扩散系数大多在 $10^{-9} m^2/s$ 数量级，H_2 在 773K 时，在还原钒内的扩散系数大于 $10^{-8} m^2/s$。如果抽真空达 $10^{-3} Pa$，厚度为 1cm 的钒板有望在 1h 内脱除，而 2.5cm 厚的钒板则需 7h 才能脱除。通常还原钒中若氢含量为 0.01%，则在 773~1273K 可以脱除。如果脱除其他气体，则需更高的温度，使还原钒熔化后，气体的扩散速度会显著加快，此时氢也可一并脱除。

6.8.1.3 脱氮

氮在还原钒中的含量常达到 10^{-6} 的数百倍，甚至可达 0.1% 以上，原因是 V-N 固溶体比较稳定，氮的平衡分压很低。有的研究者发现，在高真空 $10^{-7} Pa$、1823K 下，钒中含 N 为 0.3%（质量分数），未见脱氮。

但热真空处理（2273~2373K，0.0027Pa）还是可以使还原钒中的氮质量分数降至 0.3% 以下。如果氮含量高于 0.3%，则会脱除；若氮含量小于 0.3%，则钒的蒸发会高于氮，造成钒的损失，由此钒中氮含量反而升高。

6.8.1.4 脱氧

氧在还原钒中的含量高达 0.01%~0.8%，随制备方法的不同而异，碳热法生产的氧含量可达 1% 以上，钒氧系统中固溶体的覆盖范围很大。氧分压随氧含量的变化呈正比变化而且略有上升，温度增高，分压上升，但在温度范围内，氧的分压仍远低于钒的蒸气压。实践表明，热真空处理中，氧的含量仍在下降，这可解释为脱氧是以钒的亚氧化物挥发为结果的。

6.8.1.5 碳、硅的脱除

碳如果是还原钒中唯一的杂质，则较钒的挥发性低，难以靠热真空蒸发排除，只有借助碳与氧的去氧化作用，与氧一道排除，为此应在含碳的合金中配加氧。如果为脱除碳而添加的氧有剩余时，最后再用钒消耗反应脱氧。

　　硅的挥发性较钒高，但还原钒中的硅属于杂质，因此浓度很低，难以单独脱除。为此可借助亚氧化反应予以脱除。

6.8.2　高温真空精炼

6.8.2.1　真空烧结过程

　　在真空下加热还原钒是一个有效的精炼方法。Carson 等人曾用此法净化铝热还原法所得钒铝合金，是将原料碎成小块，装入钽坩埚，置于感应炉内，坩埚即为感应器件，加热至 1973K，真空度为 $6 \times 10^{-4} Pa$，维持 8h。结果脱氧的效果很好，同时对碳、钙、铁、锌等的脱除都有效果，而且钒未受损失。在脱铝的同时使大部分氧以亚氧化物的形式挥发。采用钽坩埚，在低于 1973K 时，坩埚不会受钒的腐蚀，经过 8h 的真空烧结，钒金属中并未发现钽含量增加。

6.8.2.2　电弧炉熔炼

　　电弧炉熔炼法被广泛用作熔融钒使之固化成大型铸件，在惰性气氛下使用可消耗性电极或非消耗性电极，此法只能起到有限的精炼作用。如果用的是深区熔池可耗电极，在钒的熔化温度下，真空度为 10~40Pa，电弧熔炼的钒锭在脱除 H、Al、Mo 方面有效，但在脱除 N、O 方面效果不明显，原因是液体钒的熔化温度还未达到其他杂质金属的熔点以上。在可耗电极炉顶上部熔融区的压力只有 0.01~0.07Pa，则使净化效率明显提高，O、H 含量明显下降。

　　电弧炉熔炼也可采用非消耗性电极，如镀钍的钨电极，此法通常用于小件钒锭（200g）制备，最后的纯度实际上取决于炉内气氛的纯度，得到的结果是 H 下降明显，O 没有变化，C 也基本不变，N 不变，原因可能是炉内压力偏高、时间短。最后只能归结为脱氢有效。非消耗性电弧炉熔炼已广泛用于粉钒和粒钒的铸锭，炉内气氛采用高纯惰性气体，不会带入任何杂质。

6.8.2.3　电子束熔炼

　　电子束熔炼用于固化和精炼金属，是一项新技术，使用一个加速的电子束冲击波加热金属，由于电子流的动能传递给物质的晶格，而转变成高温使其熔化。炉子的设计可使其具备不同的功能，通常有分割的真空枪室，也有横枪室，后者可获得较高的精炼水平，若原料纯度不高或含气体成分较高，可采用横枪室，效果较好。

　　在电子束熔炼中，原料质点受高温熔化，因蒸馏脱气而使钒净化，几乎所有杂质的含量均有所下降，其中 Al、Ca、Fe、Si、O 等均有下降，尤以 H 最为明显，但 C、N 则变化不大。

　　铝含量对粗钒的脱氧效应甚为显著，合金中铝含量高时，脱氧主要以 Al_2O_3 的形式挥发，氧含量在钒的 EBM 熔炼中只有在铝大量（质量分数为 13%~15%）存在时，合金中的氧才会脱除至最低，同时钒的挥发较少，钒的收率也较高，而且装置放大后效果会更好。

　　电子束熔炼的原料，氮含量已处于 0.006%~0.01% 的水平，在此范围内，氮的平衡分压已低于钒的分压，因此钒在蒸发的同时，氮含量反而升高了。碳、硅的状况也类似，碳、硅脱除的机理也是形成亚氧化物 CO、SiO，可能是因其分压低于炉内的压力，因此没有 C、S 的脱除效应。总的来说，电子束精炼中 C、N、Si 的含量未发生明显变化，只略有增加。

6.8.3 电解精炼

电解精炼的原理是基于电解液中金属离子电位的高低而得以分离。在电解精炼中共有两种途径，一种是将待纯化的金属首先铸成阳极，通电后，电位高的金属离子将溶解并移向阴极，并在阴极表面沉积；另一种可能则是杂质溶解，而纯金属留在阳极。钒的电解精炼则是遵循第一种路径，即杂质金属留在阳极，钒溶解后通过电解液在阴极沉积。还原钒的电解精炼只能采取熔盐电解，若采用水溶液电解，阴极会产生氢，此时阴极表面会聚集稳定的氧离子，并会沉积在钒表面形成氧化膜。在熔盐电解中可制得纯度高的钒，且易去除 N、Si 等较难在真空熔炼中去除的杂质。

图 6-11 所示为惰性气氛下电解池的示意图。下面为电解质室，顶上安装一个带水冷的钢质法兰，电解质室用钼或高密度石墨衬里，或将二者贴在一起使用；上室称为接收室，用法兰与下室连接，上室安装有水冷的接收锁，当阴极沉积物存放在该处时得以冷却，排出时使用一个滑动阀门，使电解液室与接收室隔绝；接收锁是用来连接惰性气体和真空的，水冷夹套在接收锁上则促使阴极沉积物迅速冷却，上室顶板上有阴极棒孔，所有连接处均用 O 形橡胶圈密封，并有水冷夹套保护，电解池靠内部电阻加热。

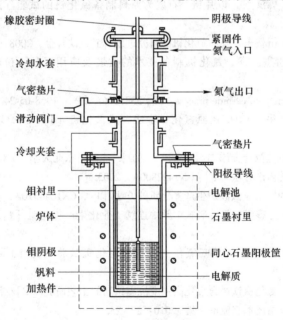

图 6-11　惰性气氛下的熔盐电解池

电解液采用氯化钒或溴化钒，在电解精炼前在电解池中就地制作。全氯化物电解液的制备采用纯氯、纯钒在碱性氯化物熔盐中氯化制得。全溴化物电解液则采用纯溴在碱性溴化物熔盐中用纯钒溴化制得。

熔盐电解精炼后的产品，通常分为两档，0.18mm 以上，纯度较高；0.18mm 以下，纯度次之。

参 考 文 献

[1] 王永刚. 钒系列合金的生产 [J]. 铁合金, 2004, 35 (3): 36~38.

[2] 杨绍利. 钒钛材料 [M]. 北京: 冶金工业出版社, 2007.

[3] 胡克俊. 国外钒的应用现状及攀钢钒产品的开发建议 [J]. 钢铁钒钛, 2000, 21 (1): 64~69.

[4] 范晋平, 谭绍, 彭可武, 等. 用 V_2O_5 和 V_2O_3 的混合料冶炼高钒铁的工艺参数 [J]. 钢铁研究学报, 2013, 25 (8): 24~27.

[5] 杨波, 丁文捷, 张小于. 钒铁冶炼炉安全自动点火装置研究 [J]. 自动化仪表, 2014, 35 (7): 32~40.

[6] 杨亚明, 王浩, 李晋杰, 等. 喷粉工艺在 FeV80 钒铁冶炼中的应用 [J]. 河北冶金, 2013 (3): 5~7.

[7] 黄道鑫. 提钒炼钢 [M]. 北京: 冶金工业出版社, 2000.

[8] 孙国会, 梁连科. 国内外氮化钒铁及氮化钒制备情况简介 [J]. 铁合金, 2000 (1): 44~47.

[9] 冯运莉, 刘战英, 陈春生, 等. VN 合金在大规格角钢生产中的应用研究 [J]. 钢铁钒钛, 2004, 25 (2): 40~43.

[10] 杨守志. 钒冶金 [M]. 北京: 冶金工业出版社, 2010.

[11] 邓夏明, 刘海泉, 陈文明. 国内外钒氮合金的研究进展及应用前景 [J]. 宁夏工程技术, 2004, 3 (4): 343~347.

[12] 宁安刚, 丁华南, 郭汉杰. 以片钒、石墨为原料制备氮化钒的试验 [J]. 钢铁钒钛, 2013, 34 (2): 19~23.

[13] 黄中省, 陈为亮, 伍贺东, 等. 氮化钒的研究进展 [J]. 铁合金, 2008 (3): 20~24.

[14] 孙涛, 刘建雄, 谢杰, 等. 氮化钒制备技术的发展及应用 [J]. 粉末冶金技术, 2009 (1): 58~61.

[15] Carpenter R D. Vanadium carbide process: US, 3383196A [P]. 1968-05-24.

[16] 董江, 薛正良, 余岳. V_2O_5 还原氮化一步法合成氮化钒 [J]. 太原理工大学学报, 2014, 45 (2): 168~171.

[17] 卢志玉. 高密度钒氮微合金添加剂制备研究 [D]. 沈阳: 东北大学, 2005.

[18] 孙朝晖. 氮化钒的生产方法 [P]. CN1422800A, 2003.

[19] 彭虎, 李俊. 一种用工业微波炉生产氮化钒的方法 [P]. CN1644510A, 2005.

[20] 李九江, 朱立杰, 王震宇, 等. 竖式中频炉连续工业化生产氮化钒 [J]. 河北冶金, 2013 (10): 4~7.

[21] 解万里, 陈东辉, 高明磊. 用三氧化二钒制取氮化钒试验研究 [J]. 河北冶金, 2012 (3): 29~44.

[22] 许晓英, 张光德. 氮化钒铁微合金化高强度抗震钢筋的工艺研究 [C]//河北金属学会. 钒氮合金化钢暨氮化钒铁应用技术交流论文集. 2010: 22~25.

[23] 迟桂友, 刘克忠, 梁新维, 等. 使用氮化钒铁合金生产高强度钢筋的工业试验 [J]. 炼钢, 2009, 25 (3): 53~56.

[24] 王饶, 刘润藻, 朱荣, 等. 钒铁渗氮工艺的初步研究 [J]. 工业加热, 2014, 43 (4): 20~22.

[25] 张光德, 刘伟辉, 谭国臣, 等. 氮化钒铁工业化中试及其应用研究 [J]. 中国高新技术企业, 2012 (26): 38~40.

[26] 穆宏波, 周宗权, 常志峰. 氮化钒铁的研制 [J]. 钢铁钒钛, 1996, 17 (3): 51~55.

[27] 王乖宁. V_2O_3 制取氮化钒铁的技术研究 [J]. 铁合金, 2014 (6): 21~24.

7 钛冶金新技术

7.1 钛冶金概述

7.1.1 钛矿物资源

钛是地壳中分布最广和丰度高的元素之一，占地壳质量的 0.61%，仅次于氧、硅、铝、铁、钙、钠、钾和镁，居第 9 位。钛矿物种类繁多，地壳中含钛 1% 以上的矿物有 80 多种，但具有工业价值的仅十几种，当前工业利用的主要是金红石和钛铁矿，其次为锐钛矿、板钛矿和白钛石，其他还有红钛铁矿、钛磁铁矿、钛铁晶石、镁钛矿、红锰钛矿、钙钛矿、假板钛矿、钙铈钛矿、黑钛石、榍石等。

目前全球具有工业利用价值的钛资源主要是钛铁矿（岩矿、砂矿）和天然金红石，其中钛铁矿占绝大多数。据 2016 年美国地质调查局（USGS）公布的资料表明，全球钛矿储量约 7.9 亿吨，其中钛铁矿储量约 7.4 亿吨（占比 93%），金红石储量 5400 万吨（占比 7%），二者合计储量约 7.9 亿吨。

全球钛资源分布较广，30 多个国家拥有钛资源。钛资源主要分布在澳大利亚、南非、中国、印度和肯尼亚等国。中国的钛铁矿储量占到全球钛铁矿储量的 27.03%，居第一位；澳大利亚金红石储量占全球总量的 40.74%，几乎占据了金红石储量半壁江山。

据统计，2015 年世界钛铁矿产量约 569 万吨（以 TiO_2 计），同比 2014 年降低 2.6%，主要生产国家为中国（34.80%）、澳大利亚（12.65%）、越南（9.49%）、南非（8.44%）等；另外世界金红石（包括锐钛矿）产量约 48 万吨（以 TiO_2 计），同比 2014 年增长 2.1%，主要生产国家为澳大利亚（30.00%）、塞拉利昂（22.92%）、乌克兰（13.13%）、南非（11.46%）等。

钛是一种重要的战略资源，在世界各个领域有着广泛的用途，目前世界上 90% 以上的钛矿用于生产钛白粉，4%~5% 的钛矿用于生产金属钛，其余钛矿用于制造电焊条、合金、碳化物、陶瓷、玻璃和化学品等。钛白粉是仅次于合成氨和磷酸的全球第三大无机化工产品。

7.1.2 钛生产方法概述

制取金属钛的方法归纳起来大致可分为：热还原法和电解法。其中有些方法，虽然在理论上是可行的，但综合考虑能源、成本、炉子构造以及材料和产品质量等问题时，又是不实用的。金属钛从发现到实现工业生产经历了 100 多年的时间，1891 年英国牧师 W. Gregor 在黑磁铁矿中发现了这一元素。1910 年美国科学家 M. A. Hunter 首次用钠还原 $TiCl_4$ 制取了纯钛。1940 年卢森堡科学家 W. J. Kroll 用镁还原 $TiCl_4$ 制得了纯钛。从此，镁还原法（又称为克劳尔法）和钠还原法（又称为亨特法）成为了生产海绵钛的工业方法。

由于钛与氧、氮、碳、氢等元素有极强的亲和力，致使钛的制取工艺复杂、流程长、能耗高、成本居高不下，限制了钛在很多行业中的应用。为了降低钛的生产成本，研究者们不断地改进传统工艺，开发新的提取方法，特别是近几十年来国内外在钛的提取工艺上投入了大量的人力、财力，进行广泛深入的研究，在基础理论和提取工艺方面取得了较大的突破。

钛提取方法的热还原法，包括克劳尔（Kroll）法、亨特（Hunter）法、Armstrong 法、金属氢化物还原（MHR）法、导电体介入还原（EMR）法、钙热还原（OS）法、预制成型还原（PRP）工艺、钛酸盐热还原法等。电解法包括 $TiCl_4$ 熔盐电解法、钛酸盐熔盐电解法、FFC 剑桥法、USTB 法、MER 法、QIT 工艺、固体透氧膜（SOM）法、离子液体电解法等。

目前，工业上生产海绵钛仍以 Kroll 法为主，并向设备大型化、智能化方向发展，其他制备钛的方法还处于实验室研究阶段。

7.2　我国克劳尔工艺现状及发展方向

世界海绵钛工业生产方法均采用克劳尔法（镁热法）。海绵钛生产工艺可分为三大步骤两大循环，三大步骤即富钛料的生产、四氯化钛制备、还原蒸馏；两大循环即镁循环、氯循环。其重点工艺主要包括原料准备、氯化、四氯化钛精制、还原蒸馏、镁电解等工序。

7.2.1　富钛料生产

我国钛渣生产最经典的方法是电炉熔炼法。该方法工艺简单，技术成熟可靠，流程短，效率高，不产生固体和液体废弃物（电炉烟气治理产生的固体和液体废弃物除外），而且密闭电炉所产生的煤气或余热还可回收利用。国内其他的富钛料生产方法，还显得不够成熟。

我国的钛渣熔炼电炉是由钢铁冶炼用电弧炉和铁合金冶炼用矿热炉演变而来。在冶炼性质上，钢铁冶炼主要是熔融和精炼过程，铁合金冶炼主要是熔融还原过程，而钛渣熔炼是一个从铁钛氧化物的矿物原料中选择还原铁使钛富集的高温冶金过程。在物料性质上，钢铁电导率极高，铁合金原料电导率较低，而钛渣电导率介于两者之间，并且钛渣熔点高、黏度大。

因此，炼钢电弧炉和铁合金矿热炉都不适合熔炼钛渣。只有专业设计制作的钛渣熔炼电炉，才能使生产顺利进行。从严格意义来讲，我国目前正在使用中的钛渣电炉也几乎不适用于钛渣生产。代表着当今世界先进钛渣生产技术的电炉是加拿大魁北克的铁钛公司（QIT）和南非理查兹湾矿业公司（RBM）的交流矩形密闭电炉、南非纳马克瓦砂矿公司（NSL）的直流—空心电极电炉、挪威 Tinfos 铁钛公司（TTI）的交流圆形密闭电炉，而苏联地区的交流圆型半密闭矮烟罩电炉当属其次。

近几年，攀钢集团钛业公司从乌克兰引进了 25000kW 交流圆型半密闭矮烟罩电炉，云南冶金集团新立有色金属有限公司从南非引进了 30000kW 直流—空心电极密闭电炉。

这些项目无论是从电炉的容量上，还是从电炉熔炼钛渣的理念上，都缩短了我国钛渣生产与国外先进技术之间的差距。

7.2.2　氯化工序

氯化是指含钛物料在碳的作用下和氯气反应生成 $TiCl_4$ 的过程。氯化分为熔盐氯化和沸腾氯化两种工艺。

熔盐氯化是将钛渣和石油焦悬浮在熔盐介质中，和氯气反应生成 $TiCl_4$。熔盐氯化法是苏联钛冶金工作者结合本土含钙、镁较高的原料，自行研发的一种生产 $TiCl_4$ 的工艺，广泛应用于苏联地区的海绵钛生产企业。这是一种较为完善的生产工艺流程，尤其是它采用的将泥浆及精制的低沸点馏分返回氯化炉限制炉内反应温度及出炉混合气体温度的手段，极大地降低了粗 $TiCl_4$ 中的杂质含量，为生产高品质海绵钛打下了良好的基础。熔盐氯化炉如图 7-1 所示。

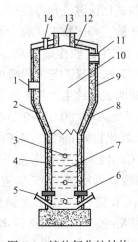

图 7-1　熔盐氯化炉结构

1—加料孔；2—过渡段冷却水套；3—排熔盐孔；4—反应区冷却水套；5—通氯管；6—石墨电极；7—熔盐；
8—耐火炉衬；9—扩大段冷却水套；10—扩大段；11—炉气出口；12—炉盖；13，14—加盐孔

熔盐氯化法的缺点是为了降低炉内熔盐的黏度，在配料时按比例加入了 NaCl，这无疑增加了废熔盐的产生量，另外，净化含氯尾气所产生的次氯酸钙或次氯酸钠，因量太大还不能加以很好的综合利用。

目前我国已有企业引进了熔盐氯化工艺，对该工艺还需进行如下改进：（1）大型化；（2）改进加料和布气方法，使炉料和氯气在炉中更均匀分布，提高回收率和氯气利用率；（3）改进工艺条件和操作方法：适当提高氯化温度和流态化速度，以减少炉体排渣量；（4）改进控制技术：研究采用计算机自动控制技术，以使配料更准确，反应更完全；（5）采用高品位原料和高效收尘设备，简化或省去沉降过滤工序；（6）改进炉后系统减少三废处理量：采用将泥浆返回氯化炉的方法，减少随渣带出的四氯化钛量，提高四氯化钛回收率；（7）加强工厂环境治理和安全管理；提高系统的密闭性，解决跑冒滴漏和周围环境在线检测装置及控制系统；建立工厂安全管理和事故应急处理系统安全生产。

引进熔盐氯化工艺，这对很好地利用我国本土含钙、镁较高的原料是一种较为适当的

选择。但是，对废熔盐的处理、对次氯酸钙或次氯酸钠的综合利用，已是摆在引进熔盐氯化工艺企业面前的一项迫切任务。

沸腾氯化法，使用天然金红石、人造金红石或氯化法钛渣，这些富钛料中的杂质含量少，而且这些杂质的特点是形成氯化物后的挥发点低，绝大部分随着反应生成的混合气体出炉，在炉外的收尘器中凝结并被收集下来，即所谓的"上排渣"。经过几十年的使用、研究与开发，以美日为代表的沸腾氯化法已形成一套完美的生产流程，在海绵钛行业、钛白行业得到了广泛的应用。美国和日本应用低钙镁含量的富钛料作为氯化的原料，采用有筛板流态化氯化炉，氯气通过炉底的筛板布气，在床中分布比较均匀。富钛料和还原剂的混合料采用气压送入炉内均匀分布，使富钛料与还原剂和氯气能密切接触，氯化反应在炉内能有效的发生，保证了三种物料较完全反应。并且自控技术保证氯化配料的准确性，这样就可提高金属回收率和氯气利用率，并降低出炉气体的自由氯含量。氯化炉底部不排渣，把氯化后的所有物料（包括反应产物和未反应的残留物）都从炉顶逸出炉外，炉尘和炉渣在收尘器中收集排出。在四氯化钛淋洗和冷凝过程中产生的含固体物泥浆全部返回氯化炉中处理，回收其中的四氯化钛，固体物也在收尘器中收集。因为原料品位高、杂质少、采用高效的收尘设备（如旋风收尘）收尘效率高，收尘较完全，四氯化钛不需要经过沉降过滤，固液分离。这种操作方法不仅工艺流程简单，且回收率高，达95%~98%。

日本大阪钛公司的氯化—精制四氯化钛生产工艺流程如图7-2所示。氯化炉的操作温度较高（1050~1100℃），氯气入炉压力高（0.15~0.20MPa），氯化炉出来的炉气经旋流器急冷至200℃，分离出的高沸点氯化物如$FeCl_2$、$MnCl_2$等进入C罐。从收尘器出来的气体，用经-25℃冷冻盐水冷至-10℃的四氯化钛在淋洗塔中淋洗，被液化捕集下来的$TiCl_4$收入A罐。残存的$TiCl_4$蒸气进入冷凝器冷至-10℃，进一步被捕集来的$TiCl_4$流入B罐，混合气中的雾状$TiCl_4$经旋流后流入B罐中。A、B二罐的粗$TiCl_4$送到蒸发器处理。为除去粗$TiCl_4$中的杂质$AlCl_3$、$ZrCl_4$、$NbCl_5$等，加入适量水处理使之净化；然后加入除钒剂除去钒及微量Fe。除钒后液体蒸发，经冷却后进入精馏塔，通过侧塔活性炭吸附微尘后进入冷凝器冷凝并冷却，进入储罐接收的精$TiCl_4$纯度达99.95%以上。塔底连续排出残渣液。

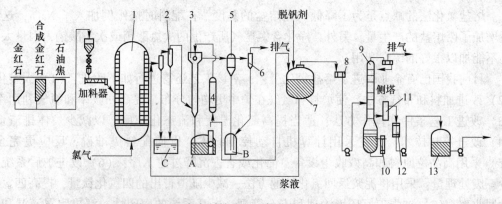

图 7-2　日本大阪钛公司四氯化钛生产工艺流程

A，B，C—粗四氯化钛储罐；1—氯化炉；2—旋流器；3—淋洗塔；4—盐水冷却器；5，8，12—冷凝器；
6—旋流器；7—蒸发器；9—精馏塔；10—再沸腾；11—侧塔；13—精四氯化钛储罐

我国已有企业采用沸腾氯化法，使用的是进口原料，为适用我国含钙、镁较高的原料，我国冶金工作者进行了一定改进，开发了一种无筛板沸腾氯化工艺。

无筛板沸腾氯化法基于以美国、日本为代表的沸腾氯化法不能处理我国本土含钙、镁较高的原料，而采用熔盐氯化工艺，又担心废熔盐难以处理的情况下而诞生的。这项成果是我国钛冶金工作者为使用 CaO+MgO 含量较高的原料生产海绵钛作出的巨大贡献，在我国 $TiCl_4$ 生产企业中得到了广泛应用。氯气通过炉底的分布装置布气；富钛料和还原剂的混合料采用螺旋送入炉内进行氯化反应，未反应的残渣和生成的高沸点氯化物（如钙、镁、锰等氯化物）从炉底排出。氯化后的出炉产物经隔板式收尘器冷却收尘，排出收尘渣。除尘后的气体经过用冷四氯化钛淋洗和冷凝器冷凝，将四氯化钛冷凝下来；不凝气体经隔板式气液分离，逸出的气体处理后排放。冷凝的四氯化钛中的固体物经用沉降、过滤方法分离，并排出分离出来的泥浆或滤渣。这种流程排出的废料较多，有炉底排出的氯化残渣、收尘器排出的收尘渣、沉降排出的泥浆和过滤排出的滤渣。这些排出的废料中均含有相当数量的四氯化钛，这些四氯化钛未回收造成损失较大，因此氯化过程的回收率低，大约为 90%。目前，由于后期投入不足（包括人力），同时受到当时我国海绵钛生产产能的制约，对无筛板沸腾氯化的后续工艺如收尘、冷凝、淋洗、泥浆回收、尾气净化等没能进行更深一步的研究，以致我国的无筛板沸腾氯化工艺存在着许多缺点，主要有：（1）氯耗高，泥浆回收困难，尾气净化投入高且又不易达标排放；（2）不能连续生产（排渣时需停产），影响镁电解的正常运行；（3）由于反应温度提高，硅、铝等杂质的氯化率也提高，造成粗 $TiCl_4$ 中杂质含量增加，尤其是其中的 Si_2OCl_6 极难去除，进而影响到精 $TiCl_4$ 及海绵钛的质量；（4）无筛板沸腾氯化炉炉型及产能都偏小，不能满足大型海绵钛企业及大型钛白企业的要求。因此，我国的无筛板沸腾氯化工艺存在重大缺欠，仍需作出重大改进。

国内沸腾氯化工艺设备流程如图 7-3 所示。氯化设备由三部分组成：一部分是原料准备设备，第二部分为流态化氯化炉，第三部分为炉后处理设备。

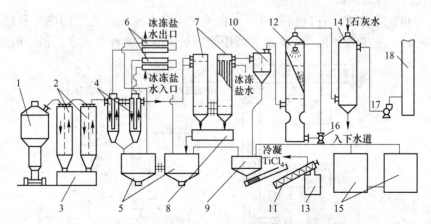

图 7-3 沸腾氯化设备流程

1—沸腾氯化炉；2—隔板除尘器；3—烟尘清理室；4—$TiCl_4$淋洗塔；5—$TiCl_4$循环泵槽；6—冷却器；
7—列管冷凝器；8—中间储槽；9—多尔浓密机；10—捕集器；11—泥浆蒸发器；12—尾气淋洗塔；
13—渣桶；14—淋洗塔；15—粗 $TiCl_4$ 贮槽；16—循环泵；17—风机；18—烟囱

7.2.3   精制

精制工序的任务是要把氯化工序制造的粗四氯化钛提纯为精四氯化钛，供还原工序使用或作为氯化法制取钛白的原料。

粗四氯化钛是一种棕红色或深黄色的浑浊液，其中含有少量固体物，它的颜色与其组成有关，它的组成与氯化使用的原料、氯化方法和氯化工艺有关。粗四氯化钛的成分十分复杂，氯化使用的原料富钛料、还原剂和氯气中的杂质和氯化过程中的反应产物都可能进入粗四氯化钛中。尽管在氯化工序中已对从氯化炉逸出的四氯化钛进行了一些净化处理，但氯化的产品粗四氯化钛中的杂质种类仍然繁多，杂质数量达数十种，其中一些杂质含量很少，而 $SiCl_4$、$FeCl_3$、$VOCl_3$、$TiOCl_2$ 和一些有机杂质的含量较高，而且这些杂质对四氯化钛及其后续产品的性能危害最大，因此它们是分离提纯的主要对象。

粗四氯化钛中的杂质对于用作制取海绵钛的原料而言，几乎都是程度不同的有害杂质，特别是氧、氮、碳、铁、硅等元素。

为提纯粗四氯化钛，工业上通常用过滤法除去固体悬浮物或者用物理法（蒸馏或精馏）和化学法除去溶解在四氯化钛中的杂质。

蒸馏法是基于溶解在四氯化钛中的杂质（如金属氯化物）的沸点与 $TiCl_4$ 沸点的差别。在一定温度下，沸点不同的物质挥发进入气相的能力不同，以及平衡时它们在气相中的分压比和液相中的浓度比不同。工业上采用精馏法，利用各种氯化物沸点的差异，可以除去粗四氯化钛中的大部分杂质。但杂质 $VOCl_3$ 的沸点与 $TiCl_4$ 的沸点（136℃）接近，用精馏法很难除去。

关于 $VOCl_3$ 的去除，我国钛工业伴随着氯化技术的引进，粗 $TiCl_4$ 精制技术也被引进，即伴随着引进以美国、日本为代表的沸腾氯化技术，引进了有机物除钒法，伴随着引进熔盐氯化技术，引进了铝粉除钒法。加上我国自有的铜丝气相除钒法，这样就形成了 3 种除钒方法在我国共存的局面。

（1）有机物除钒法。有机物除钒法是在美国、日本得到广泛应用的一种除钒方法，该方法的一种工艺流程如图 7-4 所示。可用于除钒的有机物种类很多，但一般选用油类

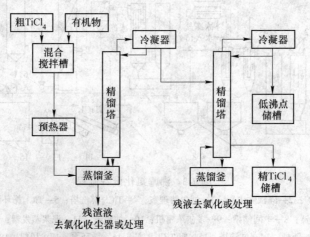

图 7-4   有机物除钒精制流程

（如矿物油或植物油等）。将少量有机物加入 $TiCl_4$ 中混合均匀，将混合物加热至有机物碳化温度（一般为 120~150℃）使其碳化，新生的活性炭将 $VOCl_3$ 还原为 $VOCl_2$ 沉淀，或认为活性炭吸附钒杂质而达到除钒目的。

我国企业引进了该方法并在生产中应用取得了成功，但我国自行研制的有机物除钒法却遇到了问题：有机物在加热过程中被炭化并与 $TiCl_4$ 发生聚合反应，生成的残渣量多，易在器壁上黏结成疤，不仅影响传热，而且极难清除；除钒后的 $TiCl_4$ 在冷却时，会析出沉淀物，堵塞管路和冷凝器；还有少量的有机物溶于 $TiCl_4$ 中，形成少量的炭残存在精 $TiCl_4$ 中，不仅影响精 $TiCl_4$ 的质量，而且影响到海绵钛的质量。

我国的有机物除钒法遇到的问题是否与粗 $TiCl_4$ 中杂质含量高有关，还有待研究。

（2）铝粉除钒法。铝粉除钒实质上是 $TiCl_3$ 除钒，其工艺流程如图 7-5 所示。首先用精 $TiCl_4$、铝粉和氯气（$Al + TiCl_4 + Cl_2 = TiCl_3 + AlCl_3$）制成 $TiCl_3$-$AlCl_3$-$TiCl_4$ 浆液，然后将浆液定量加入粗 $TiCl_4$ 中，发生如下反应：

$$VOCl_3 + TiCl_3 = VOCl_2\downarrow + TiCl_4$$

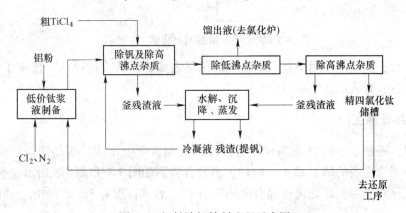

图 7-5　铝粉除钒精制流程示意图

除钒后的粗 $TiCl_4$ 再经过精馏处理后得到精 $TiCl_4$。$VOCl_2$ 经过回收处理后得到 V_2O_5。可以说，铝粉除钒是比较完美的除钒方法。

（3）铜丝气相除钒法。我国在生产海绵钛的初期，曾采用过铜粉除钒法。在 20 世纪 60 年代对铜除钒法进行了改进研究，研究成功了铜屑（或铜丝）气相除钒法，后来在工厂应用。将铜丝卷成铜丝球装入除钒塔中，气相四氯化钛连续通过除钒塔与铜丝球接触，使钒杂质沉淀在铜丝表面上。当铜表面失效后，从塔中取出铜丝球，用酸水洗涤方法将铜表面净化，经干燥后返回塔中重新使用，在酸洗过程中，沉淀在铜丝表面的钒杂质进入酸洗液，并有部分铜溶入酸洗液中。铜丝除钒法精制四氯化钛的工艺流程如图 7-6 所示。采用该流程，因四氯化钛中可与铜反应的 $AlCl_3$ 和自由氯等杂质已在除钒前除去，所以可减少铜耗量。

铜丝耗量主要与原料含钒量有关，也与铜丝比表面积有关。每处理 1t 含 0.06% $VOCl_3$ 的 $TiCl_4$，铜丝耗量 2kg 左右；每处理 1t 含 0.2% $VOCl_3$ 的 $TiCl_4$，铜丝耗量 4kg 左右。随着铜丝耗量的增加，铜丝塔的使用周期随之降低。

在这三种除钒方法中，我国自有的铜丝气相除钒法是消耗最大、污染最严重、成本最高的一种方法。铜丝塔气相除钒不能连续生产，而且单台塔产量低，严重制约了我国海绵

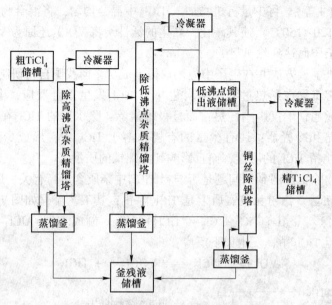

图 7-6　铜丝除钒精制四氯化钛工艺流程

钛产能的扩大；铜丝球使用中要求不断地活化其表面，而清洗铜丝球又带来了新的污染；钒铜混合物没有有效的回收手段。

7.2.4　还原-蒸馏生产

在我国，还原-蒸馏生产有两种炉型，即以抚顺钛业公司为代表的半联合 I 型炉和以遵义钛业公司为代表的倒 U 型炉。两种炉型装置分别如图 7-7 和图 7-8 所示。前者目前有 5t 炉，以及从乌克兰钛研究设计院引进的 7.5t 炉，后者目前有 5t、8t、10t、12t 炉。

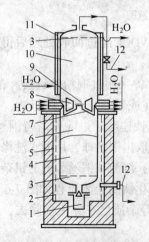

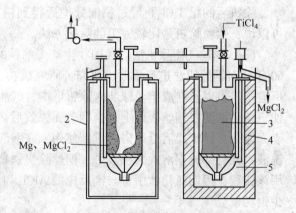

图 7-7　半联合装置示意图

1—真空罩；2—电阻炉丝；3—活底；4—还原产物；
5—电阻炉；6—反应罐；7—反应罐盖；8—隔热板；
9—镁盲板；10—冷凝器；11—冷却套筒；12—真空管道

图 7-8　倒 U 型装置示意图

1—真空泵；2—冷却器；3—还原产物；
4—加热炉；5—反应罐

这两种炉型有一个共同的特点，即还原-蒸馏都在同一个炉子内进行，都取消了还原过程的通风散热系统,仅靠炉子的自然散热来维持还原过程的生产。为了维持炉子的热平衡,防止产生过多的热量而不能散发出去,加料速度仅能维持在200kg/h左右。否则,将会使还原罐内反应温度上升,导致生成致密性海绵钛,即所谓的"硬芯"。加料速度慢大大延长了还原反应的加料时间,占炉周期和占用反应器的周期也都大大延长。

这说明要达到设计产能就需要建更多的炉子和设置更多的反应器,不仅增加了投资,而且也相应增大了占地面积。每台炉子都需要设置一套真空系统,而炉子有一半时间处于闲置状态,也是一种浪费。根据两家海绵钛生产企业的调查,这种取消了还原过程的通风散热系统的炉子,在一个完整的生产周期内,还原所用时间大致与蒸馏所用时间相等,这是极不正常的现象。据报道,日本海绵钛生产企业还原期间的加料速度已达500~600kg/h,我国从乌克兰钛设计院引进的海绵钛生产线,还原期间的加料速度也在400kg/h左右。值得指出的是,尽管从乌克兰引进的炉子,仍然是传统的将还原炉和蒸馏炉分开的半联合I型炉,但与国内的半联合I型炉相比,无论是炉子的各项技术经济指标,还是产品的质量,都有很大的优势。国内的半联合I型炉单炉周期产能低,难以取得较好的技术经济指标。

7.2.5 电解镁的生产

国内建设的镁电解槽分为两种槽型,一种是从乌克兰钛设计院引进的无隔板槽,一种是美国、日本使用过的所谓的"多极槽"。

无隔板槽引进后,一直用于菱镁矿生产氯化镁再电解制镁的流程。用菱镁矿生产氯化镁再电解制镁的流程是一个不成熟的流程,虽然经过多次技术改进,比如使用经过煅烧后的菱镁矿、将煅烧后的菱镁矿制球后再入氯化炉等,但仍然没有有效手段将菱镁矿中的有害杂质去除,而这些有害杂质又进入了电解质中,进而影响了电解槽的各项技术经济指标。多极槽与无隔板槽相比有很大的优势,但由于引进者还没完全掌握这种槽型的全部资料,尤其关于电解槽的各类计算、母线的计算与电流密度等均无详细的资料。

由于生产海绵钛而得到的氯化镁非常纯净,可以用来生产高纯氧化镁($MgCl_2 + H_2O = MgO + 2HCl$),副产物盐酸可电解生成氢气和氯气(氯气返回氯化工序再利用)。我国已引进了盐酸电解技术,氢气液化后的用途很广,而高纯氧化镁的市场一直看好。这两种商品可以为海绵钛厂增加不少经济效益。

综上,我国海绵钛生产技术在各个环节上均落后于国外先进技术,所以在海绵钛生产大发展时期,大规模地引进了国外技术。但是,如何将国外引进技术与国内技术对接、如何利用国外技术和装备使用本土原料,还有很多工作有待开展。

7.3 致密钛生产进展

只有将海绵钛或钛粉制成致密的可锻性金属,才能进行机械加工并广泛地应用于各个工业部门。采用真空熔炼法或粉末冶金的方法就可实现这一目的。

熔炼法可以制得金属钛锭。钛及钛合金的熔炼主要分为两类:真空自耗和真空非自耗熔炼。真空自耗熔炼主要包括真空自耗电弧熔炼(VAR)、电渣熔炼以及真空凝壳炉熔炼。真空非自耗熔炼主要包括真空非自耗电弧熔炼、冷坩埚感应熔炼、冷床炉熔炼,而冷床炉熔炼又分为电子束冷床炉熔炼（electron beam cold hearth melting）和等离子束冷床炉熔炼（plasma arc cold hearth melting）。目前钛及钛合金铸锭的工业化生产中应用最广泛的是真空自耗电弧熔炼和冷床炉熔炼。

7.3.1 真空自耗电弧熔炼法

真空电弧熔炼法广泛应用于生产致密稀有高熔点金属，这一方法是在真空条件下，利用电弧使金属钛熔化和铸锭的过程。由于熔融钛具有很高的化学活性，几乎能与所有的耐火材料发生作用而受到污染。因此，在真空电弧熔炼中通常采用水冷铜坩埚，使熔融钛迅速冷凝下来，大大减少了钛与坩埚的相互作用。

自耗电极电弧熔炼（VAR）是将待熔炼的金属钛制成棒状阴极，水冷铜坩埚作阳极，在阴、阳极之间高温电弧的作用下，钛阴极逐渐熔化并滴入水冷铜坩埚内凝固成锭。图7-9所示为真空自耗电弧炉示意图。这种熔炼方法的阴极本身就是待熔炼的金属，在熔炼过程中不断消耗，因此称为自耗电极电弧熔炼，如在真空中进行，则成真空自耗电极电弧熔炼。在真空自耗电极电弧熔炼过程中，钛阴极不断熔化滴入水冷铜坩埚，借助于吊杆传动使电极不断下降。为了熔炼大型钛锭，采用引底式铜坩埚，即随着熔融钛增多，坩埚底（也称锭底）逐渐向下抽拉，熔池不断定向凝固而成钛锭。

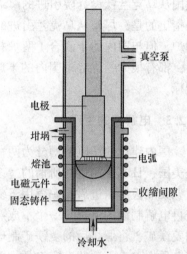

图 7-9　真空自耗电弧炉示意图

由于熔炼过程在真空下进行，而熔炼的温度又比钛的熔点高得多，熔池通过螺管线圈产生的磁场作用对熔化的钛有强烈搅拌作用，因此海绵钛内所含的气体氢及易挥发杂质和残余盐类会大量排出，真空自耗电极电弧熔炼有一定的精炼作用。

熔炼过程的主要技术经济指标是钛锭的质量、金属回收率、熔炼生产率及电耗等。影响钛锭质量的因素有如下几个方面。

VAR技术的优点是熔炼速度快；工艺自动化程度高、操作简单、可生产大型铸锭，可满足一般工业要求，对于易挥发杂质和某些气体的去除有良好的效果；能降低高蒸气微量元素的含量；可得到从下向上的近定向凝固柱状晶；降低宏观偏析和微观偏析；多次重熔后铸锭的一致性和均匀性较好；随着科学技术的进步，技术不断完善，通过运用先进的技术，生产出了大规模、低偏析、高质量的铸锭。

VAR技术也存在着一些不足，如熔炼易偏析合金元素较多的钛合金时，仍然会出现宏观和微观偏析；容易产生组织缺陷；必须用较大的压力机制备自耗电极；残料利用率低；不能有效去除低、高密度夹杂。另外，该工艺回收废料困难，生产的铸锭发生夹杂的频率很高，因而限制了它在熔炼高质量合金中的应用。现在自耗电极电弧炉多用来重熔铸锭，这在一定程度上克服了上述缺点，可生产致密、无缺陷、成分均匀的铸锭。

VAR技术经过50多年的发展，已经较为完善成熟，近年来的技术发展主要表现在5个方面：

（1）铸锭尺寸大型化。电弧熔炼是一种批次工艺，因此增大批次规模会提高效率。随着现代工业对大型锻件的需求逐渐增多，需要较大规格的铸锭。大型 VAR 炉在国外的制造技术生产、工艺已经较为成熟和完善，据了解大型 VAR 炉可熔炼直径为 1524mm、质量达 30t 的钛铸锭，国外工业发达国家熔钛用真空自耗电弧炉吨位多为 8~15t。我国钛熔炼主要采用 VAR 炉，但炉型较小，20 世纪 90 年代增设了 6t VAR 炉，2002 年以后，宝钛集团先后引进 4 台 10t 炉，宝钢集团引进 2 台 10t 炉，1 台 15t 炉，西部钛业引进 2 台 8t 炉，1 台 12t 炉，西部超导公司也先后引进 4 台 8t 炉，铸锭生产实现了大型化。

（2）工艺自动化。VAR 炉全自动重熔工艺日趋成熟。现代炉采用先进的计算机自动电控盒数据收集系统，根据重熔配方进行电脑控制重熔工艺，重熔对给定的合金和铸锭规格建立良好的熔炼模式，并分析熔炼过程中出现的问题，获得良好的铸锭表面质量和内在的冶金质量，提高金属成品率。目前 VAR 熔炼的工艺模拟已经发展到能合理准确预测凝固条件，熔池深度和化学成分。新一代模型要求能够预测结晶特征，并给出结晶时的三维条件。

（3）生产高效化。自动称重混布料系统、大型真空等离子焊箱、残极焊接装置等辅助设备的应用，能够制造出高质量的自耗电极，使 VAR 工艺更具有稳定性和重复性，提高铸锭质量和成品率，此外，国外设计的 VAR 炉通常采用双工位布置方式，熔炼时在两个工位交替进行，提高了生产效率。

（4）供电方式的改变。过去的炉供电方式为非同轴的，当强大的电流通过电路时，产生很强的磁场，使熔炼过程电弧不稳定。现在新型的 VAR 炉均采用同轴型供电方式，可以抵消磁场的影响，防止偏析产生，特别是针对大型铸锭，采用这种供电方式非常有必要。

（5）数值模拟技术的发展。VAR 技术虽然工艺简单、操作方便，但由于热源的特点导致熔体温度分布不均，从而使所得铸锭存在成分、组织不均匀，易出现凝固缺陷等问题，而铸锭重熔凝固过程中的成分、组织特征与其温度场的分布直接相关，因此，探讨铸锭温度场分布规律与工艺参数的关系是获得成分、组织均匀的高品质铸锭的基础。近年来，国内外学者多采用数值模拟方法研究 VAR 工艺过程的温度场、电磁场和流场等特征，法国的 Hafid 等人建立了数学模型来研究 VAR 过程中自耗电极的热行为，利用模型成功预测熔炼速度以及自耗电极底部形状变化，并通过实验验证模型的准确性。

7.3.2　冷床炉熔炼技术

冷床炉熔炼技术是在航空用钛合金高质量、高可靠性的迫切需求的形势下出现的，在解决低、高密度夹杂及成分均匀性方面比较好地解决了真空自耗电弧熔炼的不足，与真空感应熔炼相比，也更适合工业化生产。近 20 年来，国外学者在冷床炉熔炼的数值模拟、工艺简化、参数优化、显微组织改进等方面进行了大量的研究开发工作，这将成为未来高性能、多组元、高纯度钛合金和金属间化合物研究及生产不可缺少的技术。

在航空飞行史上，有不少飞行事故是由于钛合金的冶金缺陷引起零件的提前断裂，从而导致发动机和飞机失效，据美国 FAA（联邦航空局）的报道，1962~1990 年，美国共有 25 起飞行事故是由和熔炼工艺相关的缺陷引起零件的失效或早期断裂造成的，其中影响最为严重的冶金缺陷是硬夹杂物和高密度夹杂物，有数据统计表明，能被检测出的硬夹杂只占总数的 1/100000，大部分硬夹杂物没有被检测出来。因此，提高钛合金的冶金质量成为钛发展和研究的关键技术之一，直接影响航空发动机和飞机的使用可靠性。1989年，美国 Iowa 州 Sioux 城发生的 DC-10 坠机事件造成 111 人遇难，经调查，事故原因是发动机的钛合金一级风扇盘上存在硬夹杂，造成了盘件的早期疲劳断裂。这次灾难性事故进一步说明了钛合金部件冶金质量的重要性。

冷床炉熔炼技术是 20 世纪 80 年代发展起来的一种生产洁净金属的先进熔炼技术，其独特的精炼水平可以有效地消除钛合金中的各类低、高密度夹杂物，解决了长期困扰钛合金工业界和航空企业的一大难题，已成为当前生产航空发动机钛合金转动部件不可替代的先进熔炼技术。国外先进企业采用冷床炉进行钛合金熔炼，解决铸锭高、低密度夹杂问题，被作为预防航空转动件和关键结构件冶金缺陷、避免引起灾难事故的关键技术，是实现钛合金材料零缺陷纯净化技术的重要途径。美国现行宇航材料标准中要求重要用途关键部件的钛合金材料必须使用冷床炉制备技术。

冷床炉在设计上将熔炼过程分为 3 个区域：熔化区、精炼区和结晶区。在熔化区，原料由固态变成液态后流向精炼区；在精炼区，由于钛液在冷床上可停留较长时间，可有效去除易挥发杂质（如 H、Cl、Ca、Mg 等），低密度夹杂（如 TiN）可以上浮至熔池表面通过溶解消除，而高密度杂质（如 W、WC 等）则可以下沉至冷床底部被凝壳捕获，并充分实现合金化、减小偏析；在结晶区，通过溢流嘴流入结晶器，凝固成圆形铸锭或扁锭，冷床炉示意图如图 7-10 所示。

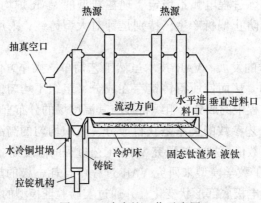

图 7-10 冷床炉工作示意图

冷床炉根据热源不同，可分为电子束冷床炉和等离子束冷床炉。电子束冷床炉以电子束为加热源，在高电压下，电子从阴极发出，经阳极加速后形成电子束，在电磁透镜聚焦和偏转磁场的作用下轰击原料，电子的动能转变成热能，使原料熔化，可以熔化各种高熔点金属。电子束冷床炉要求在 10^{-3} Pa 高真空下进行，高真空有利于去除钛合金中的低熔点挥发性金属和杂质，起到提纯作用。等离子束炉以等离子束为热源，等离子束与自由电弧不同，它是一种压缩弧，能量集中，弧柱细长，与自由电弧相比，等离子束具有较好的稳定性，较大的长度和较广的扫描能力，从而使它在熔炼、铸造领域中具有独特的优势。

与真空自耗电弧熔炼相比，电子束冷床炉熔炼具有很多优势：（1）可以采用多种形式的原材料如散状海绵钛、残料以及钛屑等，无需压制电极，缩短原材料准备时间，降低成本，提高生产效率；（2）能够大量使用经济的原材料，如含有碳化钨杂质的切削料，残料添加比例可达100%；（3）能够有效去除易挥发杂质以及低、高密度夹杂；（4）通过控制功率，控制钛熔体在冷床中的停留时间，保证合金元素充分均匀化，避免偏析，熔炼速度和熔池温度可以灵活控制；（5）可生产不同截面的铸锭如圆锭、扁锭或空心锭，减少板材与管材生产时的后续加工，可明显减少金属加工损耗，采用矩形截面的锭坯用于板材生产可以显著提高金属收得率；（6）通过对进料口和溢流嘴的控制，可以实现一次成锭，一炉多锭，降低熔炼费用，提高生产效率。

与电子束冷床炉熔炼工艺相比，等离子束冷床炉熔炼工艺有如下特性：（1）等离子束作为热源熔炼钛合金时，等离子枪是在接近大气压的惰性气氛下工作，可以防止Al、Cr、Sn、Mn等高挥发元素的挥发，可实现高合金化和复杂合金化钛合金元素含量的精确控制；（2）等离子枪产生的He或Ar等离子束是高速和旋转的，对熔池内的钛液能起到搅拌作用，有助于合金成分的均匀化；（3）等离子冷床炉熔炼时熔池大、深度相对较深，可以实现溶液的充分扩散；（4）等离子是在接近大气压气氛下工作，因此不受原材料种类的限制，可以利用散装料，如海绵钛、钛屑、浇道切块等，也可以用棒料送入，而电子束炉需要在高真空度下工作，在熔炼由海绵钛组成的进料时，因海绵钛中释放的气体会使得真空度下降，无法保证电子束枪的正常工作；（5）熔炼时需要消耗大量惰性气体（氩气或氦气），增加了熔炼成本，为了降低成本，回收利用昂贵的氦气，大型炉常需配备惰性气体回收装置；（6）生产效率不如EB炉，在同样功率下，EB炉的熔炼速率约为PA炉的2倍，所以在冷床炉熔炼中，纯钛的熔炼主要以电子束为主。

7.3.2.1 EB炉技术发展现状

目前世界上能生产冷床炉的公司主要有4家，即美国的Retech公司、Consarc公司、德国的ALD公司和乌克兰的巴顿焊接研究所。冷床炉熔炼技术在国外发展较快，应用最广，尤其是美国冷床炉熔炼技术发展最成熟，生产能力最大，产能约占美国钛熔炼总产能的45%。

电子束冷床炉根据电子枪工作原理不同又可分为冷阴极和热阴极电子枪加热，目前应用最广的是传统的热阴极电子束冷床炉。如美国Allvac公司1999年安装了全世界最大的EB冷床炉，功率为5600kW，8枪，2供料系统，最大铸锭22.7t；德国DTG公司从ALD购买了11台EB炉并于2008年初投入使用，最多可生产15t的铸锭；日本东邦公司采用改造过的1800kW电子束冷床炉实现钛的工业化生产，可生产660mm×1350mm×2750mm优质纯钛扁锭。针对冷阴极电子束冷床炉，除乌克兰、俄罗斯具备该项技术外，其余国家均未涉足。辉光放电冷阴极电子枪首先由乌克兰科学院巴顿焊接研究所研制成功，该电子枪取消了传统的钨丝结构，无需加热到高温的部件，枪体本身不需要抽真空，结构简单，操作方便，使用寿命长达1000h，其性能远优于传统的热阴极电子枪，可使生产效率提高1倍多。熔炼可在较低真空度甚至接近大气压下进行，该方法的明显优点是可以防止高挥发元素的烧损，实现钛合金高合金化和复杂合金化的元素含量的精确控制，特别适合钛合金铸锭的生产。该方法可大大降低成本，提高生产效率。国内北京长城钛金公司于2008年成功设计制造冷阴极电子枪，其性能达到国际同类产品先进水平。目前，该公司已经能够制造100~600kW的大功率冷阴极电子枪，但是大型电子束冷床炉成套设备还不能独立生产，只能依靠进口。

我国的电子束冷床炉熔炼技术起步较晚，目前国内共有8台电子束冷床炉，西北有色金属研究院于 2000 年从德国购买了我国第一台电子束冷床炉，总功率 500kW，生产的铸锭尺寸较小，只能作为科研和中试用。宝钛集团于 2005 年从德国引进 2400kW 电子束冷床炉，可熔炼圆锭和扁锭，已实现工业化生产，圆锭直径达 736mm，扁锭截面尺寸为 370mm×1340mm，铸锭最大长度为 5000mm，最大质量可达 11t。宝钢特钢 2008 年从美国引进的 3200kW 单结晶室双坩埚电子束冷床炉已完成安装调试，可实现工业化生产，圆锭直径达到 860mm，最大质量达 12t，扁锭截面尺寸为 400mm×1200mm，最大质量达 10t。另外中船舶 725 所 2010 年从德国购置的 32000kW 电子束冷床炉、青海聚能钛业从乌克兰购置的 3150kW 电子束冷床炉、云南钛业从美国引进的 3200kW 电子束冷床炉以及攀枝花云钛实业从乌克兰引进的 3150kW 电子束冷床炉均已完成安装调试，具备工业化生产能力。青海聚能钛业 2012 年从美国引进 4800kW 双工位电子束冷床炉，是国内功率最大的冷床炉，目前已安装调试完成，每年可生产 50000t 钛及钛合金铸锭。

EB 技术发展主要表现在以下几个方面：

（1）海绵钛垛直接熔炼钛锭。为进一步降低生产钛锭的成本和劳动量，减少熔炼损失率，乌克兰巴顿所首次在世界上研制出 EB 熔炼 0.7t 重海绵钛垛工艺，省去了海绵钛破碎工序，研究结果表明海绵钛垛的熔炼速率与块状废料的熔炼速率相接近，熔化钛垛比熔炼粒度 10~70mm 的破碎海绵钛损失率低 30%~40%，工艺经济指标提高 20%。

生产的纯钛板坯组织均匀，无气孔、非金属夹杂等缺陷，杂质含量均在标准要求范围内。目前乌克兰巴顿所已经可以直接熔炼质量达 4t 的海绵钛垛。此外，采用未经破碎的海绵钛垛熔炼钛合金锭工艺正在研究中，目前已实现了部分高合金化的钛合金铸锭的熔炼。

（2）数值模拟技术。采用电子束冷床炉熔炼钛合金时，存在合金元素易挥发、化学成分难控制的问题，而通过建立合金元素挥发过程中的数学模型来预测熔炼合金铸锭的化学成分，并通过合金补偿方式来确保铸锭达到既定的化学成分，成为各国学者争相研究的重点。

乌克兰 Zhuk G. V. 等人建立 Ti-6Al-4V 合金在电子束冷床炉熔炼过程 Al 元素挥发动力学的数学模型，结合质量及能量平衡方程来研究熔炼速度、电子束功率以及原料成分对铸锭最终成分的影响，并通过实验验证数学模型的准确性。乌克兰巴顿所建立合金成分挥发过程数学模型，并利用该模型成功熔炼直径为 400mm 且符合 GOST 标准的 VT6 和 VT22 钛合金铸锭。

国内目前建立了电子束冷床炉熔炼过程中传质数学物理模型，掌握了电子束冷床炉熔炼钛合金过程元素挥发与工况条件之间的关系和工艺参数对成分分布的影响规律，实现了目标成分的准确预测。

（3）单次合金锭熔炼技术。由于 VAR 法不能有效去除低、高密度夹杂，两次 VAR 法或多次 VAR 法在一些关键领域的应用受到限制。作为一种节约成本的方法，单次电子束冷床炉熔炼工艺已经成功用于生产纯钛板坯，并已经通过 AMS 标准认可。

（4）铸锭表面熔修技术。电子束冷床炉熔炼过程中会在铸锭表面产生冶金缺陷，需要通过机加工来消除，损失量达 5%~15%，为减少金属损失，乌克兰巴顿所成功开发电子束熔修铸锭表面技术来代替机加工技术，结果表明熔修后铸锭表面光滑，无明显裂纹和间断面，成功消除铸锭表面缺陷，提高成品率最高可达 15%。

（5）大型空心锭生产技术。为降低管材、环材生产成本，开发电子束冷床炉熔炼生产空心铸锭的工艺，可明显减少金属浪费，缩短后续加工工序，空心锭的工艺参数控制更为复杂，为此乌克兰 Zhuk G. V. 等人在实心锭的基础上建立了空心锭电子束冷床炉熔炼过程数学模型，确定了内径 200mm，外径 600mm 的 Ti-6Al-4V 空心铸锭的最佳熔炼参数，借助数学模型，巴顿所成功生产出 ϕ600/400mm×2000mm 大型空心锭，将空心锭轧制获得 ϕ2000mm、壁厚 50mm 的钛环。

7.3.2.2 PAM 炉技术发展现状

美国拥有世界上大部分的 PAM 炉，且开发时间早，如 GEAE 发动机公司在 1991 年就与 ALLVAC 公司采用 PAM+VAR 工艺生产钛合金，并将其用于发动机部件等关键应用领域。经过十几年的大力发展，美国具备了批量生产优质钛合金铸锭的能力，目前装备的冷炉床熔炼能力已占美国钛总熔炼能力的 45%，其中 20% 是采用等离子冷床炉生产的。单台设备的功率也在提高，如美国 RMI 公司在 2001 年安装了一台 2 支枪的等离子冷床炉，总功率 1000kW，可生产圆锭和扁锭，质量可达 7t。采用 PACHM 一次熔炼生产 TiAl 铸锭，最大尺寸达 ϕ660mm，质量为 2t，挤压和锻造成涡轮盘件。

俄罗斯的上萨尔达冶金生产联合体 VSMPO 于 2003 年安装了美国 Retech 公司生产的 8t 级的等离子冷床熔炼炉，该设备有 5 支等离子枪，功率为 4.8MW，可生产圆锭，也可生产扁锭，圆锭的最大直径可达 ϕ810mm，扁锭的最大截面尺寸为 1260mm×320mm，质量可达 8t，可直接投入板坯生产，预计年生产能力为 3600t。随着 VSMPO 的新等离子炉的投产，目前世界范围内等离子炉的总生产能力每年可达 11000t。

采用等离子冷床炉熔炼技术生产的钛合金已经应用于美国海军 F/A-18 飞机用的 F404 和 F414 发动机，今后还将逐步扩大应用于海军 F-14 和空军 F-18 飞机用的 F110 发动机，以及其他机型的 T406 和 F119 发动机。

尽管目前美国航空发动机转动部件等关键钛合金铸锭仍采用 HEARTH+VAR 的工艺，但单一冷床炉熔炼技术正在发展。根据目前的研究结果来看，单一的冷床炉熔炼工艺对于航空结构件用钛合金也是可行的，通过减少熔炼次数和炉床熔炼生产扁锭的优势，可以节约加工成本 20%~40%。美国从 1989 年 3 月到 1995 年 6 月，通过空军 ManTech 项目的资助，进行了单一 EBCHM 和单一 PACHM 熔炼技术的研究，结果表明，采用单一 PACHM 技术熔炼 TC4 扁锭直接用于板材轧制，经测试，板材的微观组织和拉伸性能满足 MIL-DTL-46077 标准的要求，并且提高了金属收得率，降低了成本。

与传统的钛合金相比，TiAl 基金属间化合物是非常难于熔炼和加工的，铸态粗晶组织的塑性很差，生产大型 TiAl 铸锭是一项非常大的挑战。美国 Allvac 公司采用 2 台等离子冷床炉尝试了生产小型和大型铸锭，生产的铸锭尺寸为 ϕ165~760mm，质量为 200~5450kg。

我国 2000 年后才开始 PACHM 技术的研究，北京航空材料研究院于 2003 年安装了 1 台美国 Retech 公司制造的 PACHM 炉，总功率为 600kW，该设备兼拉锭与浇铸功能于一身。北京航空材料研究院采用 PACHM 炉成功生产了 TC4 和 TiAl 铸锭，在合金的杂质元素含量、夹杂物和合金化元素含量控制等方面均取得了较大的成功。上海宝钢集团为提升市场竞争力，扩大熔铸能力，于 2008 年引进一台单结晶室双坩埚 PACHM 炉，总功率 3300kW，可生产的圆锭尺寸为 ϕ660mm×3000mm，最大质量为 7t，扁锭尺寸为 330mm×750mm×4500mm，最大质量为 5t。同时还为炉子配置了氩气回收再生系统，能够有效回收昂贵气体，降低熔炼成本。

在数值模拟方面，寇宏超等人建立有限元模型成功模拟了等离子冷床炉熔炼过程中 TiAl 合金中夹杂物粒子运动轨迹及停留时间。结果表明，钨、钼、铌等高密度夹杂物可由糊状区域捕获去除。夹杂物在冷床的停留时间取决于颗粒的密度和尺寸，夹杂物的密度和尺寸越大，停留时间越短。

7.3.3 粉末冶金法

由于钛是一种化学性质非常活泼的金属，在高温下极易与氧、碳、氮反应，导致产品性能显著下降，当熔炼温度达到 1800℃ 以上时，会与氧化铝、氧化锆等几乎所有的耐热材料发生剧烈反应，到目前为止还没有哪一种材料能够直接作为熔炼钛的坩埚。可见，钛熔炼对环境和设备的要求极高，生产成本难以降低。

粉末冶金钛合金具有组织细小均匀、成分可控、近净成型等一系列优点，是制造低成本钛合金的理想工艺之一。近年来对粉末钛合金的研究越来越多，其应用已经扩大到汽车等民用行业。研究证明：与熔锻钛合金材料相比，粉末冶金钛合金材料可以降低成本 20%~50%，而且拉伸性能达到甚至超过熔锻材的水平。然而由于粉末冶金钛合金中残余孔隙的存在以及工艺过程中杂质含量的增加，导致疲劳性能严重下降。为此提高致密度和净化工艺过程是钛合金粉末冶金研究者共同关心的问题。

粉末冶金技术在 1909 年就被用于制造电灯钨丝。它克服了难熔金属熔铸过程中的困难，而钛熔铸过程中遇到的问题正是粉末冶金技术的优势所在，因此把粉末冶金技术应用在钛合金的生产上是钛产业发展的必然。在 2008 年国际钛协会年会上就曾有专家提出，钛合金粉末冶金将是未来钛合金成型研究的热点之一。

钛粉末冶金的流程很简单，包括钛粉末混合、精密压制、烧结、整形精制部件等过程。其制备工艺，一般将钛粉和其他金属粉（如铝、钒等）混合，然后进行高能球磨合金化。由于是否能够得到粒度细小、成分可控的粉末原料对烧结后 TC4 钛合金的性能起着至关重要的作用，因此需通过高能球磨将钛合金粉的粒度控制在 D50 不大于 $10\mu m$。此外，高能球磨应在氩气保护下进行，整个过程中严格控氧，使最终得到的 TC4 钛合金粉的氧含量低于 0.12%。由于钛粉粒度越小越容易受到污染，尤其是受到氧的污染，因此为了控制最终制品中的氧含量，要对高能球磨后的合金粉末用抗氧化剂进行防氧化包覆处理。将经防氧化包覆处理后的钛合金粉在冷等静压机上进行冷等静压成型。根据最终产品的尺寸和形状设计模具，这在一定程度上可实现产品的近净成型，体现了粉末冶金产品少切削、节约原材料的独特优势。将冷等静压成型后的 TC4 钛合金坯在真空烧结炉中进行烧结。烧结温度控制在 1000~1300℃ 之间，真空度不小于 $2×10^{-3}Pa$。经过真空烧结后 TC4 钛合金件相对密度可以达到 99% 以上，具有优异的力学性能，可以直接作为承力件使用，也可以用来作为挤压坯料挤压型材，还可以作为锻造坯料用于锻制形状复杂的零件。

北京科技大学粉末冶金研究所采用合金化粉末，经过冷等静压成型、致密化烧结，可以得到各种形状的粉末冶金钛合金件，如图 7-11 所示。

国内外在粉末冶金钛的工艺、材料、性能研究等方面已经开展了一系列的工作。L. Bolzoni 等人通过对用不同粉末原料粉末冶金成型钛合金的研究证明，利用传统、廉价的单轴冷压和烧结可直接获得与锻造钛性能相当的钛粉末冶金件。H. P. Ng 等人通过对粉

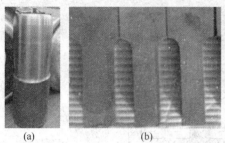
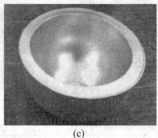

图 7-11 不同形状的 TC4 钛合金粉末冶金件

(a) 圆棒形；(b) 异形；(c) 碗形；(d) 球形

末成型工艺的研究，可在 1100℃烧结 4h 后得到相对密度达到 99.7% 的 TC4 钛合金件，其抗拉强度为 1036MPa，伸长率为 11.1%。国内西北有色金属研究院、广州有色金属研究院、航天材料及工艺研究所、中南大学等院所单位在粉末冶金钛合金制粉工艺、热等静压（HIP）技术等方面的研究和生产上都开展了一系列研究工作，并取得了一定成果。北京科技大学粉末冶金研究所凭借其在粉末冶金领域多年的科研经验，积极探索粉末冶金钛合金工业化生产技术，在实现钛合金粉末冶金工业化生产上已取得显著成效。

7.4 钛冶金其他制备方法

7.4.1 TiCl$_4$电解法

TiCl$_4$电解法曾经进行过半工业化生产。采用的电解质体系一般是将 TiCl$_4$、TiCl$_3$ 和 TiCl$_2$溶于由碱金属或碱土金属氯化物组成的溶剂中。

在熔融电解质中，钛离子和氯离子受电场作用，钛离子趋向阴极，氯离子趋向阳极，形成离子导电，构成一个电解回路。这样在阴极上金属钛不断产出。因为钛是变价元素，所以 TiCl$_4$在熔体阴极上的电还原反应历程是由高价态向低价态逐级被还原的，即由 TiCl$_4$→TiCl$_3$→TiCl$_2$→TiCl→Ti。低价 TiCl 不稳定，会分解出细粒金属钛，阳极上则放出氯气。

四氯化钛电解槽结构有多种形式，如中心阴极式电解槽和中心阳极式电解槽，如图 7-12 所示。

为了得到结晶粗大的阴极钛，需要使阴极区的钛离子保持比较低的平均价（2.0~2.1），为此 TiCl$_4$的加入速度必须严加控制。有时为保证阴极区的钛离子主要以 Ti^{2+}形式存在，有人采取了辅助阴极结构以选择性地还原 Ti^{3+}至 Ti^{2+}。TiCl$_4$的加入方式可采用加料管插入电解质中的鼓泡加料，也可采用气相 TiCl$_4$通过阴极区熔盐界面溶入电解质的方法。当选用 KCl-NaCl 为主的电解质体系时，电解温度为 700℃左右；而当选用 LiCl-KCl-NaCl 体系时，电解温度为 550℃左右。电解完毕可采取氩气保护出筐或直接在空气中出筐，但后一种方式必须是当产品生长得相当致密才能保证不被氧化。TiCl$_4$电解产品的合格率和金属回收率可达 90% 以上。对于简单篮筐，电流效率较低，一般可达 40%~60%。电解过程中造成电流损失的最主要原因是阴极筐外侧析出的低价钠和金属钠在阳极区进行二次反

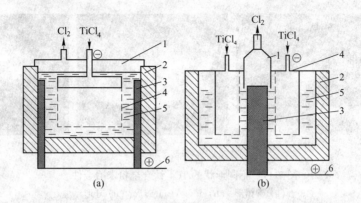

图 7-12　中心篮筐式阴极电解槽示意图

(a) 中心阴极；(b) 中心阳极

1—导氯罩；2—耐火砖；3—石墨阳极；4—阴极筐；5—电解质；6—导电板

应，以及当操作不正常时低价钛在阳极区进行的二次反应（氧化成高价）。为提高电流效率，许多研究者曾在篮筐的结构和工艺操作制度上做过许多改革和探索。例如，控制电解过程中篮筐的反电势，使阴极筐内插入棒改变钛层长向或提高加料速度等措施，都可在一定程度上提高电流效率。

精制四氯化钛通过加料泵连续加入电解槽阴极气相室内，通直流电电解，在阳极析出氯气，氯气返回氯化车间生产四氯化钛。阴极上析出海绵钛，经出炉、真空冷却、剥去丝网、破碎后用 0.5%～2% 的稀盐酸浸洗除去夹盐及低价钛氯化物，然后用水洗至中性，过滤、烘干、磁选除铁。

早在 20 世纪 50 年代初期，美国、日本、苏联等国就已先后开始了熔盐电解制钛法的探索性研究工作。到 50 年代中期，镁还原作为海绵钛的工业生产方法已日益进步，但出于降低海绵钛的生产能耗和成本以及实现连续生产的设想，美国仍继续从事电解法的扩大规模试验。美国历经 30 余年的研究，先后发表过几个工业性、半工业性试验结果，也曾作出工业化计划，在四氯化钛电解方面较为成功的成果只有几个。

美国新泽西锌公司中心阳极式电解槽在 31000A 规模上取得了电流效率 90%，钛回收率 95%，产品布氏硬度 100～115 的指标。

美国钛金属公司蒂梅特分公司（TIMET）于 1967 年开始采用 5 个篮筐式 12000A 电解槽进行半工业规模生产，吨钛的总能耗是 30000～33000kW·h，1975 年该公司宣布已设计一个日产 2043kg 的 42kA 电解槽的建厂计划，可望节能 40%，降低成本 25%。

意大利的马克·吉纳塔电化学公司（Electrochemical Marco Ginatta）一直致力于 $TiCl_4$ 熔盐电解的研究，该公司在 1985～1991 年与美国 RTI 国际金属公司下属的活性金属公司（RMI）合作，试图实现 $TiCl_4$ 熔盐电解的工业化生产，但遗憾的是由于技术问题和成本过高等问题，RMI 公司于 1992 年宣布退出该项目。

电解法中水平最高的是美国道屋化学——豪梅特钛公司（D-H）的隔膜电解法，该公司于 1980 年开始进行工业规模试验工厂的验证试验，1984 年 70 个电解槽正式投入工业生产。电解槽为 22500A 金属隔膜式，电流效率 80%，槽端电压 6.2V，吨钛直流电耗 17400kW·h，该厂生产能力欲达 4500t。

我国经多年的研究，在中小型试验上取得了较为满意的指标，但在扩大的 12kA 规模电解槽上，指标明显下降，出现了"扩大效应"。电流效率 50%、回收率 90%、直流电耗 27700kW·h，总能耗 51500kW·h，还不能用于工业生产。北京科技大学设计的一种篮筐式电解槽，可提高 $TiCl_4$ 的加料速度，使电流效率达到 73.5%。

$TiCl_4$ 电解制取金属钛是一个一步还原过程，省去了制取还原剂的电解工序。产出的阳极氯气可以直接返回氯化工序使用，阴极产品可用简单的浸出法除盐处理便获得纯钛。此法生产流程短，是唯一一种曾经被认为是可能取代 kroll 工艺的方法，美国、日本、苏联、意大利、法国、中国等都对其进行了长期和深入的研究，也曾建立了几家小型工厂，但后来由于受钛市场周期性的影响，研究中断。钛电解法之所以没有实现工业化，是因为面对经济指标已十分先进并还在不断强化的镁法，现有的钛电解槽还没有完成重大的技术突破，经济上不能优于镁法所致。

采用 $TiCl_4$ 电解还原法在技术上必须解决以下问题：

（1）由于 $TiCl_4$ 在熔盐中的溶解度比较低，难以满足工业化大规模生产的需要，而钛的低价氯化物在熔体中的溶解度比较高。因此，要实现正常的熔盐电解法制取金属钛，首先需要将 $TiCl_4$ 转变为钛的低价氯化物且使之溶解于熔体中。

（2）由于钛是典型的过渡族金属元素，钛离子在阴极的不完全放电以及不同价态的钛离子在阴阳极之间的迁移可降低电解过程的电流效率，因此，必须将阴极区和阳极区隔开。

（3）为了创造良好的工作环境和降低钛的损耗必须使电解槽密封。

7.4.2 FFC 工艺

鉴于 $TiCl_4$ 熔盐电解法提取钛需要先将 TiO_2 进行氯化和提纯，增加了工艺的复杂性，而且 $TiCl_4$ 熔盐电解法自身也存在许多不足，因此人们一直在寻找一种 TiO_2 直接电解还原提取钛的方法。

1967 年，日本的 Oki 等人首先利用 TiO_2 在熔融 $CaCl_2$ 熔盐中进行直接电解得到 Ti。但是利用上述方法得到的钛氧含量很高，他们由此认为 TiO_2 进行直接电解得到高纯金属 Ti 技术是不可行的。但是，人们对电解金属氧化物制取钛的研究一直在进行。1999 年，日本的 Takenaka 等人报道了熔盐电解 TiO_2 制取金属钛的方法（简称 DC-ESR 工艺），利用此方法得到的金属钛经 EPMA 检测，纯度较低，钛含量只有 95%。

FFC 工艺是一种基于熔盐电解的特殊的生产金属 Ti 的方法。在电解温度下，电解原料 TiO_2 和电解产物 Ti 始终位于阴极附近并且为固态，因此这种方法也被称为固态原位电还原法。这种方法不仅适用于生产金属 Ti，而且还适用于生产多种高熔点金属及合金。

1997 年剑桥大学 Derek Fray 等人以 TiO_2 为阴极、石墨碳棒为阳极，在电解电压 2.5V、温度 950℃ 的 $CaCl_2$ 熔盐电解质中电解，直接电解获得 α 相金属钛，1998 年申请了专利。

2000 年 G. Z. Zhang 和 D. J. Fray 等人在《Nature》杂志上发表了《Direct electrochemical reduction of titanium dioxide to titanium in molten calcium chloride》一文后，国际上就掀起了 TiO_2 电化学还原制备钛的研究热潮。

FFC 法是在高温熔盐电解质中把金属化合物直接还原为金属单质或合金的一种电化学方法，实验装置如图 7-13 所示。工艺过程是：将 TiO_2 粉末压制成型，经烧结后作为熔盐电解的阴极，石墨作阳极，以 $CaCl_2$ 熔盐为电解质，温度 800~1000℃时，在钛或石墨坩埚中进行电解，所加电压为 2.8~3.2V，当电流通过时，阴极 TiO_2 电离出氧离子，发生还原反应，TiO_2 本身是一种绝缘体，本不适合作为电极，然而实验研究发现，电解一旦开始，只要有少量的氧从阴极上迁移，TiO_2 就变成了导体。在阳极上，发生氧化反应，氧元素与碳结合生成 CO 或 CO_2 在阳极区放出。电解后，金属钛留在阴极，其组织结构与镁热法生产的粒状、多孔的海绵钛相差不多，整个工艺过程中不存在液态钛或离子态钛。

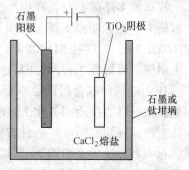

图 7-13　FFC 工艺电解示意图

　　FFC 法虽然有流程短、不污染环境等优点，但是由于以不导电的 TiO_2 固体块为阴极进行熔盐电解，电解产物氧含量较高，并且电流效率很低。近年来，国内外众多高校、科研院所对 FFC 工艺进行了深入的研究。

　　东北大学的李颖君采用循环伏安法、取样电流法和交流阻抗法等电化学方法，研究了 TiO_2 在熔融 $CaCl_2$ 中还原为钛金属的电化学行为，指出 TiO_2 在 $CaCl_2$ 熔盐中的电化学还原是分两步逐级进行的：

$$TiO_2 + 2e = TiO + O^{2-}$$
$$TiO + 2e = Ti + O^{2-}$$

　　中国科学院的刘美凤、郭占成等人采用 SEM、EDS、XRD 等方法对 TiO_2 直接电还原产物进行分析，指出 TiO_2 电极的还原是从外到内，由高价到低价再到金属逐步进行的。

　　剑桥大学的 C. Schwandt，D. J. Fray 等人利用 SEM、EDS、XRD 等方法对不同电解时间的电解产物进行了分析，指出整个还原过程是由一系列单独的阶段组成的，其中包括 $CaTiO_3$ 的形成和分解过程。

　　西北有色金属研究院的杜继红、奚正平等人在 TiO_2 固态阴极中分别添加 CaO、$CaCO_3$ 粉末，考察添加不同组分对电解产品的影响。实验表明：在 TiO_2 固态阴极中分别添加 CaO、$CaCO_3$ 粉末可以增加烧结后阴极的空隙、影响颗粒尺寸，有利于加快阴极电解反应的速度。

　　FFC 工艺的优点：（1）原料为 TiO_2 粉末，不需要经过氯化过程，大大缩短了工艺流程、简化了设备、降低了成本；（2）熔盐 $CaCl_2$ 无毒，对环境无污染；（3）阳极析出氧气或 CO 与 CO_2 的混合气体，易于控制；（4）产品质量高。Metalysis 公司利用 FFC 剑桥工艺已经建立了小型试验工厂生产海绵钛，然而，在该方法的大规模生产中存在最突出的问题是阳极的应用。通常以碳或者石墨作为阳极时，随着电解还原的进行，碳阳极不断消耗，部分微粒碳在电解液中汇聚。另外在阳极生成的 CO_2 溶解于熔盐中，以 CO_3^{2-} 形式在阴极得到电子生成 C，不仅污染产物还会与阳极汇聚的碳一起造成电解过程短路。近几年来，为了解决该问题，Fray 等采用 $CaTiO_3$ 和 $CaRuO_3$（10%）的混合物作为惰性阳极，电解 14~16h，其电流效率仍很低，约 40%。

　　熔盐电脱氧固态二氧化钛制取金属钛法阳极析出的气体为纯氧气（惰性阳极）或 CO 和 CO_2 的混合气体（石墨阳极），易于控制，无污染，因此该工艺是一种新型的无污染绿色冶金新技术，对于开拓新技术、新工艺在冶金中的应用具有重要的参考价值。

7.4.3 可溶性固溶体阳极电解法

美国材料与电化学研究公司提出了阳极溶解电解还原法制取金属钛，称为 MER 工艺。该工艺是将 C 和 TiO_2 粉末烧结成型作为可溶性阳极。然后，以碳钢作为阴极，于 1073K 的 NaCl-KCl 熔盐电解质中进行电解制取金属钛。与 MER 工艺的基本思路和工艺路线较为类似，北京科技大学的朱鸿民等人发明了一种利用具有金属导电性的固溶体 TiO-mTiC 作为阳极，直接电解制备纯钛的方法，即 USTB 工艺。这两种工艺都是采用可溶性阳极电解还原制取金属钛，不同的是：MER 工艺的可溶性阳极为二氧化钛或钛的低价氧化物，而 USTB 法明确指出了其可溶性阳极材料为 TiO-mTiC 固溶体。USTB 工艺的实验装置如图 7-14 所示。

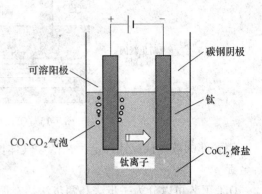

图 7-14 USTB 工艺的电解原理示意图

TiO-mTiC 阳极通过在 600～1600℃ 的真空条件下制备而成，碳钢为阴极，电解液为碱金属或碱土金属的卤化物，在 400～1000℃ 范围内进行电解。

电解过程中发生的电化学反应为：

阳极反应 $\qquad TiC_xO_y - ne \longrightarrow Ti^{n+} + xCO + (y-x)/2O_2$

阴极反应 $\qquad\qquad Ti^{n+} + ne \longrightarrow Ti$

阳极反应生成的钛离子溶解进入熔盐，同时析出 CO 气体，进入熔盐的钛离子在电场作用下迁移至阴极区，获得电子被还原为金属钛。

阴极产物为高纯钛，其中 Ti 含量大于 99.9%，氧和碳的含量分别小于 0.03% 和 0.07%，阴、阳极的电流效率分别为 89% 和 93.5%。

USTB 工艺最大的特点是阴极电还原析出的钛源是熔盐电解过程中由阳极电化学溶解而来的钛离子，它克服了 FFC 法电解所产阴极钛产品的氧含量普遍偏高且容易带入 Fe、Si 等杂质的问题，由于采用导电性好的 TiC_xO_y 为阳极，显著提高了电流效率。但该方法中大规模制备阳极原料以及工业化试验仍未完成。

7.4.4 熔盐电解制取液态金属法

熔盐电解制取液态金属法（QIT 工艺）是加拿大魁北克铁钛公司（Quebec Iron & Titanium Inc，简称 QIT）于 2003 年公开的一项高温电解熔融钛渣制取金属钛或钛合金的方法，其实验装置如图 7-15 所示。

在电解槽中注入像熔融钛渣之类的含钛的混合氧化物熔液，形成熔池作为阴极材料，在该熔液上方是熔融盐电解质或离子导体固体电解质，安装消耗碳阳极或惰性稳定阳极或气体扩散电极在电解槽上，并将直流电源与阳极、阴极连接成电解回路。电解槽是密闭的，形成的金属液滴下沉至电解槽底部形成液体钛或钛合金熔池，而从氧化钛脱氧中释放出来的氧阴离子通过电解质移动到阳极，在此放电并与消耗碳阳极反应放出 CO_2 气体或在惰性阳极上放出 O_2 气体。

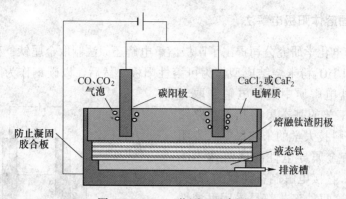

图 7-15　QIT 工艺原理示意图

槽底部的液体钛或钛合金，在惰性气体保护下，可连续虹吸出或排出铸成金属钛或钛合金锭。

QIT 工艺可以分为一步法和两步法。在两步法中，首先于 1973K 电解钛渣（TiO_2 含量约 80%），Fe、Cr、Mn 及 V 等杂质金属优先在电解质与钛渣间的界面析出，而氧离子经扩散、迁移至阳极生成 CO_2 逸出，所发生的电化学反应类似于金属氧化物的碳热还原，反应式如下：

$$M_xO_y(l) + y/2C(s) = M(l) + y/2CO_2(g)$$

一旦铁和其他金属杂质被选择性电解脱除完全，则进入第二步。将温度进一步升至 2073K，对第一步得到的熔渣（TiO_2）进行电解脱氧，其总的反应如下：

$$TiO_2(l) + C(s) = Ti(l) + CO_2(g)$$

同样，在电解质与钛渣间界面析出的金属钛液滴沉入电解槽底部聚集，可在氩气保护下被连续抽出、铸锭，所得钛锭的 Ti 含量为 99.9%，电流效率接近 90%。

QIT 一步法工艺因不分阶段，而直接将钛渣电解脱氧为钛（铁）合金，若要获得纯钛，则须使用高钛渣为原料，使总 Fe 含量低于 1.4%（以 FeO 计）。此外，若向熔融钛渣中加入其他金属氧化物，则可电解得到钛合金，如加入 Al_2O_3 和 V_2O_5 进行电解，可获得 Ti-6Al-4V 合金。与其他方法相比，QIT 工艺的优点：（1）可将电炉熔炼产出的熔融钛渣连续不断地注入电解槽内，使得反应连续不断地进行；（2）氧阴离子在液态中扩散速度大，脱氧速度快，产率高；（3）原料和产物均为液态，金属钛或者钛合金可直接用于铸锭，省去了海绵钛的破碎、熔炼等工序。该工艺在工程实际操作中较易实现，是值得重视和进一步发展的新方法。但 QIT 高温熔盐电解法是采用 CaF_2（熔点 1380℃）为熔盐电解质。电解槽自上而下有 3 种熔液：CaF_2 熔盐电解质、钛渣（或其他含钛化合物）和金属钛（或钛合金）。这 3 种熔液对设备材质均有腐蚀性，生产过程中要有保护电解槽壁和槽底不受熔液腐蚀的措施。

7.4.5　OS 工艺

2002 年，日本京都大学的 Ono 和 Suzuki 在 2002 年的钛协会年会上首次提出了 OS 工艺。其实质仍为 $CaCl_2$ 熔盐电解，是一种利用钙热还原反应还原 TiO_2 的工艺。OS 法以可溶性石墨为阳极，器壁为阴极，氧化钙和氯化钙共同组成熔盐介质。TiO_2 粉末从反应槽顶部加入，被钙还原后生成的钛沉积到反应槽底部。在两极之间施加一个高于 CaO 而低于 CaCl$_2$ 的分解电压的电压，随着反应的进行，CaCl$_2$ 熔盐中的 CaO 不断电解，提供用于钙热反应的 Ca 单质，Ca 再还原 TiO$_2$ 得到金属钛。还原体系由单一的一个电解槽构成，在熔融的 CaCl$_2$ 中，还原反应和回收还原剂的电解反应共同存在。由于熔融的 CaCl$_2$ 对 CaO 有很大的溶解度，氯化物还原和电化学还原装置能够一次性有效地得到金属钛的沉淀物。还原剂通过 CaO 的电解被原位回收。OS 工艺的电解原理图如图 7-16 所示。

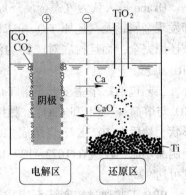

图 7-16　OS 工艺电解示意图

　　Ono 等人认为该过程的电极反应如下：

阴极还原反应　　　　　　　　$Ca^{2+} + 2e = Ca$

阳极氧化反应　　　　　　　　$C + 2O^{2-} = CO_2 + 4e$

总反应　　　　　　　$TiO_2 + 2Ca = Ti + 2O^{2-} + 2Ca^{2+}$

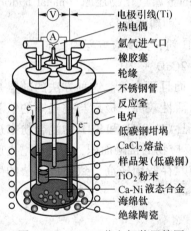

图 7-17　EMR 工艺电解装置简图

　　在 OS 法的基础上，2004 年 Suzuki 提出了金属氧化物的钙热还原和电解熔融 CaCl$_2$ 中掺入的 CaO 来制取还原剂 Ca 的方法——MSE 工艺。同年，日本东京大学 II PARK 等人提出了 EMR 法，EMR 工艺中钛是被合金释放的电子还原的，而没有直接与合金接触，因而防止了 Ti 被污染。EMR 工艺电解装置简图如图 7-17 所示。

　　OS 及其相关改进工艺，虽然工艺简单，流程也较短，但也存在电流效率低等问题，此外，还原产物 Ti 沉积在反应槽底部，需要定期进行分离，而且产物与熔盐介质的分离也比较困难，目前只停留在实验阶段。

7.4.6　预成型还原工艺

Okabe 等人提出了 TiO$_2$ 还原工艺 PRP（Preform Reduction Process），即预成型还原工艺，实验装置如图 7-18 所示。

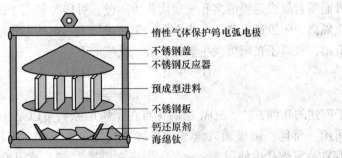

图 7-18　PRP 工艺的实验装置

Okabe 等人认为气态金属还原 TiO_2 能大大减少反应物对目标产物的污染，但在试验中却发现金属钙蒸气还原 TiO_2 粉末时存在许多问题，如当 TiO_2 粉量大时，下层的物料难以被还原完全，而且衬底对产物的污染也较为严重。因此，他们提出了 TiO_2 预制成型还原 PRP 工艺。

工艺包括三个主要步骤：TiO_2 预制品的制作、Ca 蒸气还原和 Ti 粉的回收。将粉状 TiO_2 与熔剂（$CaCl_2$ 和 CaO）、黏接剂混合均匀后，在钢模中铸成片状、球状及管状等各种形状，然后在 1073K 下烧结成 TiO_2 预制品。实验中用 Ca 蒸气作还原剂直接对含有 TiO_2 的预制品还原，反应在 1073~1273K 下进行 6h，然后用浸出法回收预制品中的 Ti，钛粉纯度可达 99%。

PRP 工艺通过控制熔剂组成及预制品形状，可有效控制产物的形态，并且反应中避免了 TiO_2 原料与还原剂和反应容器的直接接触，可有效控制产物纯度。但该方法是间歇性操作、工艺流程长、还原率低、成本高，还处于实验室研究阶段。

7.4.7 MHR 工艺

苏联学者 Borok 曾提出用金属氢化物直接还原 TiO_2 的金属氢化物还原（metal hydride reduction，MHR）法，为 TiO_2 直接还原成金属 Ti 提供了一种新的途径。

MHR 法是在 1373~1473K 下用 CaH_2 还原 TiO_2 得到 Ti 粉，其反应方程为：

$$TiO_2 + 2CaH_2 \Longrightarrow Ti + 2CaO + 2H_2$$

MHR 法缩短了提取钛的工艺流程，产物为粉末钛，而且不含氯。这种方法的缺点是产物的氧含量和氢含量较高，需进一步脱气处理，CaH_2 活性较高，极易与空气中的氧和水发生反应而变质。研究人员对 MHR 法进一步研究发现，对 CaH_2 和 TiO_2 的混合粉末进行机械研磨合金化、低温热处理等前处理，不仅增加了反应物的接触面积，而且可增大反应物的活性，降低反应的活化能。然而，CaH_2 的运输和贮存费用较高，致使该方法的生产成本仍然过高。

7.4.8 SOM 工艺

SOM 法（solid oxide membrane process）是 2001 年美国波士顿大学首先提出的一种绿色冶金新方法。与传统的熔盐电解法相比，SOM 法最大的不同就是在阳极与电解质之间有一个固体透氧膜，它能有效地将电解质与阳极隔离。固体透氧膜对迁移离子具有选择性，只有氧离子才能通过。将钛氧化物溶解在 1473~1673K 的 $CaCl_2$-CaF_2 熔盐中，以石墨为阴极，表面覆盖氧渗透膜的多孔金属陶瓷为阳极，可传导氧离子的固体透氧膜把阳极和熔盐电解质隔离，阳极通入氢气，当在阴、阳两极加上一定的电解电压后，金属阳离子就会在阴极析出，氧离子在阳极发生氧化反应，反应如下：

阳极　　　　　　　　　　　$O^{2-} + H_2 - 2e \Longrightarrow H_2O$

阴极　　　　　　　　　　　$Ti^{n+} + ne \Longrightarrow Ti$

相对于前述的几种方法，SOM 法的优点在于所用原料可以是 TiO_x，有利于对矿产资源的综合利用。而且在阳极通入氢气，产物为氧气和水蒸气，不污染环境，其缺点是：（1）透氧膜在高温熔盐中使用寿命短，需要经常更换；（2）多孔金属陶瓷涂层的制备还需进一步研究和优化。

7.4.9 离子液体法

离子液体电解法是一种新兴的绿色环保电解还原提取钛的方法。华一新等人研究了在 Lewis 碱性 $AlCl_3$-BMIC 离子液体电解液中，以石墨为阳极，在近室温的条件下电解还原二氧化钛膜，经 XPS 检测发现有金属钛产物生成，深入研究发现块体二氧化钛也能电解获得金属钛。他们先用溶胶凝胶法制备出纳米 TiO_2 粉末，经压制成型后于 1073K 氧化气氛下焙烧固结 3h，获得具有一定强度的 TiO_2 电极片作为阴极（用钛网夹持），铂丝为阳极，在 Lewis 碱性 $AlCl_3$-BMIC 离子液体电解液中控制电压为 2.8V，温度为 373K，在氩气保护气氛下电解 48h，经检测，产物中金属钛含量为 12%，其电解装置示意图如图 7-19 所示。

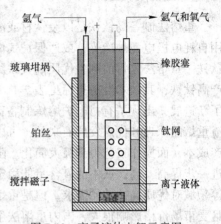

图 7-19 离子液体电解示意图

离子液体电解法的出现为低温熔盐电解获得金属钛提供了一条新的途径。该方法中离子液体种类的选择是电解提取金属钛的关键步骤之一，所用的离子液体必须满足电化学窗口足够宽、黏度小、导电能力强、腐蚀性弱等特性。与其他熔盐电解法相比，离子液体电解法是在近室温的条件下电解还原 TiO_2 得到金属钛，由于电解体系的温度大幅度降低，有望使提取钛的能耗显著降低，并减少劳动强度、便于操作控制。此方法的缺点是目前性质稳定且电化学窗口足够宽的离子液体种类选择困难、成本高、电流效率低。

7.5 钛铁生产新技术

钛铁是钛合金中一种用途较为广泛的特种合金。在炼钢过程中作为合金元素加入钢中，可以起到细化组织晶粒、固定间隙元素（C、N）、提高钢材强度等作用。在冶炼不锈钢和耐热钢时，钛碳结合成的稳定化合物，能防止碳化铬生成，从而减少晶间腐蚀，提高铬镍不锈钢的焊接性能。用钛脱氧的产物易于上浮，镇静钢用钛脱氧可以减少钢锭上部的偏析，从而改善钢锭质量，提高钢锭的回收率。钛与溶解在钢水中的氮结合生成一种稳定的不溶于钢水的氮化钛。高钛铁又是冶炼铁基高温合金和优质不锈钢等不可缺少的合金材料。

随着不锈钢产量不断增加以及不锈钢产品、汽车用钢等对钛铁质量越来越高的要求，高品位钛铁合金的市场需求越来越大，开发高钛铁生产工艺显得越来越重要。国际市场对含钛高的高钛铁的需求量较大，但我国目前的铁合金厂一般只生产普通中、低钛铁。对于 $w(Ti)=65\%\sim75\%$、$w(Al)\leqslant4\%$ 的高钛铁，很少有厂家正式生产。

含钛 70% 的高钛铁的熔点最低（1070~1130℃），是冶炼特种钢优良的合金添加剂，钢铁产品的高档化需要大量的高钛铁。

国内外生产高钛铁的方法主要有硅热还原、碳热还原及铝热还原法。碳热法成本较低，但产品含碳高，许多钢种无法使用。硅对氧的亲和力小于钛，用硅还原反应不易进行，一般不冶炼。因此，大都采用铝热还原或电铝热还原钛氧化物来生产高钛铁。

7.5.1　重熔法制备高钛铁

重熔法制备高钛铁是以废钛材或海绵钛为原料加铁重熔，一般采用感应炉重熔，也有用自耗电极电弧炉冶炼，或通保护气体在电炉中用辐射热熔炼，或用钢水兑海绵钛生产高钛铁。重熔法是目前制备优质高钛铁的主要方法，俄罗斯、西欧等国家主要采用重熔法生产高钛铁，其技术经济指标见表7-1。该法生产的高钛铁质量稳定，近年来重熔法工艺有了新进展，出现了有衬电炉熔炼制备高钛铁，试验工艺如图7-20所示。该工艺是结合电渣重熔的原理和优点发展而来的，可以省去感应炉和自耗电弧炉的复杂真空系统，降低生产成本，而操作工艺得到极大简化。随着重熔工艺的优化，重熔法制备的高钛铁的品质也进一步提高，高钛铁中的氧含量能稳定控制在0.1%以下的超低水平，满足了军工、航天等领域对优质高钛铁的需求。但是重熔法主要原料为废钛材或海绵钛，生产成本很高，而且受市场价格影响很大，国内重熔法生产高钛铁的价格是还原法生产高钛铁的两倍左右。

表 7-1　重熔法制备高钛铁的技术指标

元素	Ti	Al	V	Mn	Si	N	C	S	P	O
质量分数/%	68~82	4.0	3.0	1.0	0.5	0.4	0.1	0.015	0.02	0.2

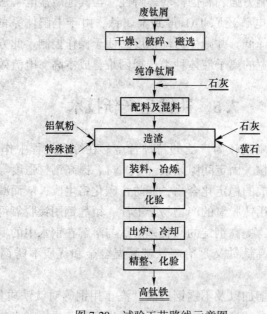

图 7-20　试验工艺路线示意图

7.5.2　金属热还原法制备高钛铁

金属热还原法的基本原理是用一种与氧亲和力大的金属去置换另一种与氧亲和力相对较小的金属，因而反应过程的金属消耗量大，这是它的主要缺点，但它也具有以下一系列优点而得到广泛应用：

（1）可以生产出杂质含量（例如碳量）少的金属；

（2）铝、镁等金属具有很强的还原能力，因而能将很多金属氧化物还原成金属；

（3）设备投资少，生产过程简单，易于掌握。

铝热还原法是金属热还原法的一种，生产工艺如图 7-21 所示。铝热还原法是用金属铝做还原剂还原另一种金属的氧化物得到金属产品的方法。由于还原反应放出的能量高，能保证反应的顺利进行和渣金分离，而不需要在电炉里冶炼。

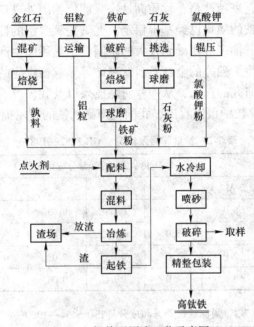

图 7-21　铝热还原法工艺示意图

在电炉里用铝作还原剂生产钛铁，即用电—铝热法代替铝热法生产钛铁（也包括别的合金），是铝热法的发展方向。苏联到 70 年代末用铝作还原剂生产的铁合金有 70% 是在电炉里进行的，而铝热法生产的只有 10%。与铝热法相比，电铝热法具有以下特点：用电产生的热比金属氧化产生的热便宜很多；金属氧化放热后，产生大量的 Al_2O_3，结果使渣量增加，金属回收率下降；在电炉冶炼时，可用碳做还原剂，可还原部分易还原的氧化物，从而可以节约用铝量；在电炉里冶炼钛铁，可用廉价的铝屑代替铝粒，同时增加含钛废料的重熔量。

四川峨嵋铁合金厂以含 TiO_2 90% 左右的天然金红石为原料，采用铝热还原法制备高钛铁进行了半工业性试验，取得了较大进展，但产品中 S、P、C、Al、Si 等元素含量不太稳定。

南非 Minter 公司采用直流转移弧等离子加热铝热还原法制造高钛铁试验，在隔热空气下进行反应，可降低产品的含氮量，但不能有效降低产品的氧含量，因此认为一次性还原不可能制取低氧含量的高钛铁。新西兰也进行了铝热还原法制造高钛铁的研究，是以从冶炼钒钛磁铁矿获得的人造钛铁矿和钛屑为原料。

辽宁、山东和广西等地已建立了一些铝热法生产线。铝热法制造的高钛铁产品，其中铝含量达 8%~12%、氧含量在 5%~8%。只能用于对氧含量无要求的场合，不符合出口产品的要求。

  TiO_2还原不完全，是造成铝热法产品中氧含量高的原因，产品中存在钛的氧化物形成了钛氧固溶体，要将其中的氧除去是非常困难的。这种含氧高的产品，用其他金属还原剂进行再还原，其脱氧效果也不好。由此可见，要获得低氧含量的高钛铁，目前还必须以金属钛为原料采用重熔法生产，这就极大地限制了高钛铁产量的增加。

  我国的高钛铁制备工业技术与发达国家存在较大的差距，随着钢铁行业的长足发展，对高钛铁质量的要求也越来越严格，优质高钛铁只能依赖国外进口。从高钛铁的制备技术上看，重熔法生产高钛铁的质量已经基本稳定，尤其是氧含量的控制，但是其以废钛材为原料，生产成本过高，其推广应用受到很大的限制。铝热还原生产的高钛铁虽然存在着一些缺点，但是根据国内得天独厚的金红石、钛精矿等原材料供应的国情特点，并且随着对铝热还原法制备高钛铁研究的深入，从一些研究成果以及我国（见表7-2）与国际的钛铁成分标准（见表7-3）比较中可以看出，我国生产高钛铁的技术提升空间很大。

表 7-2 钛铁牌号及成分（GB 3282—1987）

牌号	化学成分（质量分数）/%							
	Ti	Al	Si	P	S	C	Cu	Mn
FeTi30-A	25.0~35.0	8.0	4.5	0.05	0.03	0.10	0.40	2.5
FeTi30-B	25.0~35.0	8.5	5.0	0.06	0.04	0.15	0.40	2.5
FeTi40-A	35.0~45.0	9.0	3.0	0.03	0.03	0.10	0.40	2.5
FeTi40-B	35.0~45.0	9.5	4.0	0.04	0.04	0.15	0.40	2.5

表 7-3 国标钛铁牌号和成分 ［ISO 5454—1980（E）］

牌号	化学成分（质量分数）/%							
	Ti	Al	Si	Mn	C	P	S	V
FeTi30Al6	20.0~35.0	6.0	4.0	—	≤0.15	0.10	0.06	—
FeTi30Al10	20.0~35.0	10.0	8.0	—	≤0.20	0.10	0.07	—
FeTi40Al6	35.0~50.0	6.0	4.5	1.5	≤0.10	0.10	0.06	—
FeTi40Al8	35.0~50.0	8.0	5.0	1.5	≤0.10	0.05	0.05	—
FeTi40Al10	35.0~50.0	10.0	8.0	1.5	≤0.20	0.10	0.07	—
FeTi70	65.0~75.0	0.50	0.10	0.20	≤0.10	0.03	0.03	0.05
FeTi70Al2	65.0~75.0	2.0	0.25	1.00	≤2.00	0.04	0.04	1.50
FeTi70Al5	65.0~75.0	5.0	0.50	1.00	≤0.30	0.04	0.04	—

  目前，铝热还原法制备高钛铁主要采用金红石、铁精矿、铝粒等原料，同时以石灰、萤石为添加剂。由于铝、萤石等价格昂贵，导致钛铁成本高。另外，制约钛回收率的主要因素是由于铝热法反应激烈，熔渣中将夹杂一些金属珠，使熔渣含有较多的钛，为了提高回收率就必须延长渣熔融状态的时间，通常有两种办法：

  （1）加发热沉降剂法。在铝热反应结束后，立即往熔渣表面加入由三氧化二铁和铝粒组成的发热沉降剂，这有两个目的：1）沉降剂的放热反应使熔渣继续保持熔融状态，有利于熔渣和钛铁的分离并使合金继续下降；2）沉降剂反应产生的铁铝合金穿过渣层下降时，继续还原渣中尚未还原的钛氧化物和吸附悬浮在熔渣中的合金微粒而提高了钛的回收率。加入沉降剂的方法可由人工或用机械方法（如喷枪喷入）。需要指出，在计算配料时要考虑到这部分增加的铁量，避免合金中的铁含量过高而降低钛的品位。

（2）电热法。由于铝热反应是靠化学潜热而进行，因此一旦加料结束，就没有外来热源，而形成的刚玉渣（Al_2O_3 约占 80%）熔点高，易于凝固，从而造成冶炼后期还原反应动力学条件和渣与合金分离的条件恶化，钛的回收率较低。

针对上述问题，在铝热法结束后增加电加热工序，以强化冶炼后期还原反应动力学条件和渣与合金分离的条件，达到稳定合金质量和提高钛收率的目的。铝热反应完毕后，立即将平车送到电加热器位置，通电加热熔渣。保持熔渣的熔融状态，使合金继续下降，从而提高钛收率。

电加热装置目前多用电弧炉，因此对熔渣的初晶温度、电导率、黏度、碱度等物理化学性质提出了一定的要求。

参 考 文 献

[1] 莫畏，邓国珠，罗方承. 钛冶金［M］. 北京：冶金工业出版社，1998.

[2] 苏鸿英. 原钛的提取冶金［J］. 世界有色金属，2004（7）：42~45.

[3] 大连理工大学无机化学教研室. 无机化学［M］. 北京：高等教育出版社，2006.

[4] 周芝骏，宁崇德. 钛的性质及其应用［M］. 北京：高等教育出版社，1993.

[5] 王向东，郝斌，逯福生，等. 钛的基本性质、应用及我国钛工业概况［J］. 钛工业进展，2004，21（1）：6~9.

[6] 泽列克曼. 稀有金属冶金学［M］. 北京：冶金工业出版社，1982.

[7] Martin R, Evans D. Reducing cost in aircraft［J］. Journal of Metals, 2000（52）：24~29.

[8] Boyer R R. An overview on the use of titanium in aerospace industry［J］. Materials Science and Engineering, 1996, A（213）：103~114.

[9] Loria E A. Gamma titanium aluminides as prospective structural materials［J］. Intermetallics, 2000（8）：1339~1345.

[10] 孙康. 钛提取冶金物理化学［M］. 北京：冶金工业出版社，2001.

[11] 邱竹贤. 冶金学（下卷有色金属冶金）［M］. 沈阳：东北大学出版社，2001.

[12] Okabe T H, Nikami K, Ono K. Recent topics on titanium refining process［J］. Bulletin of the Ironand Steel Institute of Japan, 2002, 7（1）：39~45.

[13] 刘美凤，郭占成. 金属钛制备方法的新进展［J］. 中国有色金属学报，2003，13（5）：1237~1245.

[14] 徐君莉，石忠宁，邱竹贤. 二氧化钛直接制取金属钛工艺简介［J］. 有色矿冶，2004，20（3）：44~45.

[15] 朱俊杰，包淑娟，刘茵琪，等. 电子束冷床炉纯钛熔炼成分均匀性控制措施的研究［J］. 材料开发与应用，2016，31（1）：52~54.

[16] 邓国珠. 连续化制钛方法［J］. 钛工业进展，2007，24（1）：10~11.

[17] 雷文光，赵永庆，韩栋，等. 钛及钛合金熔炼技术发展现状［J］. 材料导报，2016，30（3）：101~106.

[18] 高敬，郭琦. 降低钛生产成本的新工艺——电解法［J］. 稀有金属，2002，26（6）：483~486.

[19] 尚青亮，刘捷，方树铭，等．金属钛粉的制备工艺 [J]．材料导报，2013，27（21）：97~100.

[20] 左新雅，徐德朋．近十年来钛白粉研究进展 [J]．山东化工，2013（4）：45~49.

[21] 李开华．镁热法生产海绵钛技术发展现状 [J]．材料导报，2011，24（18）：225~228.

[22] 陆亮亮，张少明，徐骏，等．球形钛粉先进制备技术研究进展 [J]．稀有金属，2017，41（1）：94~101.

[23] 曾光，白保良，张鹏，等．球形钛粉制备技术的研究进展 [J]．钛工业进展，2015，32（1）：7~11.

[24] 阎守义．试谈我国海绵钛生产工艺的优化途径 [J]．轻金属，2016（6）：35~39.

[25] 吴琛琛，陈大洲．钛白粉技术进展研究及未来发展方向预测 [J]．科技创新与应用，2016（19）：39.

[26] 王海英，郭志猛，芦博欣，等．钛合金粉末冶金工业化生产技术 [J]．钛工业进展，2017，34（1）：1~5.

[27] 龚家竹．钛白粉生产工艺技术进展 [J]．无机盐工业，2012，44（8）：1~4.

[28] 黄海广，曹占元，李志敏，等．钛回收料的电子束冷床炉熔炼工艺研究 [J]．热加工工艺，2015，44（7）：137~144.

[29] 邓国珠．钛冶金的进展和发展方向探讨 [J]．稀有金属，2002，26（5）：391~396.

[30] 王震，李坚，华一新，等．钛制取工艺研究进展 [J]．稀有金属，2014，38（5）：915~927.

[31] 阎守义．我国海绵钛生产工艺改进途径分析 [J]．钛工业进展，2011，29（1）：1~4.

[32] 常辉，周廉，王向东．我国钛工业与技术进展及展望 [J]．航空材料学报，2014，34（4）：37~43.

[33] 张绪虎，徐桂华，孙彦波．钛合金热等静压粉末冶金技术的发展现状 [J]．宇航材料工艺，2016（6）：6~10.

[34] 吴引江，梁永仁．钛粉末及其粉末冶金制品的发展现状 [J]．中国材料进展，2011，30（6）：44~50.

[35] 汤慧萍，黄伯云，刘咏，等．粉末冶金钛合金致密化研究的进展 [J]．稀有金属材料与工程，2003，32（9）：677~680.

[36] 李飞．世界钛工业现状及发展趋势 [J]．低碳世界，2016（8）：127~128.